KB185365

52주 여행
숨쉬고 물드는
제주도 532

52주 여행
숨쉬고 물드는 제주도 532

2021년 6월 21일 1판 1쇄 발행
2023년 3월 20일 2판 1쇄 발행
2024년 12월 16일 3판 1쇄 발행

—

지은이 현치훈, 강효진
펴낸이 이상훈
펴낸곳 책밥
주소 11901 경기도 구리시 갈매중앙로 190 휴밸나인 A6001호
전화 번호 031) 529-6707
팩스 번호 031) 571-6702
홈페이지 www.bookisbab.co.kr
등록 2007. 1. 31. 제313-2007-126호

—

기획 박미정
디자인 디자인허브

—

ISBN 979-11-93049-57-0(13980)
정가 25,000원

—

ⓒ 현치훈, 강효진, 2024

이 책은 저작권법에 따라 보호를 받는 저작물이므로 무단전재와 무단복제를 금합니다.
이 책 내용의 전부 또는 일부를 사용하려면 반드시 저작권자와 출판사에 동의를 받아야 합니다.
잘못 만들어진 책은 구입한 곳에서 교환해드립니다.

책밥은 (주)오렌지페이퍼의 출판 브랜드입니다.

52주 여행,
숨쉬고 물드는
제주도 532

165개의 스팟·매주 1개의 당일 코스·월별 2박 3일 코스

현치훈, 강효진 지음

책밥

머리말

설렘으로 시작해 많은 이들의 응원 속에서 치열하게 준비했던 우리 부부의 첫 책이 나온 지 벌써 2년이 다 되어간다. 『52주 여행』시리즈는 해당 주에 가볼 만한 여행지를 소개하는 여행 책자로 간결한 디자인과 쉼표 가득한 사진들이 매력적이다. 처음에는 그 안에 담길 정보의 양과 깊이가 쉽게 가늠되지 않아 꽤 애를 먹었다. 하지만, 제주 토박이이자 일상 여행가로서 분주하게 살아오며 그간 다녀온 곳을 정리하고 추천하는 일이 얼마나 의미 있는 작업이었는지 새삼 깨닫게 된 계기이기도 하다.

지인들 중에는 토박이임에도 불구하고 책에 나온 곳 중 1/3밖에 아는 곳이 없다며 한탄과 함께 부지런히 다녀야겠다는 다짐을 하는 이도 있었다. 이웃집 초등학생 독자는 나를 앞에 앉혀놓고 스팟으로 추천한 이유가 무엇이냐며 대범하게 묻고 답이 마음에 들었는지 꼭 가겠다면서 표시를 해놓기도 했다. 추천해 준 집이 맛있었다고, 제주에 이런 곳이 있었냐고, 사진이 좋다고, 새로운 좋은 곳이 생겼으니 개정판에 꼭 넣어달라고 얘기해 주는 지인들 덕분에 우리는 이 책을 더욱 사랑하게 되었다.

그렇게 책이 출간되고 나서 몇 달이 지나지 않아 책에 소개된 곳 중 한 곳이 출입을 중단하는 일이 생겼다. 겸사겸사 책을 훑어보니 그새 정보가 많이 바뀌고 폐업 및 이전을 한 곳도 다수 발견했다. 예상 못 한 일은 아니었지만 모든 게 빨리 변하는 시대는 생각보다 빨리 우려를 현실로 만들었다. 출간 이후로도 아름다운 제주를 담는 일에 싫증 내지 않는 부지런한 짝꿍 덕분에 첫 번째보다는 수월하게 일을 진행할 수 있었다. 다만 달라진 게 있다면 초판 출간 당시에는 제주 토박이로서 바라보는 제주를 들려주고 싶었다면 이번에는 여행자의 시선을 조금 더해 제주를 바라보게 되었다는 점이다.

시간이 지나도 늘 좋을 제주의 풍경은 최대한 그대로 놔둔 채 주변 볼거리로 소개했지만 더 좋았던 곳은 추천코스로, 추천코스로 소개했던 곳 중 더 자세히 소개하고 싶은 곳은 메인 스팟으로 자리를 옮겼다. 제주 그 자체를 만날 수 있는 도보 여행지와 좋은 풍경을 감상할 수 있는 오름들, 너무 유명해져 관광지에 들어선 것 같은 마을 대신 조용하지만 소박한 아름다움이 있는 시골 마을을 넣었다. 거기에 나 홀로 여행자도 충분히 즐길 수 있는 맛집, 체험 공방, 여유 있는 시간을 보낼 수 있는 카페까지 제주 여행의 즐거움을 가득 담고 갔으면 좋겠다는 바람으로 마지막 원고를 넘기기까지 수정에 수정을 거듭했다.

제주에서 살아가는 우리는 늘 이곳이 고맙다. 문화생활은 대도시에 비해 부족할 수 있으나 숲을 걷고 싶은 날에는 숲으로, 바다에 가고 싶은 날에는 바다로, 짧은 시간 내 어디로든 방문해 제주의 자연을 충분히 만끽할 수 있어 좋다. 어제의 제주보다 오늘의 제주가 더 아름다워 늘 기대되고 설렌다. 52주 여행 제주를 만나는 많은 이들이 선물 같은 제주의 풍경을 한껏 안아 가길 바란다.

마지막으로 아빠의 카메라와 함께 자란 원빈이, 우빈이, 늘 응원해 주시는 양가 부모님, 부족한 원고를 다듬어주고 늘 격려해 주시는 박미정 이사님을 비롯해 책밥 관계자분들에게 이 글을 통해 감사의 마음을 전하고 싶다.

제주에서 강효진, 현치훈

이 책의 구성

52주 동안의 여행을 시작하기 전에 이 책의 구성을 상세히 소개합니다.

- 매월 새로운 주가 시작될 때마다 해당 주의 여행 테마를 소개합니다.
- 본문에는 지도 대신 큐알코드를 넣었습니다. 휴대폰으로 스캔하면 해당 여행지의 지도와 정보를 확인할 수 있습니다. 큐알코드 옆에는 지역을 대략 표시해 코스를 짜는데 도움이 되도록 했습니다.

- 매주 3~4개의 여행지를 담았으며, 그중 2곳은 볼거리, 1곳은 먹거리 스팟으로 구성했습니다.
- 해당 여행지의 정보를 서두에 넣었습니다. 주소, 가까운 버스 터미널 또는 기차역에서 대중교통으로 이동하는 방법, 운영시간, 입장료 및 이용료, 메뉴와 가격, 전화번호, 홈페이지 등의 기본적인 정보를 확인할 수 있습니다.
- 각 여행지마다 함께 들를 수 있는 주변 볼거리·먹거리를 간략히 소개합니다. 따라서 스팟 하나만 골라 떠나도 당일 여행 코스로 손색없습니다.
- 주의 사항이나 저자가 특별히 강조하는 여행 포인트 등을 TIP으로 넣었습니다.

- 매주 1개씩 당일 여행 코스로 추천 코스를 담았습니다. 1코스에서 2코스로, 2 코스에서 3코스로 이동하는 교통편 정보와 함께 각 여행지의 기본 정보와 소개 글을 담았습니다. 단, 다른 페이지에서 소개된 중복 여행지일 경우에는 소개글 을 생략하고 해당 페이지를 기입했습니다.
- 스페셜 페이지에는 본문에서 다루지 못한 제주도의 또 다른 이야기를 담았습니다.

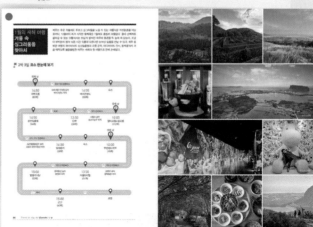

- 월별 코스를 소개하는 것으로 한 달간의 여행이 끝납니다. 월별 코스는 그 달에 떠나면 좋을 최적의 여행지를 소개합니다. 2박 3일 코스를 도식화하여 한눈에 보여주고, 오른쪽에는 해당 코스에 포함된 여행지 사진을 넣었습니다.
- 부록으로 제공하는 제주도 전도에 각 여행지의 위치를 표시하여 해당 스팟이 어느 지역에 있는지, 스팟들은 얼마만큼 떨어져 있는지 한눈에 알아보기 쉽도록 구성했습니다. 전도에는 제주도의 오름과 올레, 책방 정보도 함께 담았습니다.

| 일러두기 |
이 책에 수록한 모든 여행지는 2024년 12월 기준의 정보로 작성되었습니다. 따라서 추후 변동 여부에 따라 대중교통 노선 및 여행지의 입장료, 음식 가격 등의 실제 정보는 책의 내용과 다를 수 있음을 밝힙니다.

마음 내킬 때 쏙!
골라 떠나는 여행지

갑자기 바다가 보고 싶을 때

섭지코지
94쪽

세화해수욕장
246쪽

황우지해안
258쪽

큰엉해안경승지
260쪽

곽지해수욕장
270쪽

닭머르
409쪽

오조포구
300쪽

수월봉
306쪽

한담해안산책로
312쪽

송악산 둘레길
382쪽

광치기해변
418쪽

초록으로의 피크닉

한라수목원
84쪽

삼성혈
138쪽

비자림
174쪽

다랑쉬오름
176쪽

절물자연휴양림
180쪽

곶자왈도립공원
186쪽

화순곶자왈
생태탐방숲길 188쪽

서귀포자연휴양림
192쪽

안돌오름 비밀의숲
204쪽

한라생태숲
222쪽

물영아리오름
298쪽

안덕계곡
304쪽

동백동산
334쪽

거문오름
336쪽

산양큰엉곶
188쪽

서귀다원
168쪽

쉬어 가는 카페

담화헌
56쪽

라니네 책방카페
197쪽

아녜스의 앞치마
302쪽

비자블라썸
178쪽

자드부팡
356쪽

푸르곤
242쪽

소보리당로222
256쪽

루핀
121쪽

인스밀
310쪽

테라로사 서귀포점
356쪽

5L2F
408쪽

카페이시도르
416쪽

여행의 완성은 먹방!

단백
38쪽

김고기
50쪽

한림칼국수
80쪽

늘봄흑돼지
86쪽

남양수산
98쪽

뿔살집
114쪽

달팽이식당
50쪽

가시식당
156쪽

구구토종닭
184쪽

페를로
190쪽

보름숲
196쪽

선흘방주할머니식당
206쪽

성산갈치조림순덕이네
212쪽

보목해녀의집
262쪽

료리야
272쪽

서문식당
350쪽

회양과국수군
322쪽

종달리엔심야식당
332쪽

한아름식당
395쪽

제주선채항
344쪽

모들한상
243쪽

담아래
366쪽

램하우스
378쪽

항구식당
384쪽

범일분식
400쪽

섭지코지해녀밥상
422쪽

나를 위한
감성 여행지

조용히 숨어 있기 좋은 곳

고요산책
132쪽

줄라이앤어거스트
189쪽

수망다원
299쪽

안덕계곡
304쪽

천아계곡
362쪽

관음사
364쪽

전망 좋은 카페

카페더라이트
33쪽

글라스하우스
96쪽

위이
51쪽

제주당
241쪽

카페속솜
245쪽

더클리프
255쪽

울트라마린
273쪽

허니문하우스
293쪽

씨에스호텔 카노푸스
카페 311쪽

봄날
313쪽

클랭블루
317쪽

바이러닉 에스프레소 바
163쪽

UDA
292쪽

새빌
372쪽

트로피컬
하이드어웨이 383쪽

느리게 걸어야 보이는 곳들

작가의산책길
110쪽

월령리선인장군락지
70쪽

알뜨르비행장
116쪽

올레 18코스
124쪽

가파도
158쪽

문도지오름
417쪽

베릿내오름
254쪽

지미봉
328쪽

산굼부리
374쪽

마라도
380쪽

김녕떠오르는길
39쪽

퇴근 후 동네 책방

달리책방
72쪽

북스토어 아베끄
80쪽

책방무사
99쪽

제주풀무질
251쪽

윈드스톤
83쪽

제주살롱
205쪽

라바북스
263쪽

밤수지맨드라미 책방
321쪽

책약방
333쪽

제주사슴책방
409쪽

소심한책방
330쪽

몽캐는 책고팡
239쪽

만춘서점
404쪽

책방소리소문
414쪽

아날로그 감성이 몽글몽글

헛간 더반스위트
63쪽

아라리오뮤지엄
탑동시네마 104쪽

골목식당
108쪽

서귀포관광극장
115쪽

친봉산장
167쪽

감저카페
120쪽

식물집카페
279쪽

명월국민학교
316쪽

세컨드찬스공방
317쪽

어라운드폴리
348쪽

쇠소깍산물관광농원
392쪽

하례점빵
394쪽

여행도 예술처럼

아라리오뮤지엄
탑동시네마 104쪽

김영갑갤러리두모악
208쪽

포도뮤지엄
237쪽

김택화미술관
402쪽

제주현대미술관
412쪽

산지천 갤러리
106쪽

익숙한 그곳에서 발견한 이색적인 풍경들

성산일출봉
32쪽

1100고지
52쪽

엉덩물계곡
90쪽

녹산로
152쪽

다랑쉬오름
176쪽

우도정원
323쪽

말미오름 & 알오름
333쪽

별방진
244쪽

낭만적인 빛의 향연

빛의벙커
36쪽

본태박물관
234쪽

제주불빛정원
371쪽

아르떼뮤지엄
373쪽

노형수퍼마켙
82쪽

착한 소비, 플리마켓

종종제주
207쪽

더아일랜더
109쪽

무릉외갓집
187쪽

재주도좋아
271쪽

디자인에이비
273쪽

오브젝트 제주점
339쪽

지금사계
343쪽

카페제주디어 & 여행
가게, 연필가게 401쪽

제주i
419쪽

안 가면 손해!

저자가 강력 추천하는
계절별 Best 3 여행지

봄

전농로 벚꽃거리
136쪽

녹산로
152쪽

가파도
158쪽

여름

카멜리아힐
214쪽

협재해수욕장
268쪽

만장굴
280쪽

가을

비양도
314쪽

천아계곡
362쪽

새별오름
368쪽

겨울

1100고지
52쪽

보내다제주
390쪽

휴애리
396쪽

호젓하게 걷기 좋은 숲길 Best 3

비자림
174쪽

곶자왈도립공원
186쪽

동백동산
334쪽

꽃 맛집 Best 3

상효원
166쪽

보롬왓
202쪽

카멜리아힐
214쪽

지역별&
동네별 여행지

제주시(북)

한라수목원
84쪽

아라리오뮤지엄
탑동시네마 104쪽

삼성혈
138쪽

절물자연휴양림
180쪽

한라생태숲
222쪽

관음사
364쪽

서귀포시

걸매생태공원
88쪽

왈종미술관
112쪽

상효원
166쪽

정방폭포
286쪽

천지연폭포
290쪽

소천지
339쪽

쇠소깍산물관광농원
392쪽

휴애리
396쪽

중문(남)

그랑블루요트
48쪽

1100고지
52쪽

엉덩물계곡
90쪽

서귀포자연휴양림
192쪽

녹차미로공원
194쪽

베릿내오름
254쪽

애월읍(북서)

항파두리항몽유적지
160쪽

새별오름
368쪽

9.81파크
240쪽

제주불빛정원
370쪽

아르떼뮤지엄제주
373쪽

곽지해수욕장
270쪽

한림읍(북서)

한림공원
68쪽

월령리선인장군락지
70쪽

비양도
314쪽

협재해수욕장
268쪽

명월성지
73쪽

한경면(북서)

판포포구
273쪽

수월봉
306쪽

제주현대미술관
412쪽

산양큰엉곶
188쪽

환상숲곶자왈공원
191쪽

대정읍(남서)

알뜨르비행장
116쪽

제주추사관
118쪽

가파도
158쪽

곶자왈도립공원
186쪽

마라도
380쪽

송악산 둘레길
382쪽

안덕면(남서)

화순곶자왈
생태탐방숲길 188쪽

카멜리아힐
214쪽

방주교회
232쪽

본태박물관
234쪽

무민랜드제주
48쪽

안덕계곡
304쪽

용머리해안
340쪽

산방산
342쪽

루나폴
51쪽

남원읍(남동)

큰엉해안경승지
260쪽

물영아리오름
298쪽

제주동백수목원
398쪽

표선면(남동)

제주민속촌
303쪽

따라비오름
379쪽

보롬왓
202쪽

김영갑갤러리두모악
208쪽

성읍민속마을
346쪽

목장카페 드르쿰다
348쪽

영주산
324쪽

성산읍(남동)

성산일출봉
32쪽

우뭇개해안
33쪽

빛의벙커
36쪽

섭지코지
94쪽

말미오름 & 알오름
333쪽

혼인지
210쪽

오조포구
300쪽

광치기해변
418쪽

아쿠아플라넷
제주 420쪽

우도면(북동)

우도봉
318쪽

검멀레해변
319쪽

산호해수욕장
320쪽

훈데르트바서파크
323쪽

우도정원
323쪽

구좌읍(북동)

비자림
174쪽

다랑쉬오름
176쪽

안돌오름 비밀의숲
204쪽

종달리수국길
213쪽

별방진
244쪽

세화해수욕장
246쪽

만장굴
280쪽

김녕해수욕장
285쪽

지미봉
328쪽

스누피가든
376쪽

조천읍(북동)

닭머르
409쪽

에코랜드테마파크
182쪽

교래자연휴양림
183쪽

동백동산
334쪽

거문오름
336쪽

산굼부리
374쪽

김택화미술관
402쪽

만춘서점
404쪽

1월의 제주도

싱그러운 제주의 겨울

봄을 준비하는 제주

4 월의 제주도

제주, 색으로 물들다

5 월의 제주도

피톤치드 숲속 힐링 여행

6 월의 제주도

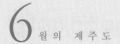

물빛 머금은 다채로운 제주

7 월의 제주도

조금은 비밀스러운 곳을 찾아서

바다, 계곡, 동굴, 폭포에서 여름 사색 즐기기

9 월의 제주도

촬영지로 떠나는 제주 여행

10 월의 제주도

마을 여행을 떠나자

11 월의 제주도

가을이 곱게 물들다

한 해 끝, 또 다른 여행의 시작

겨울의 절정인 1월, 추운 날씨 때문인지 겨울 여행이 잠시 망설여지기도 한다. 하지만 새로운 해의 시작인 만큼 오름 위에서 바라보는 아름다운 제주의 일출 풍경은 꼭 챙겨야 할 여행 포인트. 바다에서 바라보는 숨겨진 절경, 눈으로 뒤덮인 한라산을 돌아보는 것도 결코 빼놓을 수 없는 이색 체험. 겨울 여행만이 주는 매력 속으로 들어가면 추위쯤 거뜬히 이겨낼 수 있다.

싱그러운
제주의 겨울

1월 첫째 주

새해 일출과 시작하는 제주의 아침

1 week

SPOT **1**

2개의 오름에서 만나는 아름다운 풍경

말미오름 & 알오름

 남동

주소 서귀포시 성산읍 시흥리 2661 · **가는 법** 201번 간선버스 → 시흥리 정류장 → 북쪽으로 74m → 좌측길로 1.1km

    말의 머리를 닮았다고 해 말미오름이라 하며 두산봉으로도 불린다. 말미오름은 올레 1코스를 지나는 첫 오름으로 제주 올레 출범 이후 올레꾼들에게 많은 사랑을 받고 있다. 이중화산체로 분화구 안에는 봉긋하게 솟은 알오름이 있다. 새의 알을 닮았다고 붙여진 이름이지만 부속 오름을 나타내는 용어로 족은오름, 새끼오름이라고도 한다. 오름 초입에는 경사가 있는 계단으로 이루어져 있지만 계단 이후 야자수 매트가 깔려 있어 어렵지 않게 정상까지 올라갈 수 있고, 소나무 숲길이 이어져 있어 걷는 내내 상쾌함을 느낄 수 있다. 20분 남짓 걸려 도착한 정상에서는 에메랄드빛 바다와 함께 있는 성산일출봉과 우도를 한눈에 조망할 수 있어 바라보기만 해도 가슴이 탁 트인다. 조각보처럼 펼쳐져 있는 제주의 밭들과 농가의 나지막한 지붕들은 그림과도 같은 풍경이다. 올라갔던 길로 그대로 내려와도 되지만 이왕 온 김에 알오름까지 다녀오도록 하자. 말미오름은 외륜산의 형태로 성산일출봉 방향으로는 가파른 절벽이나 다른 반대편은 완만해 알오름까지 이동이 편하다. 또한 올레길 표시가 되어 있어 길을 잃을 염려가 없다. 알오름 정상에서도 환상적인 제주의 풍경을 감상할 수 있다. 하지만 알오름의 매력은 오름 허리부터 정상까지 넓게 펼쳐진 초지이다. 띠 군락지로 겨울에는 소 먹이를 주기 위해 베어지나 그 외 계절에는 길게 자라난 띠들이 제주 동부권 오름들과 어우러져 말미오름과는 또 다른 매력을 느끼게 해준다.

주변 볼거리·먹거리

순식당 제주의 재철 재료를 이용해 요리 하는 작은 식당. 제주 흑돼지가 들어가 있는 덮밥 스타일의 우동과 매콤한 카레가 인기가 많다. 해녀가 직접 채취한 성게알로 만드는 바다향 가득한 냉우동은 매일 한정 수량만 판매한다.

Ⓐ 제주 서귀포시 성산읍 시흥상동로 87 Ⓞ 11:00~20:00 / 16:00~17:00 브레이크타임 / 19:30 주문 마감 / 화요일 휴무 Ⓣ 010-8936-0765 Ⓜ 제주흑돼지 스키야키 우동 15,000원, 순식카레와 튀김세트 15,000원 등 Ⓗ https://www.instagram.com/shunsikdang/

시흥 해녀의집 해녀 들이 직접 채취한 조개와 해산물로 요리한 바다 내음 가득한 음식을 맛볼 수 있다. 여행 중 전복죽은 흔히 만날 수 있지만 조개죽은 찾아보기 힘들다는 점도 시흥 해녀의 집을 특별하게 만든다. 이른 시간부터 영업을 시작해 아침 식사로도 좋은 조개죽은 조개가 듬뿍 들어가 있고 달콤한 조개 향과 감칠맛에 죽 한 그릇이 술술 넘어간다.

Ⓐ 서귀포시 성산읍 시흥하동로 114 Ⓞ 07:00 ~20:00 Ⓣ 064-782-9230 Ⓜ 조개죽 10,000원, 전복죽 12,000원, 해산물 한 접시 15,000원

SPOT **2**

**아름다운 풍경과 함께하는
일출 명소**

성산일출봉

주소 서귀포시 성산읍 성산리 1 · **가는 법** 111번 급행버스 → 성산일출봉입구 정류장 → 북쪽으로 83m → 우측 길로 73m → 좌측 길로 25m → 우측 길로 230m · 운영시간 10-2월 07:30~19:00, 3-9월 07:00~20:00 / 매월 첫째 주 월요일 휴무 · **입장료** 성인 5,000원, 청소년·군인·어린이 2,500원 · **전화번호** 064-783-0959

 남동

　바다 위 성처럼 우뚝 솟은 웅장한 모습이 눈길을 끄는 곳. 제주 동부권 여행의 랜드마크이자 제주 여행에서 절대 빼놓을 수 없는 곳 중의 하나. 비교적 얕은 바닷속에서 화산활동으로 인해 생긴 수성화산체인 성산일출봉은 지질학적으로도 큰 가치를 지닌다. 형성 초기에는 본섬과 떨어져 있었지만 파도에 의해 침식된 퇴적물들이 오랜 시간 쌓이면서 연결되었다. 경사가 있어 정상까지 등반하는 데는 조금 힘에 부치는 편이지만, 보통 성인 기

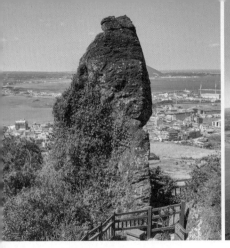

준으로 30분 정도면 충분하다. 올라가는 길에 화산활동 당시 형성된 독특한 바위와 중간중간 내려다보는 풍경을 감상하다 보면 금세 정상이다. 정상에는 8만여 평에 달하는 분화구가 펼쳐진다. 성벽처럼 보이는 99개의 봉우리가 분화구 주변을 둘러싸고 있는데, 거대한 성과 같다고 해서 성산이라는 이름이 붙여졌다. 제주에서 자연경관이 뛰어난 10곳을 이르는 영주10경 중 제1경으로 일출과 일몰을 둘 다 볼 수 있다. 매년 진행되는 성산일출축제는 희망찬 새해를 맞이하기 위해 성대하고 다채롭게 치러진다.

TIP
- 등산로가 계단으로 되어 있지만 폭이 좁고, 많은 계단을 올라가야 하니 편한 운동화를 착용하자.
- 음식물 반입 및 반려동물 동반은 금지하고 있다.

주변 볼거리·먹거리

카페더라이트 기다란 유리창 사이로 코앞에 있는 듯 보이는 성산일출봉과 우도, 바다의 모습이 환상적이다. 어느 곳을 앉아도 바다를 만날 수 있는 뷰 맛집.

Ⓐ 서귀포시 성산읍 한도로 269 Ⓞ 09:30~19:30 / 일요일 휴무 Ⓣ 064-784-0080 Ⓜ 수제 한라봉에이드 9,000원, 아인슈페너 8,500원, 제주아이스티 8,500원 Ⓗ https://www.instagram.com/cafe_the_light_jeju/

봉기네깡통구이 제주산 흑돼지 삼겹살을 저렴한 가격으로 맛볼 수 있는 맛집. 냉동삼겹살은 더 저렴하다. 구수하고 시원한 차돌된장찌개는 꼭 먹어보자.

Ⓐ 서귀포시 성산읍 고성오조로 38 Ⓞ 매일 16:00~24:00 Ⓣ 010-2643-7997 Ⓒ 봉기네세트메뉴(차돌박이+흑생삼겹+차돌된장찌개) 29,000원, 제주흑생삼겹(200g) 13,900원, 냉동삼겹살(150g) 2인분 이상 8,500원, 차돌된장찌개 6,000원 등

SPOT **3**

비밀스러운 벙커에서 만나는
빛의 향연

빛의벙커

주소 서귀포시 성산읍 고성리 2039-22 · **가는 법** 211, 212번 간선버스 → 고성리 장만이동산 정류장 → 서쪽으로 74m 이동 후 좌측 길(남쪽)로 327m → 좌측 길로 338m → 좌측 길로 180m · **운영시간** 매일 10:00~18:20 / 입장마감 17:30 · **입장료** 성인 19,000원, 중·고등학생 14,000원, 초등학생 11,000원, 미취학아동 및 장애인 9,000원 · **전화번호** 1522-2653 · **홈페이지** https://www.bunkerdelumieres.com/Home

 남동

　　오랜 기간 콘크리트 단층 건물이 흙과 나무로 덮여 있어 낮은 산처럼 보였던 터라 외부인들이 알아챌 수 없었던 비밀 벙커는 옛 국가기관의 통신시설이다. 옛 벙커는 2018년 겨울, 빛의 벙커로 재탄생했다. 평면적인 작품들을 감상하는 데 그치지 않고 웅장한 음악과 함께 프로젝션 매핑 기술로 전시 영상을 투사하는 몰입형 미디어아트를 만날 수 있다. 900평 면적에 기둥 27개

가 나란히 배치되어 들어갈수록 깊이 빠져드는 듯한 신비감을 준다. 벙커라고 상상할 수 없을 정도로 공기가 쾌적한 편이며, 소리 또한 완벽하게 차단되어 외부에서는 들리지 않는다. 한자리에 가만히 앉아 작품을 감상하든 자유롭게 돌아다니며 감상하든 선택은 마음대로! 벽면과 기둥을 비롯해 벙커의 모든 곳에 거대하게 펼쳐진 작품들을 감상하다 보면 마치 작품 한가운데 우뚝 서 있는 듯하다.

TIP
- 전시장 내 물을 비롯한 음료 및 음식물은 반입을 금지한다.
- 전시장이 어두운 편이라서 안전에 유의해야 한다.(바퀴 달린 신발과 유아 웨건 불가, 이동 시에는 셀카봉과 삼각대는 접어서 휴대)
- 반려동물은 입장을 금지한다.

주변 볼거리·먹거리

대수산봉 성산일출봉과 섭지코지는 물론 한라산까지 한눈에 조망할 수 있는 오름으로 높지 않아 올라가기 수월하고 차량 진입도 가능하다.

Ⓐ 서귀포시 성산읍 고성리 2039

제주커피박물관 BAUM 1층은 커피 용품들을 전시해놓은 커피박물관, 2층은 카페이다. 넓은 잔디밭과 야자수들이 있는 야외정원을 바라보며 잠시 쉬어 가기에 좋다. 1층 전시관은 2층 카페 이용객에게만 오픈한다.

Ⓐ 서귀포시 성산읍 고성리 2040-1 Ⓞ 매일 09:00~18:00 Ⓣ 064-784-2255 Ⓜ 바움돌체·바움모카·아인슈페너 7,000원, 드립커피 7,500원 Ⓗ https://jejubaum.com

SPOT **4**

혼밥, 혼술이 가능한
아늑한 분위기의 고깃집

단백

주소 서귀포시 성산읍 성산중앙로 17 · **가는 법** 111 급행버스 → 성산일출봉입구
정류장 → 맞은편 이동 후 서남쪽 방향으로 125m · **운영시간** 매일 12:00~22:00
/ 14:00~17:00 브레이크타임 / 20:30 주문 마감 · **대표메뉴** 흑돼지 목살구이 1인
25,000원 · **전화번호** 064-783-2300 · **홈페이지** https://instargram.com/sikdang_
dan100

 남동

TIP
· 네이버 예약을 통해 예약 후 방문 가
  능하며, 3일 후까지 예약 창이 열린다.
· 이용 시간은 1시간 30분이며, 3인 이
  상은 인스타그램 및 매장으로 연락 후
  이용해야 한다.
· 예약 취소 건으로 생긴 빈자리는 인스
  타그램에 공지한다.

숯불 향 가득한 제주산 돼지구이를 맛볼 수 있는 아늑한 분
위기의 고깃집이다. 목살구이를 전문으로 하며 사장님이 초벌
로 고기를 구워주시면 개인 화로에 올려 취향껏 익혀 먹을 수 있
다. 숙성육은 숙성 기간이 길수록 특유의 육향이 진해지는데 단
백의 목살은 숙성 기간이 짧아 깔끔하고 부드럽게 먹을 수 있다.
추가 메뉴인 달콤한 토마토 절임과 쫀득한 찹쌀떡 두부는 고기
구이와 무척 잘 어울려 곁들여 먹기 좋다. 다만 찹쌀떡 두부는
숙성이 필요해 예약과 함께 주문해야 한다. 내부는 그리 넓지 않
으면 키친 앞 ㄷ자형 테이블이 마련된 형태이다. 자연스럽게 사
장님께 이목이 집중되는 분위기이지만 전혀 부담스럽지 않다.
오히려 오가는 소소한 대화들이 무척 따뜻하고 유쾌하다. 혼밥,
혼술도 환영! 1인 이용객의 경우 점심에는 당일 빈자리가 있을
때 만 가능하다. 하지만 저녁에는 네이버 플레이스를 통해 1인
예약을 할 수 있으니 부담 없이 혼밥, 혼술을 즐길 수 있다.

1 COURSE
🚗 자동차 10분
🚌 행김녕환승정류장(김녕초등학교) 201번 간선버스 → 행원리 정류장 도보 3분

▶ **김녕떠오르길**

2 COURSE
🚗 자동차 29분
🚌 행원리 정류장 201번 간선버스 → 고성리제주은행 정류장 → 도보 5분

▶ **수카사**

3 COURSE
▶ **플레이스캠프 제주**

주소	제주시 구좌읍 김녕로1길 (봉지동복지회관 검색)
가는 법	제주국제공항 101번 급행버스 → 김녕환승정류장(김녕초등학교) → 도보 8분

해녀들이 다니는 바닷길로 물이 빠져나가야 드러난다. 길이 굉장히 길어 길과 함께 바다로 향하는 풍경이 이색적이다. 바다 타임 홈페이지(https://www.badatime.com)에서 만조와 간조 시간을 확인 후 방문하는 게 좋다. 길이 미끄러우므로 안전에 주의하며 걸어야 한다.

주소	제주시 구좌읍 행원로9길 11
운영시간	10:00~15:30(인스타그램 휴무 공지)
전화번호	064-803-0414
홈페이지	http://www.instagram.com/sucasa_hj
대표메뉴	베이컨에그베네딕트 18,000원, 훈제연어에그베네딕트 19,000원, 아보카도 에그베네딕트 18,500원

옛 농가주택이 많은 마을 안에 위치해 더욱 한적하게 느껴지는 브런치 카페. 예쁜 창 너머 낮고 알록달록한 색깔의 지붕이 매력적인 풍경이 그림처럼 다가온다. 베이컨, 훈제연어, 아보카도 등 다양한 에그베네딕티를 맛볼 수 있다. 예약 우선으로 방문일 3일 전부터 인스타그램

주소	서귀포시 성산읍 동류암로 20
운영시간	업장에 따라 상이
문의	064-766-3000
부대시설	카페 도렐 & 도렐 베이커스, 스피닝 울프(펍), 위로(사시미, 흑돼지 화로구이), 페이보릿(기념품숍), 플레이스 액티비티(발레, 필라테스, 명상, 오름 투어, 요리 등), 클래식 자전거 및 전동 킥보드 대여
홈페이지	https://www.playcegroup.com/

성산일출봉과 광치기해변, 오조포구 등 제주 동쪽의 주옥같은 풍경을 만날 수 있는 곳에 위치한 숙소이다. 기준 인원 1인부터 이용할 수 있는 룸부터 최대 8인이 이용할 수 있는 룸까지 준비되어 있다. 맛집, 기프트숍, 클래스 등 즐길거리도 많아 혼자 여행을 와도 알차고 재미있게 즐길 수 있다.

한 곳 에 서   제 주 를
만 나 는 또 다 른 방 법

2 week

SPOT **1**

**서귀포의 풍경을 한눈에
담을 수 있는 오름**

군산

 남서

주소 서귀포시 안덕면 창천리 산 3-1 · **가는 법** 151, 282번 간선버스 → 상예2동 정류장 → 서쪽으로 40m → 좌측 길로 561m → 우측 길로 520m

　군산은 서귀포의 대표 오름이자, 접근성이 좋으며 아름다운 제주 풍경을 조망할 수 있어 많은 이들의 사랑을 받고 있다. 오름의 모습이 군대에서 사용하는 군막 같다고 해서 군산이라는 이름이 붙여졌는데, 고려 목종 7년에 상서로운 산이 솟았다고 해서 서산이라 부르기도 했다. 그 외에 군뫼, 굴메 등 다양한 이름을 가지고 있다.

　서쪽 진입로로 들어오면 주차장에서 정상까지 7분 정도면 충분히 올라갈 수 있고, 동쪽 진입로는 서쪽보다는 좀 더 걸어야 하지만 아름다운 풍경을 바라보며 걷다 보면 금방 정상에 도착한다. 북쪽은 시원스레 펼쳐지는 한라산과 중산간 마을을 품고 있으며, 남쪽으로는 해안 마을과 서귀포의 남쪽 섬들, 서쪽으로는 산방산을 비롯해 오름 군락들을 마주할 수 있다. 정상에서는 용의 머리에서 솟아났다고 하는 2개의 뿔바위를 비롯해 여러 기암괴석들과 오름의 남사면에 있는 수평층리 등을 관찰할 수 있다. 다른 오름과 달리 분화구가 없는 것이 특징이다. 예래마을의 이름이 유래한 사자암, 금장지의 유래와 더불어 9개의 진지 동굴도 남아 있어 신화적으로나 역사적으로 많은 이야기가 담겨 있다.

TIP
- 도보 여행자들은 서쪽 진입로로 들어오면 도보 약 40분 소요되고, 동쪽 진입로로 들어오면 정류장에서 등산로 시작점까지 약 17분 소요된다. 차량으로 이동한다면 서쪽 진입로를 이용해야 정상까지 올라가는 시간이 단축된다.(군산오름 주차장으로 검색)
- 도보 여행자는 택시를 타고 서쪽 진입로에서 내려 정상까지 올라갔다가 동쪽 진입로로 내려오는 것이 좋다. 택시는 안덕계곡 삼거리에서 타면 된다.
- 정상에 있는 뿔바위 위로 올라갈 수 있지만 안전에 유의해야 한다.

주변 볼거리·먹거리

대평포구 포구 옆에 병풍처럼 펼쳐진 박수기정이 마을을 품어주듯 든든한 모습으로 우뚝 서 있다. 빨간 등대 위 소녀상도 많이 찾는 사진 포인트! 특히 일출이나 일몰 무렵 등대와 함께 어우러지는 박수기정과 주변 풍경은 환상 그 자체이다. 카페와 맛집, 예쁜 숙소 등 숨겨진 즐길 거리도 많은 편이라 포구 산책과 함께 마을도 둘러보면 좋다.

Ⓐ 서귀포시 안덕면 감산리 982-5

소보리당로222

Ⓐ 서귀포시 소보리당로 222 ⓞ 12:00~18:00 / 17:30 주문 마감 / 금, 토요일 휴무 ⓣ 010-3832-7896 ⓜ 소보리라떼 7,000원, 티라미수, 팥 인절미 티라미스 7,000원 ⓗ https://www.instagram.com/choispresso/
7월 4주 소개(256쪽)

제주의
아름다움을
한눈에
조망하는 오름

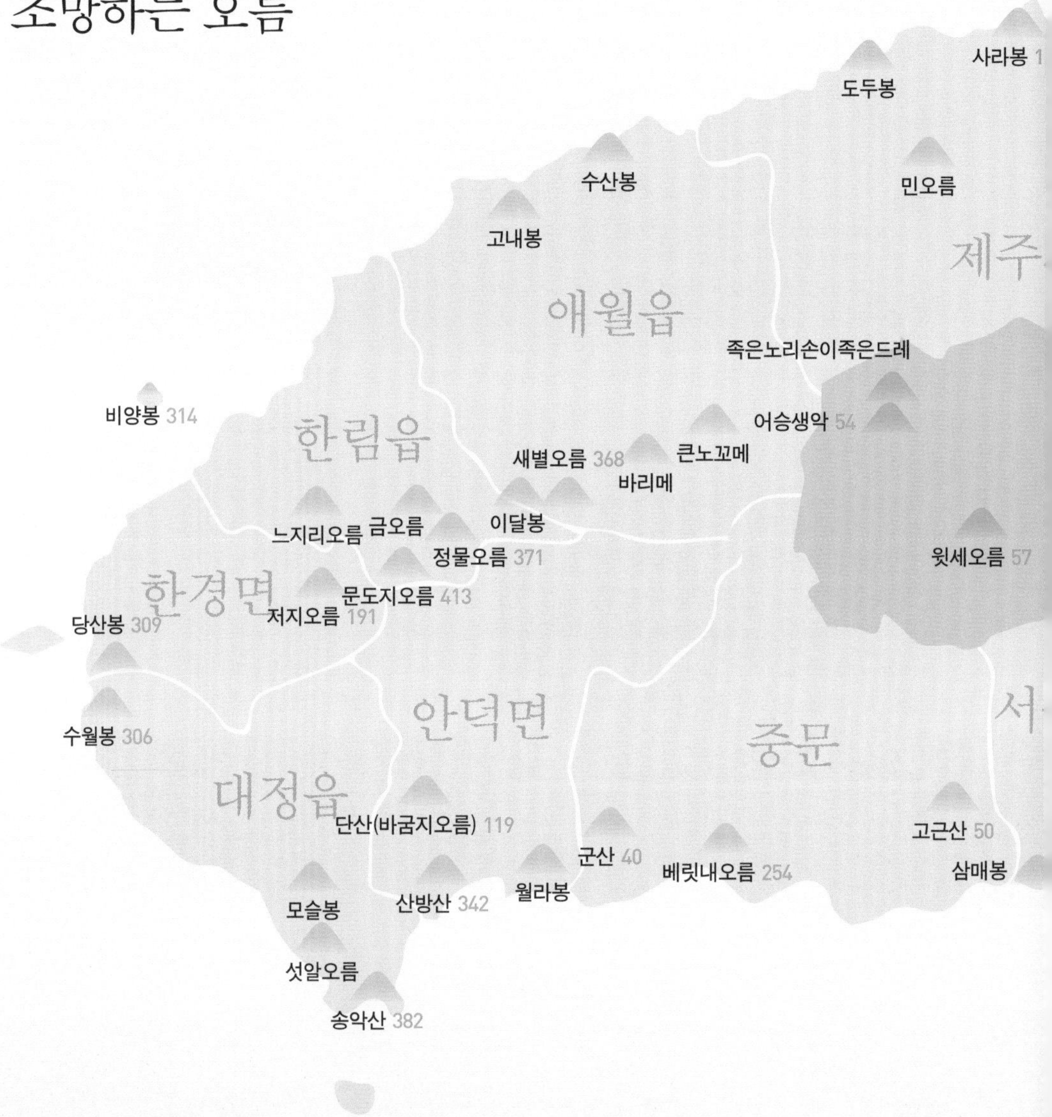

사라봉 1

도두봉

수산봉

민오름

고내봉

제주

애월읍

족은노리손이족은드레

비양봉 314

어승생악 54

한림읍

새별오름 368

큰노꼬메

바리메

느지리오름 금오름

이달봉

정물오름 371

윗세오름 57

한경면

문도지오름 413

당산봉 309

저지오름 191

수월봉 306

안덕면

중문

서

대정읍

단산(바굼지오름) 119

고근산 50

군산 40

삼매봉

월라봉

베릿내오름 254

모슬봉

산방산 342

섯알오름

송악산 382

원당봉

우도

구좌읍

조천읍

지미봉 328

소머리오름 318

당오름   다랑쉬오름 176

안돌오름 204

높은오름   용눈이오름   말미오름 32
                              &알오름   성산일출봉 32

바농오름   거문오름 336 새미오름   동거문오름

의악오름 223 절물오름 180   아부오름 60   좌보미   대수산봉 37
                                            백약이오름   성산읍

까끄래기오름 375   성불오름   개오름   모구리오름

산굼부리 374   영주산 224

물찻오름   대록산 379
                    따라비오름 379

물영아리오름 298   표선면

남원읍

포시

칡오름

제지기오름 336

43

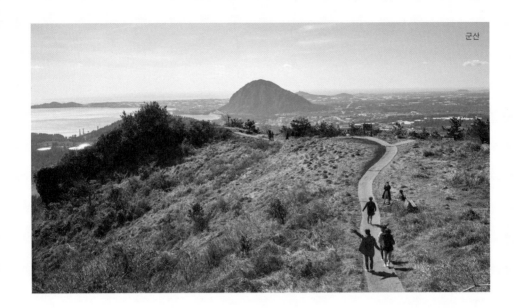
군산

제주에는 360개가 넘는 오름이 있다. 한라산을 중심으로 제주 전역에 펼쳐진 까닭에 제주 어디를 가도 봉긋한 오름을 만날 수 있다. 오름은 산이나 봉우리를 뜻하는 제주어로, 간혹 오름에 '산', '봉', '악' 자가 붙기도 하지만, 제주에서는 일반적으로 오름이라고 부른다. 이름도 참 예쁘다. 새별, 용눈이, 다랑쉬, 영아리, 사려니, 따라비, 비치미 등 사랑스러운 이름만 들어도 가보고 싶다는 생각이 절로 든다.

섭지악_산수국

오름은 저마다의 아름다움을 가지고 있다. 빼어난 전망을 바라볼 수 있는 오름, 숲길 때문에 오르는 내내 상쾌한 오름, 계절이 바뀔 때마다 야생화들과 억새로 단장하는 오름, 넓은 분화구가 인상적인 오름, 비 온 후 더 아름다운 오름 등 한번 다녀오면 그 매력에 빠져 쉬이 헤어나기 힘들다.

새별오름

오름 초보자라면 금방 올라갈 수 있는 오름부터 시작해보자. 차로 정상 인근까지 갈 수 있는 수월봉, 군산은 누구에게나 만만하고, 아부오름, 문도지오름, 아끈다랑쉬오름, 금오름은 성인 기준 10분 정도면 충분히 올라갈 수 있다. 올라가는 수고에 비해 아름다운 풍경을 거저 얻어간다고 할 정도이다.

당산봉

　지미봉, 고근산, 새별오름처럼 경사가 있어 조금 힘든 오름도 있다. 하지만 정상에서 만나는 풍경이 너무 아름다워 힘들게 올라간 것은 어느새 잊고 눈앞에 펼쳐지는 풍경을 한없이 바라보게 된다.

　오름 여행에 익숙해졌다면 계절별로 방문해보자. 봄에는 사라봉의 벚꽃과 다랑쉬오름의 철쭉, 초여름에는 삼의악과 영주산의 산수국, 여름에는 저지오름과 베릿네오름의 숲길, 가을에는 새별오름과 큰노꼬메오름의 억새 장관, 겨울에는 눈 쌓인 어승생악……, 계절마다 주는 감동이 다르기에 오르고 또 올라도 사라지지 않는 매력을 만날 수 있다. 또한 가끔은 한 발짝 떨어져 거리를 두고 지긋이 바라보는 것이 더 아름다울 때도 있으니 시시각각 다양한 때와 시선으로 오름을 만나보자.

다랑쉬오름과아끈다랑쉬

지미봉_일출

아부오름

저지오름 가는 길

어승생악

백약이오름

따라비오름

고근산

사라봉

빗돌오름

사라오름

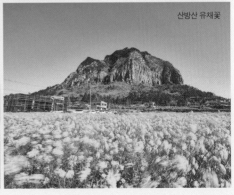
산방산 유채꽃

SPOT **2**

제주에서 만나는 핀란드의
동화 세상

무민랜드제주

주소 서귀포시 안덕면 병악로 420 · **가는 법** 182번 급행버스 → 동광환승정류장(서
귀포 방면) → 맞은편 동광육거리에서 동쪽 동광육거리 정류장 752-2번 간선버스
→ 상천리 정류장 맞은편 · **운영시간** 10:00~19:00 / 입장 마감 18:00 · **입장료** 성인
15,000원, 청소년 14,000원, 소인 12,000원 · **전화번호** 064-794-0420 · **홈페이지**
http://www.moominlandjeju.co.kr

 남서

    핀란드의 작가이자 일러스트레이터 토베 얀손이 만들고 75년
이 넘도록 사랑받고 있는 무민 가족의 이야기가 있는 공간이다.
무민하우스 동과 라운지 동으로 구성되어 있다. 무민하우스 동
에서는 토베 얀손의 히스토리와 무민 캐릭터들을 소개하고, 전
시 및 미디어아트, 아트 체험을 통해 무민의 세계로 푹 빠질 수
있다. 볼거리, 체험거리가 골고루 있고, 사진 찍기 좋아 무민을
잘 몰라도 즐거운 시간을 보낼 수 있다.

간결함과 세련됨이 느껴지는 라운지 동에는 무민 캐릭터 용품들을 판매하는 숍과 커피와 디저트 등을 판매하는 카페가 있다. 무민 캐릭터를 담은 다양한 디저트와 음료도 맛볼 수 있고, 책들도 많아 초록의 주변 풍경들을 감상하며 여유 있게 머물기 좋다.

TIP
• 캐릭터숍은 입구와 라운지 동 2곳에 있다. 라운지에 있는 캐릭터숍은 상품들이 많으니 기념품을 구매하고 싶다면 충분히 돌아보고 구입하면 된다.

예쁘게 차려진 식탁에서 먹는
맛있는 한 끼

달팽이식당

주소 서귀포시 안덕면 일주서로 1322-3 · **가는 법** 182번 급행버스 → 창천리 정류장 → 남쪽 창천삼거리까지 104m → 맞은편 횡단보도 2개 → 동쪽으로 37m → 좌측길로 55m → 좌측길로 42m → **운영시간** 11:00~15:00 / 일요일 휴무 / 재료 소진시 조기 마감(인스타 공지) · **전화번호** 010-3361-8441 · **홈페이지** https://www.instagram.com/jeju.snail/ · **대표메뉴** 청국장 & 석쇠구이 한상 15,000원, 어린이 8,000원

 남

TIP
• 2인 이상 주문 가능하다.

주변 볼거리·먹거리

안덕계곡

Ⓐ 서귀포시 안덕면 감산리 1946
9월 2주 소개(304쪽)

고스란 카페 곳곳에 멋진 작품들이 전시되어 있는 갤러리 카페이자 베이커리 카페. 잘 정돈된 정원 너머에 건물이 있어 비밀스러운 분위기가 연출된다. 흙모래를 연상시키는 바닥, 유리창 너머로 보이는 정원 덕분에 자연 속에 머무는 느낌이 든다. 2층은 10세 이하 어린이가 들어갈 수 없는 노키즈존이다.

Ⓐ 서귀포시 안덕면 병악로 81-40 ⓞ 11:00~8:00 / 17:30 주문 마감 / 수요일 휴무 Ⓜ 고스란슈페너 7,000원, 플레인 바스크 치즈 케이크 7,000원 Ⓗ http://www.instagram.com/gosran_official

　　귤 창고를 리모델링한 곳으로 제주스러움이 느껴지는 외관과 감각적이고 세련된 인테리어로 정식집이 이렇게 예쁠 수가! 라는 감탄사가 절로 나온다. 직화 불고기와 청국장 단일메뉴만 판매하기 때문에 인원수만 이야기하면 주문은 끝. 불향 솔솔나는 불고기는 식사가 끝날 때까지 따뜻하게 먹을 수 있도록 캔들이 놓여져 있으며, 주변으로 그날의 반찬 6가지가 동그랗게 배치되어 있다. 예쁜 인테리어와 플레이팅을 보니 먹기 전부터 두 눈이 즐거워진다. 비빔밥이 기본으로 나오며 직화 불고기와 함께 쌈으로 먹으면 정말 맛있다. 청국장은 할머니가 직접 농사 지은 콩으로 띄운 것만 사용한다. 청국장 특유의 쿰쿰한 향이 덜한 편이라 청국장 애호가들은 다소 서운할 수 있으나 부드럽고 구수한 맛에 아이들은 물론이고 외국인들도 부담 없이 먹을 수 있다. 점심에는 달팽이식당으로 저녁에는 흑돼지구이에 치즈를 올려 먹는 버닝치즈로 운영되고 있다.

1 COURSE

🚗 자동차 9분
🚌 동광단지 정류장 752-2 지선버스→동백동산 정류장→도보 4분

▶ 위이

2 COURSE

▶ 카멜리아힐

3 COURSE

🚗 자동차 15분
🚌 화순굴렁밭 정류장 202, 5005, 5006번 간선버스→제주조각공원 입구 정류장→도보 3분

▶ 루나폴

주소	서귀포시 안덕면 신화역사로 682번길 12
문의	010-9249-5881
운영시간	10:00~14:00(커피&와인&브런치), 14:00~17:00(커피&와인&디저트), 17:00~21:00(와인&비스트로&핸드드립) / 19:50 주문 마감
대표메뉴	브루잉커피 8,000원부터, 시즌 오일 파스타 19,000원 등
홈페이지	https://instagram.com/wiee.jeju
가는 법	동광육거리 정류장 752-2 지선버스 → 동광단지 정류장 → 도보 3분

제주 가정집을 개조한 흰색 건물과 푸른 곶자왈, 산방산 풍경이 아름다운 카페이자 비스트로. 와인잔에 브루잉 아이스 커피가 제공되는데, 커피를 와인처럼 풍부하게 즐기기 바라는 주인장의 마음이 담겨있다. 티룸에서는 차에 대한 소개를 받을 수 있다.

주소	서귀포시 안덕면 병악로 166
운영시간	11-2월 08:30~18:00, 3-5월, 9-11월 08:30~18:30, 6-8월 08:30~19:00
입장료	성인 10,000원, 청소년 8,000원, 어린이 7,000원
전화번호	064-792-0088
홈페이지	https://www.camelliahill.co.kr

6월 3주 소개(214쪽)

주소	서귀포시 안덕면 일주서로 1836
문의	064-794-9680(시설 문의)
운영시간	20:00~24:00, 계절에 따라 입장시간 변경(인스타그램 혹은 네이버플레이스 공지) / 23:00 입장 마감
이용요금	성인 22,000원, 청소년 20,000원, 소인 17,000원

달과 소원의 이야기가 담겨있는 테마파크. 건물 5층 높이의 거대한 달 조형물과 조명들, 자연과 미디어아트가 어우러져 공원 곳곳을 아름답게 수놓고 있다. 일부 구간이 비포장 숲길이 포함되어 있어 유모차와 휠체어는 진입이 힘들며, 편안한 복장으로 둘러보는 게 좋다.

1월 셋째 주

겨 울 왕 국, 제 주 여 행

3 week

SPOT **1**

한라산 설경을 품은
매력적인 장소

1100고지

주소 서귀포시 색달동 산 1-2 · **가는 법** 240번 간선버스 → 1100고지휴게소 정류장

한라산 중턱인 1,100m 해발고도에 위치해 한라산을 가깝게
만날 수 있는 곳 중 하나다. 제주시와 서귀포시를 연결하는 도로
중 하나인 1100도로에 위치해 있다. 1100도로 역시 구불구불한
길과 함께 한라산의 산세를 즐길 수 있어 최고의 드라이브 코스
로 손색없다. 봄과 여름에는 싱그러움을, 가을에는 단풍을, 겨울
에는 설경을 감상할 수 있어 1년 내내 매력이 넘친다. 하지만 가
장 인기 많은 계절은 겨울, 그중에서도 눈이 많이 내린 다음 날
이다.

1100고지에는 우리나라에서 12번째로 람사르 습지에 등록된
1100고지 습지가 있다. 데크길로 되어 있는 자연학습탐방로를

남

한 바퀴 산책하며 습지를 관찰할 수 있다. 다양한 동식물이 살아가는 곳으로 계절마다 각기 다른 매력이 있지만, 겨울의 습지는 잠시 숨을 고르고 단잠을 자는 듯 고요함만이 머문다.

습지를 한 바퀴 둘러보았다면 맞은편 1100고지 휴게소 2층으로 올라가 보자. 1층에는 간단한 먹거리와 물건을 판매하는 휴게소, 2층에는 습지 전시관이 있다. 습지에서 휴게소 방향을 바라보는 풍경도 아름답지만, 2층 테라스에서 한라산을 바라보는 풍경도 너무 아름답다. 망원경까지 있어 한껏 가까이 한라산을 살펴볼 수 있는데, 습지와 함께 눈 덮인 한라산 풍경은 비현실적으로 느껴지는 신비로움으로 가득하다.

TIP

• 눈이 있을 때 방문하고 싶다면 홈페이지에서 한라산 실시간 CCTV를 확인하자.(https://www.jeju.go.kr/tool/halla/cctv.html)

• 눈이 많이 내린 후에는 설경을 보기 위해 찾는 사람들이 많아 교통이 혼잡한 편이다. 여행 일정을 일찍 잡아야 여유롭게 돌아볼 수 있다.

짧고 굵게 즐기는 한라산
눈꽃 산행

어승생악

주소 제주시 해안동 산 220-12 · **가는 법** 240번 간선버스 → 어리목입구 정류장 → 맞은편 어리목 교차로에서 동북쪽으로 957m → 어리목탐방안내소에서 좌측 길로 이동 후 탐방 시작 · **운영시간** 동절기(1~2월, 11~12월) 입산 시간 06:00, 탐방로 입구 16:00부터 입산 제한 · **입장료** 무료 / 주차요금 이륜차 500원, 경형 1,000원, 승용차 1,800원 · **전화번호** 064-713-9953

북

　　어리목탐방안내소에서 정상까지 1.3km로 30분 정도면 충분히 올라갈 수 있는 어승생악은 한라산 등반 코스 중 가장 짧지만 한라산과 제주 시내가 한눈에 내려다보이는 기가 막힌 전망을 가진 곳이다. 해발 1,169m 높이지만 탐방안내소가 970m 높이에 있어 나머지 탐방로만 걸어가면 되므로 어린이나 등산 초보자도 쉽게 올라갈 수 있고, 한라산 등반 전 가볍게 몸을 풀기 위해 방문하기도 한다. 분화구를 비롯해 주변으로 완만하게 뻗어나간 모양이 한라산을 닮았다고 해서 작은 한라산이라고도 부른다.

등반로는 나무 계단과 데크로 이루어져 특별히 어려운 구간은 없다. 정상에 도착하면 시내는 물론 구제주 끝자락에 있는 원당봉까지 한눈에 들어온다. 날씨 좋은 날에는 바다 너머 남해의 섬까지 펼쳐지는 환상적인 풍경을 조망할 수 있다. 또한 눈앞에 바로 펼쳐지는 한라산 풍경도 훌륭하다. 굽이굽이 이어진 봉우리 뒤로 우뚝 선 한라산 정상의 모습은 장엄하기 그지없다.

환상적인 풍경 뒤로 아픈 역사의 흔적도 살펴볼 수 있다. 어승생악은 시내를 한눈에 살펴볼 수 있기 때문에 일제시대 전략적 요충지로 이용되었는데, 그때 사용했던 군사시설인 동굴진지가 정상에 그대로 남아 있다.

주변 볼거리 · 먹거리

카페사분의일 귤 창고를 개조한 핸드드립 커피 전문점. 앤틱한 소품, 예쁜 패브릭으로 꾸며진 아담하고 예쁜 공간이다. 커피는 4종류로 취향에 맞게 선택할 수 있고, 음료와 간단한 디저트도 준비되어 있다.

Ⓐ 제주시 신비마을1길 1-3 Ⓞ 10:30~19:00 / 부정기 휴무, 인스타그램 공지 Ⓣ 064-745-6935 Ⓜ 핸드드립 7,000원, 감귤에이드 7,000원 Ⓗ http://www.Instagram.com/cafe_onefourth

TIP
· 눈이 쌓였다면 안전을 위해 반드시 아이젠 착용 후 등반해야 한다.
· 어승생악과 어리목 코스는 주차장은 같지만 진입로가 다르기 때문에 이정표를 잘 확인하고 목적지에 맞는 탐방로로 이동하자.
· 음주 및 취사 행위, 반려동물 동반은 금지한다.
· 오후 5시 이후에는 등반을 통제한다.

SPOT **3**

제주 옹기에 담은 정성 가득한 발효차
담화헌

주소 제주시 주르레길 55 · **가는 법** 466번 지선버스 → 신비마을 정류장 → 북쪽으로 60m → 우측 길로 100m → 좌측 길로 367m(도보 10분) · **운영시간** 10:00~18:00 · 월요일 휴무 · **전화번호** 010-9087-2953 · **홈페이지** http://www.제주옹기.com · **대표메뉴** 드립커피, 댕유지차, 콩가루아이스크림 6,000~6,500원 / **체험** 제주 옹기 클래스 최소 4인부터 가능, 1인당 9만원

 북

주변 볼거리·먹거리

 브릭캠퍼스 제주 국내외 최정상 브릭 아티스트들의 작품 300여 점이 전시되어 있다. 제주에서만 만날 수 있는 돌하르방, 한라봉, 초대형 제주 지도 등을 브릭으로 표현한 작품들도 있다.

Ⓐ 제주시 1100로 3047 Ⓞ 매일 10:00~18:00 (입장 마감 종료 30분 전) Ⓣ 064-712-1258 Ⓒ 36개월 이상 16,000원 Ⓗ http://www.brickcampus.com

　　제주 옹기 작가 강승철 님의 도예 전문 공간. 투박하게 느껴질 수도 있지만 작가의 오랜 노력으로 만들어낸 과거와 현대가 공존하는 공간이다. 실용적이지만 자연스럽고 은은한 멋을 자랑하는 옹기들이 가득하다. 작가의 작업실과 더불어 옹기 작품을 만날 수 있는 숨옹기 갤러리, 제주 옹기와 그 안에 담은 차와 음료를 판매하는 그릇가게&카페가 함께 있다.

　　제주 옹기는 제주의 흙으로 만들며 유약을 바르지 않고 구워내 미세한 공기구멍으로 공기가 잘 통하기 때문에 발효가 잘되며, 재료 본연의 맛을 지켜준다. 발효 음식을 저장하는 데 제주 옹기만 한 것이 없다고 할 정도! 댕유지, 레몬, 청귤, 녹차 등을 제주 옹기에 숙성 및 발효해 만든 음료와 제주 생막걸리로 반죽해 발효한 술빵 등을 카페에서 만날 수 있으며, 주문한 차는 직접 만든 그릇에 예쁘게 플레이팅되어 나온다. 찻잔을 가만히 어루만져 보면 흙의 질감이 그대로 전해진다. 카페 안에 진열된 컵과 그릇들은 구매도 가능하다. 수작업으로 만든 제품들이라 가격은 있는 편이지만, 담화헌에서만 만날 수 있는 작품들이 대부분이며 고마운 분들을 위한 선물로도 제격이다.

TIP
- 제주 옹기를 만드는 클래스를 진행하고 있다. 최소 2인부터 5인까지 신청 가능. 1인 9만 원(택배비 별도, 체험시간 70분, 사전예약)

1 COURSE
🚗 자동차 51분
🚌 영실매표소 정류장 240번 간선버스 → 제주제일고등학교 정류장 → 도보 5분

➤ 윗세오름

2 COURSE
🚗 자동차 3분
🚌 으뜸마을 정류장 240, 270번 간선버스, 415번 지선버스 → 제주고등학교 정류장 → 도보 5분

➤ 국시트멍

3 COURSE

➤ 넥슨컴퓨터박물관

주소	서귀포시 영실로 226(한라산 영실휴게소)
운영시간	06:00 탐방 가능 / 매표소 주차장 11시까지 도착, 영실탐방로 입구 12:00부터 입산 제한
전화번호	064-747-9950
가는 법	240번 간선버스 → 영실매표소 정류장 → 도보 3분

해발 1,700m 높이에 위치한 윗세오름은 연달아 이어진 족은오름, 누운오름, 붉은오름 3개의 오름을 같이 부르는 이름이다. 영실탐방안내소에서 탐방로 입구까지 차로 이동할 수 있어 탐방이 수월한 편이다. 영실기암과 오백나한, 병풍바위 등 독특하고 아름다운 한라산 풍경을 만날 수 있다.

주소	제주시 진군길 31-3
운영시간	09:00~16:00 / 15:30 주문 마감 / 목요일 휴무
전화번호	064-725-7004
메뉴	고기국수 10,000원, 멸치국수 7,000원, 비빔고기국수 10,000원 등

진한 국물의 고기국수, 깔끔하고 담백한 멸치국수, 새콤달콤한 비빔국수까지! 제주의 국숫집은 푹 삶은 돼지고기 육수를 쓰기 때문에 특유의 냄새가 나는데, 국시트멍의 국수는 진한 육수의 잡내 없이 깊은 맛의 고기국수를 맛볼 수 있다. 고명으로 올려진 고기도 보들보들 맛있고, 바삭만두도 국수와 곁들여 먹기 좋다. 밥도 무제한 무료로 제공된다.

주소	제주시 1100로 3198-8 NXC센터
운영시간	10:00~18:00 / 월요일 휴무, 설·추석 당일 휴관, 방문 전 홈페이지 예약 필수
입장료	성인 8,000원, 청소년 7,000원, 어린이 6,000원
전화번호	064-745-1994
홈페이지	https://computermuseum.nexon.com

유명 게임회사 넥슨이 운영하는 아시아 최초의 컴퓨터 박물관이다. 컴퓨터의 역사와 컴퓨터게임, 체험관으로 이루어져 있다. 오전 10시부터 오후 5시까지 매시 정각에 무료 도슨트 해설도 진행하고 있어 재밌게 관람할 수 있다.

1월 넷째 주

겨울, 싱그러운 자연 속으로

4 week

SPOT **1**
제주의 삼다를 담은 미로 여행

메이즈랜드

주소 제주시 구좌읍 비자림로 2134-47 · **가는 법** 111번 급행버스 → 성산일출봉입구 정류장 → 북쪽으로 83m → 우측길로 73m → 좌측길로 25m → 우측길로 230m 이동 · **운영시간** 매일 09:00~18:00 / 17:00 매표 마감 · **입장료** 성인 12,000원, 청소년·군인 10,000원, 어린이·경로 9,000원 · **전화번호** 064-784-3838 · **홈페이지** https://mazeland.co.kr

 남동

    메이즈랜드는 제주를 상징하는 삼다인 바람, 여자, 돌을 테마로 한 이색 미로 테마파크이다.

    3개의 메인 미로는 돌하루방 모양의 현무암, 태풍 모양의 측백나무, 해녀 모양의 애기동백과 랠란디 나무로 구성되어 있다. 특히 겨울에는 해녀 미로에 동백꽃이 피어나 향기로움도 함께한다. 메인 미로 외에도 2개의 작은 미로와 포토 존이 있는 숲길이 마련되어있어 감성 산책도 가능하다. 야외 미로공원을 돌아봤다면 알찬 체험거리를 제공하는 미로퍼즐박물관도 꼭 둘러보자! 그리스 신화에 나오는 미노타우로스를 통해 미로의 기원을 만날 수 있는 영상관과 갤러리, 퍼즐 체험장과 퍼즐 전시실, 퀴즈를 풀며 미로를 탈출하는 지식의 미로 등으로 구성되어 있다. 마지막으로 미로퍼즐박물관의 전망대를 통해 마무리하면 더욱 좋다. 한눈에 들어오는 미로와 메이즈랜드 주변으로 펼쳐진 제주의 오름들을 만날 수 있다.

주변 볼거리 · 먹거리

비자림

Ⓐ 제주시 구좌읍 비자숲길 55 Ⓞ 매일 09:00~18:00 / 17:00 입장마감 Ⓣ 064-710-7912 Ⓒ 성인 3,000원, 청소년 및 어린이 1,500원 5월 1주 소개(174쪽)

SPOT **2**

넓고 깊은 분화구가 매력적인

아부오름

주소 제주시 구좌읍 송당리 2263 · **가는 법** 810-1번 순환버스 → 아부오름 정류장 맞은편

 북동

　나지막하고 완만한 아부오름은 어른 걸음으로 5~7분이면 충분히 올라갈 수 있다. 경사가 있긴 하지만 짧은 등반 시간에 비해 훌륭한 전망을 볼 수 있으니 잠깐의 수고쯤은 아무것도 아니다. 단순한 모양 속에 숨겨진 넓고 깊은 분화구가 아부오름의 매력 중 하나이다. 분화구 중앙에는 인공으로 심은 삼나무들이 분화구의 모양을 따라 원형으로 둘러싸여 있고, 경사면부터 삼나무에 이르기까지 소나무, 상수리나무, 보리수나무 등이 빽빽하게 채워져 있다.

오름 둘레길의 폭이 넓지 않고 분화구 방향으로 경사가 있어, 분화구 안의 숲과 그 너머로 펼쳐지는 오름 군락의 풍경들이 너무나 예쁘다. 예쁜 돗자리를 펼치고 아부오름의 매력을 가득 살려 사진을 찍는 연인들의 모습도 종종 만날 수 있다. 오름 둘레는 약 2km로 평탄한 편이라 40분 정도면 한 바퀴를 돌아볼 수 있으니 주변 풍경을 감상하며 여유롭게 걸어보는 것도 좋다. 금방 올라갈 수 있어 해 질 무렵 오름 산책도 추천한다. 한라산과 오름 군락 사이로 떨어지는 해와 그 주변 풍경을 하염없이 바라보고 있노라면 마음도 잔잔해진다.

TIP
• 아부오름은 송당마을의 공동 목장으로 이용되고 있는 사유지다. 오름 정상에서 음식을 먹거나 쓰레기를 버리는 등의 행동은 삼가자.

주변 볼거리·먹거리

스누피가튼
Ⓐ 제주시 구좌읍 금백조로 930 Ⓞ 4-9월 09:00~19:00, 10-3월 09:00~18:00 Ⓣ 064-1899-3929 Ⓒ 성인 19,000원, 청소년 16,000원, 어린이 13,000원 Ⓗ http://www.snoopygarden.com 11월 3주 소개(376쪽)

송당의아침 식빵 모양 창문이 귀여운 빵집. 모든 빵은 유기농 밀가루로 저온에서 천천히 발효해서 만들고 보존제와 화학첨가제가 들어가지 않는다. 식빵과 함께 먹기 좋은 저렴한 음료도 준비되어 있다.

Ⓐ 제주시 구좌읍 중산간동로 2254 Ⓞ 09:00~빵 소진 시 / 목요일 휴무 Ⓣ 064-782-1373 Ⓜ 우유 큐브식빵 5,500원, 제주 우도 땅콩식빵 5,500원, 제주 말차 단팥식빵 6,500원 Ⓗ http://instagram.com/songdang_morning

액자에 담긴 한 폭의
그림 같은 곳

카페갤러리

북동

주소 제주시 조천읍 남조로 1717-24 · **가는 법** 231번 간선버스 → 제주삼다수 정류장 → 북쪽으로 263m → 우측 길로 167m · **운영시간** 10:00~17:00 / 16:30 주문 마감 / 목요일 휴무 · **대표메뉴** 애플시나몬라떼 6,500원, 한라봉에이드 6,500원 · **전화번호** 070-5101-0006 · **홈페이지** http://www.instagram.com/jeju_cafegallery

다채로운 식물들로 꾸며진 플랜테리어와 마크라메가 잘 어울리는 로맨틱한 공간이다. 규모는 아담한 편이지만 모든 곳이 포토존이라고 할 만큼 예쁜 스팟들이 많고, 소품 하나하나 세심하게 신경 쓴 흔적들을 만날 수 있다. 채광도 좋다. 카페 내에서 커다란 창문 너머로 보이는 숲 풍경도, 통창에서 바라보는 정원 뷰도 마치 액자에 담긴 그림처럼 아름답다.

실내 공간도 너무 예쁘지만 가장 큰 매력은 삼나무 숲을 안고 있는 정원이다. 사계절 푸르름을 간직한 삼나무들 사이로 잔잔한 조명들이 펼쳐져 있고, 숲 곳곳에는 예쁜 소품들로 꾸며진 테이블이 놓여 있다. 숲의 요정이 슬며시 다녀갔을 법한 분위기에 나만 알고 싶은 비밀의 장소로 숨겨두고 싶을 정도! 부드러운 천과 아름다운 조화로 장식한 소품 앞에 서 있거나, 그네에 잠시 앉아 있다 보면 동화 같은 풍경에 흠뻑 빠져든다.

TIP
- 스냅 및 상업적 촬영, 스몰웨딩 및 카페 대관은 사전 협의 후 이용 가능하다. (야외 정원 기본 테이블 외 소품 세팅 시 반드시 대관으로 예약 후 이용)
- 카페 정원 및 삼나무 숲은 카페 및 펜션 이용객을 위해 개방된 공간으로 무단으로 출입해선 안된다.

1 COURSE

🚗 자동차 8분
🚌 상덕천 정류장 704-4, 711-1 지선버스 → 송당로타리 정류장 → 도보 1분

헛간 더반스위트

2 COURSE

🚗 자동차 2분(도보 18분)
🚌 송당로타리 정류장 211, 212 간선버스 → 삼남내 정류장 → 도보 6분

술의식물원

3 COURSE

송당본향당

주소	제주시 구좌읍 덕평로 9-제주시 구좌읍 중산간동로 2240
전화번호	010-3373-5074
운영시간	09:00~19:00 / 18:00 주문 마감 / 매주 화요일 휴무
메뉴	카푸치노 6,500원, 녹차라테 6,500원
가는 법	송당로타리 정류장 704-4번 지선버스 → 상덕천마을입구 정류장 → 도보 2분

예스러운 구옥에 실내는 온통 나무로 꾸며져 나무의 진한 내음과 함께 아늑한 분위기가 무척 좋은 곳이다. 옛 감성이 느껴지나 결코 촌스럽지 않은 누구나 편안하게 이용할 수 카페다.

주소	제주시 구좌읍 중산간동로 2253
운영시간	12:00~21:00 / 수, 목요일 휴무
전화번호	070-8900-2254
대표메뉴	맥파이 페일에일 7,000원, 시즌 한정 계절맥주 8,000원, 핑거푸드 5,000원부터
홈페이지	https://www.instagram.com/sulsik_home

식물이 가득한 공간. 꾸민 듯 안 꾸민 듯 자연스러운 멋이 흐르는 이곳에서 커피와 음료뿐 아니라 와인과 사케, 맥주 등 술과 함께 여유 있는 시간을 보낼 수 있다. 맥주와 칵테일은 계절에 따라 다른 종류가 제공되며, 핑거푸드와 한 끼 식사로도 충분한 음식들이 준비되어 있다.

주소	제주시 구좌읍 송당리 산 199-1
전화번호	064-728-7712, 064-783-4093(송당리사무소)

금백조 여신을 모신 신당으로, 제주의 민간신앙과 당신앙에 있어 중요한 곳이다. 1년에 4회 당굿이 치러지는데, 그중 음력 1월 13일의 '신과세제'는 마을 주민들이 대다수 참여할 정도로 성대하게 진행된다. 평소에는 고즈넉하고 여유로운 분위기로, 한적하게 산책을 즐기기에도 더없이 좋다. 단, 본향당 안을 방문할 때는 사전에 꼭 문의해야 한다.

1월의 새해 여행
겨울 속 싱그러움을 찾아서

제주는 추운 겨울에도 푸르고 싱그러움을 느낄 수 있는 아름다운 자연환경을 지닌 곳이다. 12월부터 피기 시작한 동백꽃은 1월에도 충분히 아름답다. 동네 산책하듯 올라갈 수 있는 오름에서는 드넓게 펼쳐진 제주의 풍경을 두 눈에 쏙 담는다. 조금 더 부지런히 챙겨 이른 시간 오름에 오른다면 눈부신 일출을 만날 수 있다. 제주 동부권 여행의 하이라이트 성산일출봉과 오름 군락, 미디어아트 전시, 동백꽃까지 가슴 벅차도록 블링블링한 제주는 새해의 첫 여행으로 전혀 손색없다.

⚑ 2박 3일 코스 한눈에 보기

첫째 날

① 14:00 아부오름 (60쪽)

🚌 810-1번 순환버스 / 아부오름 주차장 승차 메이즈랜드 하차

16:00 메이즈랜드 (58쪽)

숙소

둘째 날

② 10:00 말미오름&알오름 (312쪽)

🚌 201 간선버스 / 시흥리 승차 성산리입구 하차

12:00 단팥 (38쪽)

🚶 도보

14:00 성산일출봉 (34쪽)

🚌 211, 212 간선버스 / 성산일출봉입구 승차 고성리 장만이동산 하차

16:00 빛의벙커 (36쪽)

숙소

셋째 날

③ 10:00 무민랜드제주 (48쪽)

🚌 752-2 지선버스 / 상천리 승차 동백동산 하차

13:30 카멜리아힐 (51쪽)

🚌 752-2 지선버스 / 동백동산 승차 창천리 하차

10:00 달팽이식당 (50쪽)

🚕 택시

15:00 군산 (40쪽)

🚌

공항

아부오름

메이즈랜드

말미오름&알오름

단백

성산일출봉

Cezanne
The Lights
of Provence

빛의벙커

무민랜드제주

키맬린아힐

달팽이식당

군산

아직은 매서운 바람에 코끝이 시리지만, 2월의 제주는 다른 지역보다 이른 봄을 준비한다. 공항에서 나오자마자 만나는 키 큰 야자수들은 마치 다른 나라에 온 듯한 착각이 든다. 이국적인 풍경과 추위에도 불구하고 노랗게 물든 유채꽃과 향기 좋은 수선화는 얼어 있던 몸을 금세 녹인다. 우리나라에서 가장 먼저 봄소식을 알리는 봄의 전령사 매화는 따뜻한 서귀포부터 피어나 보는 이들을 흐뭇하게 한다. 설레는 마음으로 제주에서 미리 봄을 만나보자.

봄을 준비하는
제주

이국적인 풍경의
겨울꽃 피는 제주

5 week

SPOT **1**

은은한 향기에 취하는 순백의
수선화 군락

한림공원

주소 제주시 한림읍 한림로 300 · **가는 법** 202번 간선버스 → 한림공원 정류장
→ 도보 4분 · **운영시간** 3-5월, 9-10월 09:00~17:30, 6-8월 09:00~18:00, 11-2
월 09:00~16:30(매표 개시 및 마감 시간 기준) · **입장료** 성인 15,000원, 청소년
10,000원, 어린이 9,000원 · **전화번호** 064-796-0001 · **홈페이지** https://www.
hallimpark.com

 북서

　이국적인 정취와 제주스러운 풍경을 동시에 만날 수 있는 자
연관광공원이다. 10만 평 대지에 아열대식물원과 파충류원, 야
자수길, 산야초원, 협재굴과 쌍용굴, 제주석과 분재원, 트로피칼
둘레길 투어, 재암민속마을, 사파리조류원, 재암수석관, 연못정
원 총 10개의 테마가 펼쳐져 있다. 아열대식물원을 시작으로 하
늘에 닿을 듯한 야자수길에서는 이국적인 풍경을, 천연기념물
로 지정된 협재굴과 쌍용굴을 지나 옛 초가의 모습을 복원해놓

은 재암민속마을에서는 제주다움을 느낄 수 있는 풍경과 마주하게 된다.

1년 내내 계절별 다른 컨셉으로 진행되는 꽃 축제를 즐길 수 있는데, 1월부터 겨울 추위를 견디고 피기 시작하는 50만 송이에 달하는 수선화 군락이 2월 초 절정에 이르러 더욱 특별하다. 정원으로 들어설 때부터 수선화 향기가 은은하게 전해지고, 금잔옥대 수선화와 겹꽃으로 피는 제주 수선화를 동시에 감상할 수 있어 보기만 해도 마음이 설렌다.

TIP
- 공원 안은 생각보다 넓다. 최소 2시간 이상 머물게 되므로 편한 신발을 신고 여유 있게 관람한다.
- 2km 구간을 에코 버스를 타고 해설과 함께 둘러보는 트로피칼 둘레길 투어도 운영하고 있다.(성인 3,000원, 어린이 2,000원)

주변 볼거리·먹거리

금능석물원 약 40년간 돌하르방을 제작한 故 장공익 명장이 1만평 부지에 조성한 공원으로 제주 생활의 모습과 신화이야기, 석불 등 3,500여점의 석물들이 전시되어 있다. 가장 인기 있는 포토존은 통시의 모습! 제주의 옛 화장실 문화를 쉽게 알 수 있도록 엉덩이 벤치를 두어 방문객들에게 즐겁게 한다. 장공익 명장은 제주도 비롯해 서울, 해외에도 그의 대형 돌하르방 조각상을 있을 정도로 나라에서 인정한 석공예 명장이다..

Ⓐ 제주시 한림읍 한림로 176 Ⓞ 08:30~17:30 Ⓣ 064-796-3360 Ⓒ 성인 6,000원, 초·중·고 5,000원, 7세 이하 무료 Ⓗ https://www.seokmulwon.com/

카페 이면 브루잉 커피 전문점으로 테이블에 비치된 4개의 원두를 직접 시향해 본 후 선택하면 된다. 몇 테이블 없는 작은 카페이지만 그 안을 가득 채운 커피 향기, 빈티지한 찻잔, 제주 돌담이 보이는 창 등 카페 이면만의 특별함과 잔잔함이 느껴지는 곳이다.

Ⓐ 제주시 한림읍 금능5길 13 1층 Ⓞ 09:00~17:00 / 매주 일요일 휴무 Ⓣ 010-6302-8864 Ⓜ 브루잉커피 7,000원, 밀크티 7,000원

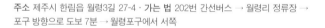

SPOT 2

겨울 바다와 함께하는
국내 유일의 자생종 선인장

월령리선인장
군락지

북서

주소 제주시 한림읍 월령3길 27-4 · **가는 법** 202번 간선버스 → 월령리 정류장 →
포구 방향으로 도보 7분 → 월령포구에서 서쪽

　제주의 해안마을 월령의 해안길과 마을 곳곳에 멕시코가 원
산지인 손바닥선인장이 해풍을 맞으며 무리를 지어 자란다. 이
선인장이 제주에 오게 된 설이 여러 가지 있다. 먼 옛날 선인장
씨앗 혹은 열매가 지구 반대편 멕시코에서 바닷길(쿠로시오난류)
을 따라 흘러와서 월령의 바위틈과 모래땅에서 자라기 시작했
다는 설이 유력하다.

　봄에는 노란 꽃이, 겨울부터 이듬해 3월까지는 백년초의 자주
색 열매가 열린다. 새파란 제주 바다와 까만 현무암 사이사이에

군락을 이룬 초록색 선인장과 자주색 열매가 함께 어우러져 이색적인 풍경을 만들어낸다. 국내 유일의 선인장 야생 군락지로 천연기념물 제429호로 지정 보호되고 있기 때문에 열매를 채집하거나 선인장을 훼손해서는 안 된다.

해안길 산책이 끝났다면 마을 산책도 잊지 말자. 선인장 마을답게 돌담 위 가득 심은 선인장들, 농가주택과 돌담길, 바다를 품은 포구, 예쁜 그림이 있는 벽화길이 있어 아기자기한 마을의 매력에 빠져든다.

주변 볼거리·먹거리

진아영할머니삶터와 무명천할머니길 4·3 항쟁 피해자로 평생 후유장애를 앓다 돌아가신 진아영 할머니의 삶을 기록한 공간이다. 마을 담벼락에는 할머니를 추모하는 아름다운 벽화가 그려져 있다.

Ⓐ 제주시 한림읍 월령리 380번지 Ⓣ 064-722-2701(사단법인 무명천진아영할머니삶터보존회) Ⓗ http://43moomyungchun.kr

쉴만한물가 선인장 군락지 산책로 끝에 있는 오션뷰 작은 카페. 선인장 마을답게 선인장 주스가 시그니처 메뉴로 백년초와 오미자, 알로에를 넣어 새콤달콤한 맛이 좋다.

Ⓐ 제주시 한림읍 월령안길 28 Ⓞ 10:00~19:30 / 일몰 시까지 Ⓣ 064-796-3808 Ⓜ 백년초 약밥 3,000원, 선인장(백년초) 주스 5,000원

SPOT 3

책과 함께 보내는 다정한 시간

달리책방

주소 제주시 한림읍 월계로 18 · 가는 법 784-1, 785번 지선버스 → 한림고등학교 정류장 → 옹포리 교차로까지 2개의 횡단보도 건넌 후 남동쪽 방향으로 154m · 운영시간 11:00~18:00 / 월, 화요일 휴무 · 전화번호 064-796-6076 · 홈페이지 https://www.instagram.com/dalli_bookcafe · 대표메뉴 블루문 아메리카노 5,500원, 카페라테 6,000원, 감귤주스 7,000원

북서

'달빛 아래 책 읽는 소리'라는 뜻이 담긴 제주 서쪽의 옹포마을에 있는 서점. 세련된 건물 외관과는 사뭇 다르게 실내는 무척 따뜻한 분위기다. 카운터 앞에는 새 책이, 벽면과 창가에는 중고책이 가득 꽂혀 있고, 책을 읽을 수 있는 테이블이 여럿 마련되어 있다. 독립서점은 책방지기가 어떤 책을 좋아하느냐에 따라 큐레이션이 달라지는데, 달리책방 역시 미술 관련 서적, 일러스트북, 시집, 일상에서는 접하기 힘든 독특한 컨셉의 잡지 등이 눈길을 사로잡는다. 일부 책에는 책방지기들이 직접 읽고 정성

주변 볼거리·먹거리

명월성지 제주의 서쪽 부분을 방어했던 곳으로 현재는 극히 일부만 남아 있다. 비양도와 한림항이 바라보이며, 성곽 위를 걸어보며 오래된 역사의 흔적을 느끼기 좋다.

Ⓐ 제주시 한림읍 명월리 2237

옹포83 테이블 4개의 자그마한 맛집으로 음식도 맛있고 양도 넉넉하며 저렴하기까지 하다. 톳이 오도독 씹히는 톳크림파스타와 전복게우리조토가 특히 맛있다.

Ⓐ 제주시 한림읍 옹포8길 3 ⓞ 11:30~20:00 / 15:00~17:00 브레이크타임 / 14:00, 19:00 주문 마감 / 매주 월요일 휴무 ⓣ 010-2086-1810 Ⓜ 상하이파스타 12,000원, 톳크림파스타 12,000원, 전복게우리조또 13,000원, 페스츄리 피자 13,000원 Ⓗ https://www.instagram.com/ongpo83/

껏 남겨놓은 메모가 있어 책을 고르는 데 큰 도움이 된다.

서점이자 북카페로 음료를 주문하거나 새 책을 구입하면 테이블에서 책을 읽을 수 있다. 음료는 공간 이용료인 셈! 잔잔한 음악도 여유롭게 느껴져 음료만 마시고 나와야지 싶다가도 책방을 나설 때 책 한 권을 저절로 사게 된다. 책방에서 느끼는 뿌듯한 기분을 만나보자.

TIP
- 카페 이용 시에는 어린이를 포함해 1인 1메뉴 주문이 필수다.
- 음료 주문이나 새 책을 구입 시 편안하게 공간을 이용할 수 있다.
- 신발을 벗고 비치된 슬리퍼를 신고 들어가면 된다.

제주스러운
감성 여행,
책방 투어

커피동굴

바라나시책골목 ●

책가방 ●

금요일의아침 조금 ●

시옷서점 ●

북스페이스 곰곰　　아무튼책방 ●

카페동경앤책방 ●

책방 오늘 ●

제주시

주제넘은서점 ● 몽캐는책고팡 239　　● 윈드스톤 83

● 그리고서점

애월읍

● 달리책방 72

● 북스토어 아베끄 80

한림읍

● 책방소리소문 414

● 유람위드북스

한경면

안덕면

그림책방& ●
카페노란우산

중문　　서

인터뷰 ●

대정읍

● 그건그렇고

● 사계리서점

취향의 섬 북앤띵

어나더페이지 ●　　● 어떤바람 345

● 독서의입구

오줌폭탄
시인의 집　　만춘서점 404　　　　책방 오후 ●

밤수지맨드라미
책방 321
언제라도 ●

제주풀무질 251 ●　　　바다는안보여요
책약방 333 ●　　●카페책자국 우도
종달리746 333 ●●소심한책방 330

구좌읍

조천읍

제주살롱 205 ●　　　　●책방무사 99

성산읍

표선면

남원읍

북살롱이마고 ●

키라네책부엌 395 ●

포시
라바북스 263 ●　　● 북타임
책방카페
91

달리책방

최근 독립출판 열풍이 일면서 독립출판물을 다루는 작은 서점들이 제주에도 쏙쏙 생겨나고 있다. 오랜 세월의 흔적을 고스란히 담은 작은 서점들이 지역별로 골고루 위치해 있어 소박한 마을의 정취도 함께 느낄 수 있다. 가고 싶은 여행지에 동네 서점을 끼워 넣는다면 제주스러우면서 나만의 감성 충만한 여행 코스를 만들 수 있다.

섬 속의 섬 우도에 위치한 밤수지맨드라미책방, 예술 관련 책 위주의 제주사슴책방, 좋은 음악과 책이 함께하는 공간 만춘서점, 무인으로 운영되는 책약방, 골목길이 정다운 북스토어 아베끄, 제주의 오래된 집을 개조한 윈드스톤과 책방소리소문, 100년 된 옛 집을 그대로 살린 몽캐는책고팡, 북스테이도 함께 운영하고 있는 제주살롱 등 각각의 개성으로 똘똘 뭉친 독특한 서점들이 눈길을 끈다. 단순히 책을 산다가 아닌, 또 다른 여행지를 찾아가는 느낌이라, 제주의 서점 나들이는 무척 즐겁다!

오브젝트전흘점

민중서점

대형 서점에서 쉽게 찾아보기 힘든 독립출판물과 주인의 취향이 오롯이 담긴 큐레이션을 만날 수 있는 것도 큰 매력이다. 지금껏 대형 서점의 베스트셀러 위주로 책을 구입하거나, 바쁘다는 이유로 인터넷 배송을 주로 이용했다면 제주의 작은 서점에 꼭 들러보길 추천한다.

찬찬히, 느긋하게 나만의 책을 찾아보자. 책을 연상하게 하는 해시태그나 읽고 난 느낌을 적어놓은 다정한 메모지도 만날 수 있다. 게다가 제주 작가들이 만든 아트 상품들도 함께 판매하는 곳이 많아 구경하는 재미도 제법 쏠쏠하다.

밤수지맨드라미

제주풀무질

제주살롱

몽캐는책고팡

소심한책방

아베끄서점

책방소리소문

SPOT **4**

제주 바다의 향기가 느껴지는 맛

한림칼국수

주소 제주시 한림읍 한림해안로 141 · **가는 법** 202번 간선버스 → 한림 정류장 → 한림항 방향으로 도보 6분 · **운영시간** 07:00~15:00 / 일요일 휴무 · **전화번호** 070-8900-3339 · **대표메뉴** 보말칼국수 10,000원, 영양보말죽 10,000원, 매생이바당전 9,000원 등 · **홈페이지** https://www.instagram.com/hanrimkalgugsu/

 북서

주변 볼거리·먹거리

북스토어 아베끄 제주의 옛 정취를 느낄 수 있는 작은 서점과 북스테이를 같이 운영한다. 북스테이를 이용하면 운영시간 외에도 서점에서 시간을 보낼 수 있다.

Ⓐ 제주시 한림읍 금능9길 1-1 밖거리 Ⓞ 동절기 12:00~18:00, 하절기 13:00~19:00, 일요일 13:00~18:00 / 수요일 휴무 Ⓣ 010-3299-1609 Ⓒ 북스테이 1인 평일 60,000원, 주말 70,000원, 1인 추가 20,000원, 최대 2인까지 Ⓗ https://www.instagram.com/bookstay_avec/

TIP
- 식사 시간에는 손님이 많이 몰려 대기 시간이 긴 편이다. 카운터에 있는 탭으로 예약하고 입장 순서가 되면 카톡으로 알림 문자가 온다.
- 처음 주문한 메뉴는 변경이 안 되니 신중하게 주문하자. 추가 주문은 가능하다.
- 당일 준비한 식재료가 소진되면 영업 끝. 늦은 오후에 방문한다면 미리 전화로 확인하는 것이 좋다.
- 공기밥을 무료로 제공한다.

제주도 청정 바닷가 갯바위에 흔히 보이는 것이 보말(고동의 제주어)이지만, 보말을 손질해 요리를 한다는 것은 보통 수고스러운 일이 아니다. 보말을 해감 후 삶아서 속살에 바늘을 꽂고 시계 반대 방향으로 돌려가며 일일이 빼내야 한다. 이런 수고스러운 과정을 생각한다면 한림칼국수에서 만나는 보말칼국수와 보말죽 한 그릇의 가격은 꽤나 합리적이다. 보말은 숙취 해소와 피로 회복에도 좋다고 하니 여행 중의 피로를 영양 만점 보말 요리로 날려버리는 것도 좋은 선택이다.

쫄깃한 보말과 함께 진한 국물에 매생이를 넣어 더욱 시원하다. 참기름에 보말을 볶아 쌀과 함께 푹 끓인 보말죽은 아이들이 먹기에도 좋다. 이왕 온 김에 매생이바당전도 맛보자. 고소하면서 촉촉하고, 가장자리는 바삭하니 비 오는 날이나 추운 날 보말칼국수에 곁들이면 찰떡궁합! 해산물을 싫어하는 사람들을 위해 닭칼국수도 준비되어 있고 무료로 공기밥도 제공되니 든든하게 먹을 수 있다.

1 COURSE
🚗 자동차 6분(도보 26분)
🚌 한림주유소 정류장 202번 간선버스 → 옹포사거리 정류장 → 도보 2분

▶ 수풀

2 COURSE
🚶 도보 6분

▶ 한라산 소주 공장 투어

3 COURSE

▶ 앤트러사이트 제주한림점

주소	제주시 한림읍 한수풀로 36, 2층
운영시간	12:00~18:00
전화번호	064-803-0339
홈페이지	https://www.instagram.com/supul.official/
가는 법	제주국제공항 102번 급행버스 → 애월환승정류장 202번 간선버스 → 한림주유소정류장 하차 → 도보 5분

캔들, 디퓨저, 수제노트 등 수풀이 직접 만들거나 디자인한 제품들, 국내외 일러스트레이터와 핸드메이드 작가들의 제품들을 판매하고 있다. 세련되면서 독특한 물건들이 다채롭게 준비되어 있어 보는 재미, 사는 재미가 쏠쏠하다.

주소	제주시 한림읍 한림로 555
운영시간	금, 토, 일 13:00, 14:30, 16:00 사전예약
전화번호	064-729-1958~9
입장료	성인 6,000원, 청소년 3,000원, 미취학 아동 무료
홈페이지	http://www.hallasan.co.kr

제주 대표 소주 한라산은 화산 암반수로 만들어 맛이 깔끔해 소주 애호가들이 좋아하는 술 중 하나이다. 한라산 소주가 만들어지는 과정을 가이드와 함께 살펴볼 수 있는 공장 투어를 하면서 시음장을 이용할 수 있다. 셀프 칵테일을 만들어 마실 수 있고, 간단한 안주가 제공된다. 술을 못 마시더라도 걱정하지 말 것! 미성년자 및 운전자에게는 무알콜 음료가 제공된다.

주소	제주시 한림읍 한림로 564
운영시간	매일 09:00~18:00
전화번호	064-796-7991
대표메뉴	브루잉 커피 5,000원부터, 카페라테 6,000원, 진저티 6,500원, 진저 밀크 7,000원

공장형 카페의 시초라고 불리는 앤트러사이트 합정점에 이은 두 번째 지점. 한림의 오래된 전분 공장을 개조한 공간이다. 카페 일부는 예전 공장 바닥을 그대로 살려 화단을 조성해 최대한 자연스러운 모습을 연출했다. 로스터리 카페답게 신선한 커피를 만날 수 있으며, 특별히 제주의 식재료로 만든 음료를 맛볼 수 있다.

기 지 개 를 켜 는 제 주

6 week

SPOT 1

거대한 전시관을 꽉 채운
화려한 색감

노형수퍼마켙

 북

주소 제주시 노형로 89 · 가는 법 251, 252 간선버스, 455,461 지선버스 → 제주아
트리움 정류장 → 남쪽으로 136m · 운영시간 매일 09:00~19:00 / 18:00 입장마감
· 입장료 성인 15,000원, 청소년 13,000원, 어린이 10,000원 · 전화번호 064-713-
1888 · 홈페이지 https://nohyung-supermarket.com

　　두 개의 지구를 잇는 잊혀진 문을 찾는다는 재밌는 설정에
서 시작하는 노형수퍼마켙은 다채로운 빛의 향연을 만날 수 있
는 미디어아트 전시관이다. 무채색 공간 '노형수퍼마켙 프리쇼',
광섬유로 은은한 반짝거림을 전달해주는 '베롱베롱', 범상치 않
은 분위기의 '뭉테구름'을 지나 메인 전시관인 '와랑와랑'으로 들
어서면 높이가 주는 압도적인 개방감과 화려한 색감에 깜짝 놀
라게 된다. 콜로세움을 연상시키는 원형 스타디움으로 최대 높
이가 6층 건물 높이인 20m에 이르기 때문에 바닥부터 벽면까지

가득 찬 영상들은 웅장한 분위기를 연출한다. 추억 속의 장난감, 물감 파티, 제주의 들판, 흩날림 등등 다양한 테마들이 약 5분 간격으로 바뀌며 몇몇은 모션 인식도 되기 때문에 미디어 속으로 적극적으로 빠져들게 된다. 메인 전시 외에도 메인 홀 1층과 연결되는 곳에 제주어로 숨바꼭질을 나타내는 '곱을락'이라는 공간이 있다. 밤의 숲길을 걷듯 잔잔한 분위기를 연출하는 곳과 관객의 실시간 움직임에 반응하는 컨텐츠를 만날 수 있다.

TIP
- 어두울 수 있으니 계단으로 이동시에는 각별한 주의가 필요하다.
- 휠체어 및 유모차 이용이 제한된다.

주변 볼거리·먹거리

제주다움돈까스 조용한 시골 마을에서 위치한 돈까스 맛집. 신선한 제주산 흑장지 냉장육만 사용하며 등심, 치즈, 야채와 치즈가 들어간 코돈부르 3가지 종류의 돈가스를 판매한다. 깨를 직접 갈아 소스를 부어 찍어 먹는데 바삭하고 고소한 돈가스와 상큼한 소스가 잘 어울린다.

Ⓐ 제주시 애월읍 광성로 86 Ⓞ 11:30~16:00 / 월요일 휴무 Ⓣ 064-713-8664 Ⓜ 등심돈가스 10,000원, 치즈돈가스 12,000원, 칼칼한 우동 7,000원

윈드스톤 나지막한 돌집과 아담한 정원이 있는 카페이자 책방으로 따뜻한 햇살과 그윽한 분위기가 좋은 곳이다. 개인적인 취향을 담아 선택된 책들과 세계의 브랜드를 소개하는 매거진 B 시리즈, 굿즈를 판매하고 있으며, 창고갤러리에는 전시도 진행하고 있다. 신간 입고 및 전시회 소식은 인스타그램에 공지한다.

Ⓐ 제주시 애월읍 광성로 272 Ⓞ 09:00~17:00 / 16:30 주문 마감 / 격주 일요일 휴무 Ⓜ 아메리카노 4,000원, 아몬드라테 5,500원 등 Ⓗ https://www.instagram.com/windstone_jeju/

미리 봄을 만나는 도심 속 힐링 여행

한라수목원

주소 제주시 수목원길 72 · **가는 법** 331, 332번 간선버스 → 한라수목원 정류장 → 맞은편 도보 14분 · **운영시간** 10:00~18:00 / 매주 월요일, 1월 1일, 설날 및 추석 당일 휴무 / 가로등 점등 시간 04:00~일출 전, 일몰 후~23:00 / 자연생태체험학습관, 제주희귀식물전시실 및 난전시실 09:00~18:00(동절기 09:00~17:00) / 설날, 추석 당일 휴관 · **입장료** 무료 / 주차료 경차 500원, 소형·중형·대형 1,000원(초과 30분당 추가 요금) · **전화번호** 064-710-7575 · **홈페이지** http://sumokwon.jeju.go.kr

북

　제주자생식물의 수집 및 보존, 연구를 위해 조성된 곳으로 5만 여 평 부지에 1,300여 종, 10만여 본이 식재되어 있다. 한라수목 원에 자리 잡은 광이오름까지 쉽게 올라갈 수 있어 도민들이 산 책 및 운동을 하기 위해 즐겨 찾는 도심 속 쉼터이기도 하다.

　완연한 봄과 여름보다는 푸르름이 덜할 수 있지만 2월의 한라 수목원 곳곳에서는 이제 막 잠에서 깨어나 기지개를 켜는 아기 같은 봄의 기운을 만날 수 있다. 겨우내 피어 있는 수선화, 만개 한 매화, 노란 복수초, 백서향꽃, 산수유꽃 등 어떤 꽃은 색으로,

주변 볼거리 · 먹거리

제주도립미술관 다양한 전시 및 프로그램을 운영하고 있는 제주도 대표 미술관이다. 건축물은 제주의 자연을 담아 설계되었으며 미술관 주변을 둘러싼 얕은 연못에 비친 풍경이 인상적이다.

Ⓐ 제주시 1100로 2894-78 Ⓞ 10:00~18:00 / 매주 월요일, 1월 1일, 설날 및 추석 당일 휴무 Ⓣ 064-710-4300 Ⓒ 성인 2,000원, 청소년 1,000원, 어린이 500원 / 전시에 따라 관람료 변동 Ⓗ http://jmoa.jeju.go.kr/kor/

리보스코화덕피자 연동점 톳을 베이스로 한 도우 위에 토핑이 가득! 시그니처 메뉴는 한라산용암 피자로 한라산 모양으로 쌓아놓은 치즈들과 그 주위로 빙 둘러놓은 새우가 이색적이다. 눈도 입도 즐거운 곳.

Ⓐ 제주시 수목원길 27 Ⓞ 11:00~21:00 / 20:30 주문 마감 / 매주 수요일 휴무 Ⓣ 0507-1448-0906 Ⓜ 해녀톳도우 한라산 용암 피자 33,300원, 해녀톳도우 루꼴라 듬뿍 피자 28,800원 Ⓗ https://www.instagram.com/rebosco_jeju/

어떤 꽃은 향으로 발걸음을 잠시 멈추게 한다. 키 작은 야생화와 곧 돋을 새순을 관찰하며 걷다 보면 산책의 재미도 더욱 커진다. 바람에 흔들리는 대나무 숲 사이를 걸을 수 있는 죽림원, 제주에서 자라는 대표적인 희귀식물 및 수생식물, 곶자왈식물 등을 전시한 제주희귀식물전시실은 꼭 들러야 하는 숨겨진 장소! 제주희귀식물전시실을 포함해 온실이 2곳 있고 자연생태체험학습관이 있어서 어느 계절에 오더라도 각기 다른 매력의 한라수목원을 만날 수 있다.

TIP
• 매일 2회(오전 10시, 오후 2시) 방문객을 대상으로 숲해설이 무료로 진행된다.(회당 20명까지 현장에서 선착순으로 접수)

SPOT **3**

씹을수록 고소한
제주 청정 흑돼지의 맛
늘봄흑돼지

주소 제주시 한라대학로 12 · **가는 법** 151, 182번 급행버스 → 정존마을 정류장 → 서쪽 한라대학입구 교차로에서 한라대학 방면으로 도보 6분 · **운영시간** 11:00~23:00 · **전화번호** 064-744-9001 · **홈페이지** http://www.jejuneulbom.co.kr · **대표메뉴** 흑돼지삼겹살 180g 22,000원, 흑돼지목살 180g 22,000원, 흑돼지생갈비 220g 26,000원, 늘봄정식 15,000원(오후 4시까지) 등

 북

TIP
• 일반 식사는(해물뚝배기, 도가니탕, 돌솥비빔밥 등) 1층, 돼지고기구이는 2층으로 가면 된다.

1989년부터 소고기 전문점을, 2009년부터는 흑돼지 전문점도 운영하고 있는 늘봄은 전국 최대 규모이자 맛있는 고깃집으로 알려져 있으며, 제주특별자치도지사 FCG 품질 업체로 지정되어 있다. FCG란 'Fresh air, Clean water, Green fields'의 약자로 좋은 환경에서 자란 신선한 제주 토종 흑돼지라는 뜻! 삼겹살, 목살, 생갈비 등 고기 메뉴는 모두 흑돼지이며, 좋은 숯을 사용해서인지 숯불 향이 가득 배어 '맛있다'를 연발하게 된다.

점심부터 돼지고기구이가 부담스럽다면 오후 4시까지 제공되는 늘봄정식도 좋은 선택이다. 흑돼지고기 100g에 돌솥비빔밥과 다양한 반찬이 나오는데 가격은 가격은 1인당 15,000원! 갓 지은 돌솥밥을 새싹채소와 여러 채소, 강된장과 함께 비벼 먹으면 정말 꿀맛이다. 가볍게 먹고자 정식을 주문했다가 흑돼지고기가 너무 맛있어 추가 주문을 외치게 된다.

1 COURSE

🚗 자동차 17분
🚌 남녕마트 정류장 202, 355, 356번 간선버스 → 내도동 서마을 정류장 → 도보 5분

▶ COFFEE 99.9

2 COURSE

🚗 자동차 7분
🚌 내도동 서마을 정류장 445, 447번 지선버스 → 도두동 동쪽 정류장 (도보 2분)

▶ 알작지해변

3 COURSE

▶ 도두동무지개해안도로

주소 제주시 1100로 3173
운영시간 09:00~21:30(일요일 10:00부터) / 화요일 휴무
전화번호 064-745-9909
대표메뉴 진저라떼 6,500원

세계적 산업 디자이너 디터람스의 팬심을 느낄 수 있는 미니멀한 디자인의 카페이다. 현직 디자이너가 꾸준히 모아온 소품들과 턴테이블 등을 만날 수 있으며, 디터람스의 방을 재현해 놓은 포토존도 마련되어있다. 방문 전 디터람스에 대해 알아보고 간다면 카페에 머무르는 내내 즐거움이 가득할 것이다.

주소 제주시 태우해안로 60

제주도에서는 흔히 만날 수 없는 자갈 해변으로 여러 가지 색상의 몽돌들이 가득하다. '작지'는 '돌'의 제주어로, 알작지는 알 모양의 돌멩이라는 뜻이다. 한라산 계곡에 있던 돌들이 오랜 시간을 거쳐 이곳까지 내려와 잘게 부서져 동글동글해졌다고 한다. 파도가 들어오고 나갈 때 돌들이 부딪히는 소리를 가만히 들으며 잠시 쉬어 가기 좋은 곳이다.

주소 제주시 도두일동 1734

용담에서 시작하는 해안도로를 따라 드라이브를 하다 보면, 도두에 이르러 알록달록 일곱 색깔 무지개 방지석을 볼 수 있다. 제주의 푸른 바다와 잘 어우러져 이곳을 지나다 보면 동심으로 돌아간 느낌! 인도가 좁아 건너편에서 사진을 찍어야 잘 나오니 안전에 유의하자. 근처에 산책하기 좋은 도두봉과 한적한 카페들이 많다.

남쪽 제주, 이른 봄이 오다

7 week

SPOT 1

도심 속 생태공원에서 만나는
매화정원

걸매생태공원

주소 서귀포시 서홍로 4-42 · **가는 법** 181번 급행버스 → 서귀포환승정류장(서귀포
등기소) → 295, 520번 간선버스 → 서귀포보건소 정류장 → 솜반천 교차로 맞은편
· 전화번호 064-760-3191

 남

　겨울 추위를 뚫고 봄의 시작을 알리는 매화가 서귀포 이곳저
곳에서 꽃망울을 터트리기 시작하면 봄을 한껏 기대하며 가벼
운 발걸음으로 매화 구경에 나선다. 한림공원, 휴애리, 노리매
등 매화축제가 열리는 유수의 관광지들이 여럿 있지만 걸매생
태공원 내의 매화원은 동네 친구와 산책길에서 만날 법한 소박
하고 친근한 곳이다. 십자(+) 산책로를 중심으로 매화나무들이
잘 정리되어 있고, 주변에 쉬어 가기 충분한 정자와 의자들, 가
까이서 들리는 물소리까지, 자연 속에서 은은한 매화 향기를 맡

으며 한적하게 매화 삼매경에 빠지기에 부족함이 없다.

　걸매생태공원은 천지연폭포와 주변 자연생태를 보호하기 위해 만들어졌다. 총면적 2만 7천여 평에 달하는 큰 규모에 170여 종의 식물과 생태공원에 찾아오는 뺨검은오리, 직박구리, 박새 같은 조류를 관찰할 수 있으며, 목재 산책로, 통나무집(쉼터), 축구장, 게이트볼장 등 다양한 시설이 조성되어 있다. 천지연폭포 상류에 있는 생태공원답게 사계절 용천수가 흐르는 솜반천이 생동감 넘치게 흐르고, 초록의 공원을 내려다보고 있는 서귀포 구도심의 모습이 이색적이다.

TIP
• 공영주차장이 2곳 있는데 축구장 안쪽에 있는 주차장에서 매화원이 좀 더 가깝다.

주변 볼거리·먹거리

세계조가비박물관
세계 여러 나라에서 수집한 희귀 조가비와 산호 등을 전시한 곳. 천연 조가비와 진주를 이용한 아트액자, 조가비 아트박스, 진주 팔찌 등 아트 체험도 진행된다.

Ⓐ 서귀포시 태평로 284 Ⓞ 09:30~18:30 / 17:30 매표마감 Ⓣ 064-762-5551 Ⓒ 성인 7,000원, 중·고생 및 경로 5,000원, 소인 4,000원 Ⓗ http://www.wsmuseum.co.kr/

숨도 현무암 위의 야생화와 풍란이 있어 더욱 제주스러운 석부작박물관, 사계절 아름다운 정원과 분위기 좋은 카페, LP를 감상할 수 있는 사운드오브아일랜드홀이 있는 복합문화공간이다. 겨울에는 동백꽃과 감귤 체험이 가능하다.

Ⓐ 서귀포시 일주동로 8941 Ⓞ 매일 08:00~18:00 Ⓣ 064-739-5588 Ⓒ 입장료 성인 6,000원, 군인·청소년 4,000원, 어린이 3,000원 Ⓗ http://www.seokbujak.com

계곡에서 바라보는 유채꽃 물결

엉덩물계곡

주소 서귀포시 색달동 3384-4 · **가는 법** 520, 521번 간선버스 · 별내린전망대 정류장 → 바다 방향으로 400m 이동 후 맞은편에서 서쪽 중문관광단지 화장실 북측 → 중문관광단지 전기차충전소 · 별내린전망대 정류장에서 도보 8분

  남

예전에는 큰 바위가 많고 길이 험해 산짐승들도 물을 마시러 왔다가 접근하기 힘들어 엉덩이만 살짝 내밀다 갔다고 해서 이름 붙여진 엉덩물계곡은 독특한 이름만큼이나 재밌는 이야기가 숨겨져 있다. 제주도 대부분의 유채꽃밭들이 넓은 평지에 있는 것과 달리 엉덩물계곡 곳곳에 펼쳐지는 유채꽃 향연을 감상할 수 있다. 평지는 물론 넓은 언덕에도 유채꽃이 가득 피어나 더욱 활력이 넘친다. 계곡을 따라 데크길이 잘 조성되어 있어 여유롭게 산책하며 유채꽃 구경하기에 그만이다.

졸졸졸 들릴 듯 말 듯 흐르는 계곡물에 귀 기울이며 걷다 보면 '미라지'라는 작은 연못에 다다른다. 명칭 공모전 입상작으로 '아름다움이 비단처럼 펼쳐진 땅'이란 뜻이다. 엉덩물을 새롭게 단장하여 만든 연못을 미라지라 부르는데, 가장 높은 곳에서 바다 방향으로 드넓게 펼쳐진 유채꽃 물결을 보노라면 정말 미라지라는 이름이 딱 어울린다는 생각이 든다. 제주도 어디에서도 만날 수 없는 그림 같은 유채꽃 풍경을 만날 수 있다.

TIP
- 중문색달해수욕장 북측 주차장 인근에 위치해 있으며, 중문관광단지 전기차충전소를 찾아도 된다. 한국콘도 주차장에 주차하고 산책로로 이동해도 된다.

주변 볼거리·먹거리

파르나스 호텔 제주 산책로 중문해수욕장의 절벽에 위치한 호텔답게 색달해변의 시원한 풍경을 감상할 수 있다. 잘 가꿔진 호텔의 잔디정원과 푸른 바다의 조합은 신의 한수! 올레 8코스가 지나가는 길로, 호텔 투숙객이 아니더라도 뛰어난 풍경에 많은 이들이 방문하는 곳이다.

Ⓐ 서귀포시 중문관광로72번길 100

마노커피하우스 로스터리 & 핸드드립 전문점으로 좋은 생두만을 한 알 한 알 골라내 밝게 로스팅한다. 커피색은 연하지만 카페인은 그대로 유지되며 기존 커피와는 차원이 다른 풍부한 맛을 느낄 수 있다. 진정한 커피 장인이 내린 커피를 맛보고 싶은 이들에게 추천한다.

Ⓐ 서귀포시 중문상로 97 Ⓞ 매일 09:00~20:30 Ⓣ 010-2882-1230 Ⓜ 파나마 에스멜라다 게이샤 30,000원, 자메이카 블루마운틴 No.1 15,000원 등 Ⓗ https://manocoffeeshop.modoo.at/

SPOT **3**

돼지고기에 꽃이 피다
김고기

주소 서귀포시 신동로67번길 23 · 가는 법 800, 800-1번 공항버스 → 서귀포우체국 서귀포시청 제2청사 정류장 → 횡단보도 맞은편 동쪽으로 250m → 서귀포시의회 교차로에서 좌측 길로 93m → 맞은편 좌측 길로 39m · 운영시간 16:00~23:00 / 월요일 휴무 · 전화번호 064-739-3517 · 홈페이지 https://www.instagram.com/kkogi_flower · 대표메뉴 꽃겹살과 꽃목살 15,000원(200g), 통항정살 17,000원(180g), 생대패 13,000원(160g)

남

주변 볼거리·먹거리

고근산 서귀포 시내와 한라산, 주변의 섬들까지 한눈에 조망할 수 있는 오름. 설문대 할망이 한라산을 베개 삼고, 고근산 분화구에 앉아 범섬에 다리를 걸치고 누워서 물장구를 쳤다는 재미있는 전설이 있다.

Ⓐ 서귀포시 서호동 1287

제주산 돼지고기만을 사용하는 합리적인 가격의 고깃집. 이름이 너무 예쁜 꽃겹살과 꽃목살은 돼지고기의 특정 부위가 아니라 오겹살과 목살에 칼집을 낸 것! 칼집 덕분에 잘 구워진 돼지고기가 예쁜 꽃송이들로 보이는데, 멜젓에 콕콕 찍어 먹으면 스테이크 부럽지 않다. 파채를 가득 올려 쌈을 싸서 먹거나, 생와사비를 요청해 소금장과 함께 먹어도 좋다. 고기를 굽는 동안 불판 중앙에 찌개가 서비스로 제공되는데, 어묵과 함께 김치, 돼지고기가 들어 있어 칼칼하니 고기와 잘 어울린다. 취향에 따라 청양고추와 파지, 마늘, 구운 고기를 추가로 넣어 끓여 먹으면 더욱 맛있다. 가격이 저렴한 편이라 이것저것 주문해서 먹어도 크게 부담 없지만, 양이 넉넉한 편이니 참고하자. 아담한 놀이방이 있어 아이들을 동반한 가족 손님들도 편하게 식사할 수 있으며, 깔끔하고 한적한 서귀포 신시가지에 위치해 산책 겸 다니기도 좋다.

1 COURSE

🚗 자동차 9분
🚌 삼매봉입구 정류장 201, 281번 간선버스 → 광대왓 정류장 → 도보 3분

▶ 외돌개

2 COURSE

🚗 자동차 3분
🚌 고래왓 정류장 201, 281번 간선버스 → 남성마을입구 정류장 → 도보 8분

▶ 채점석베이커리

3 COURSE

▶ 기당미술관

주소	서귀포시 서홍동 791
전화번호	064-760-3192
가는 법	삼매봉도서관 정류장 615번 지선버스 → 외돌개 정류장 → 도보 6분

150만 년 전 화산 폭발로 생긴 높이 20m 바위섬으로 장군석, 할망바위 등으로 불린다. 푸른빛 바다와 해식 절벽, 동굴 등이 해안 절경을 자랑하고, 야자수와 소나무가 잘 어우러진 멋진 산책로가 있다. 외돌개에서 동쪽으로 이동하면 거대한 바위 절벽 동너븐덕이 나오는데 서귀포의 남쪽 섬들과 새연교가 한눈에 펼쳐진 절경으로 남주해금강이라 불리기도 한다. 올레길 7코스로 외돌개에서 돔베낭길 구간만 부담 없이 걸어보기에도 좋다.

주소	서귀포시 서호남로32번길 29
운영시간	08:00~22:00(재료 소진 시 영업 종료) / 설, 추석 당일 휴무
전화번호	064-739-0033
대표메뉴	눈덮힌 한라산 팡도르 8,500원, 마농바게트 7,500원, 먹물크림치즈빵 5,000원 등

제과기능장이 운영하는 베이커리로 캐나다산 유기농 밀가루와 유기농 설탕을 사용하며, 첨가물을 넣지 않은 건강한 빵을 맛볼 수 있다. 제주에서는 유네스코 세계지질공원 제주를 모티브로 한 여러 음식들을 지오푸드(GEOFood)로 판매하고 있는데, 채점석베이커리는 눈 덮인 한라산을 형상화한 '팡도르'가 대표 메뉴다. 그 외에도 제주에서 생산되는 마늘만을 사용한 마늘바게트, 먹물베이글, 타르트 등이 인기가 많다.

주소	서귀포시 남성중로153번길 15
운영시간	09:00~18:00(7-9월 20:00까지) / 월요일, 1월 1일, 설날, 추석 휴무
입장료	성인 1,000원, 청소년 500원(13~15세), 어린이 300원
전화번호	064-733-1586
홈페이지	http://culture.seogwipo.go.kr/gidang/

제주도가 고향인 재일교포 사업가 기당 강구범 선생에 의해 건립되어 서귀포시에 기증된 미술관으로 우리나라 최초의 시립미술관이다. 변시지 화백의 작품이 연중 전시되어 있으며, 연중 3~4회 정도 상설 전시와 소장품 전시가 열린다.

2월 넷째 주

노란 유채꽃으로 물든 성산포

8 week

SPOT **1**

노란 유채꽃밭 펼쳐지는 아름다운
해안 절경지

섭지코지

 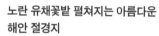
남동

주소 서귀포시 성산읍 고성리 87 · **가는 법** 721-3번 지선버스 → 신양리 정류장 →
섭지코지 해안도로 방향으로 도보 40분(신양리 정류장에서 택시로 이동 추천) · **입
장료** 무료 · **주차료** 30분 기준 : 소형(일반) 1,000원, 대형(버스) 2,000원, 당일 최대
요금 : 소형(일반) 3,000원, 대형(버스) 6,000원 · **전화번호** 064-782-2810

    제주도 동쪽 해안도로를 따라 달리다 보면 신양해수욕장 너
머 바다를 향해 볼록 튀어나온 섭지코지를 만난다. 코지는 '곶'의
제주어로 바다로 돌출되어 나온 지형을 뜻한다. 섭지코지는 성
산일출봉을 한눈에 조망할 수 있으며 조선시대 봉화를 올렸던
협자연대, 기암괴석, 붉은 화산송이길이 제주의 푸른 바다와 함
께 펼쳐진 해안절경지다. 뛰어난 풍경 덕분에 국내외 많은 관광
객들이 방문하며, 〈올인〉, 〈단적비연수〉, 〈이재수의 난〉 등
각종 드라마와 영화의 촬영 장소가 되기도 했다.

방두포등대가 있는 언덕으로 올라가면 유채꽃 물결이 펼쳐지는 섭지코지의 풍경과 선돌바위가 눈에 들어온다. 선돌바위에는 선녀와의 사랑을 이루지 못한 용왕의 아들이 선 채로 돌이 되었다는 전설이 있는데, 선돌 앞에서 사랑을 맹세하고 결혼을 하면 훌륭한 아이를 낳는다고 하니 결혼 계획이 있는 연인들은 도전해보길! 섭지코지 내에는 안도 타다오가 설계한 글라스하우스와 유민미술관, 마리아 보타가 설계한 아고라(멤버십만 이용 가능)가 있어 건축 투어를 위해 방문하는 여행객도 많다.

모두 둘러보는 데 넉넉잡아 1시간 30분 정도 소요된다. 편하게 둘러보고 싶다면 휘닉스 제주 섭지코지로 진입해 유원지 매표소에서 카트를 이용하는 방법도 있다.

TIP
- 섭지코지 주차장에서 진입하는 방법과 휘닉스섭지코지로 진입하는 방법, 아쿠아플라넷 뒤편 해안산책로를 지나 진입하는 방법, 3가지가 있다. 첫 번째는 섭지코지의 주요 명소에 접근하는 거리가 짧고, 두 번째는 주차 요금이 무료이지만 꽤 먼 거리를 걸어가야 한다. 세 번째는 글라스하우스와 유민미술관과 가깝지만 주차장이 협소하다.
- 휘닉스 제주 섭지코지로 진입할 경우 유원지 레포츠에서 전동카트를 대여할 수 있다.(문의 : 064-731-7698 / 전동카트 5인승 1시간 3만원, 2시간 5만원)

주변 볼거리·먹거리

유민 아르누보 뮤지엄 아르누보 양식의 유리공예 작품을 전시한 공간으로 안도 타다오의 건축으로 유명하다. 입구부터 모든 실내 공간이 제주의 자연을 담아 설계되었다.

ⓐ 서귀포시 성산읍 고성리 21 ⓞ 09:00~18:00 / 17:00 매표마감, 매월 첫째 주 화요일 휴무(국경일, 명절 연휴에는 정상 운영) ⓣ 064-731-7791 ⓒ 성인 15,000원, 청소년·어린이 12,000원 ⓗ http://www.yuminart.org

글라스하우스 세계적인 건축가 안도 타다오가 설계한 건축물로 정동향으로 손을 벌린 기하학적 형태가 섭지코지의 주변 풍경과 잘 어우러져 예술 조형물처럼 보인다. 계절별 식물과 함께 사진 스팟이 곳곳에 숨어 있는 민트가든, 제주의 바다가 펼쳐지는 카페와 레스토랑이 자리 잡고 있다.

ⓐ 서귀포시 성산읍 고성리 46 ⓞ 민트 레스토랑 12:00~21:00(064-731-7773), 민트 카페 10:00~18:00(064-731-7571) ⓗ https://phoenixhnr.co.kr/static/jeju/architecture/glass-house

SPOT 2

모두의 무사를 바라는
다정한 공간

책방무사

남동

주소 서귀포시 성산읍 수시로10번길 3 · 가는 법 111 급행버스 → 수산초등학교 정
류장 → 우측길로 60m · 운영시간 12:00~18:00 / 화, 수, 목요일 휴무 · 전화번호
010-6584-6571 · 홈페이지 https://www.instagram.com/musabooks/

　　싱어송라이터, 작가, 영화, 팟캐스트 등 다양한 활동을 하고
있는 뮤지션 요조가 운영하는 작은 서점이다. 책을 너무 좋아
해 2015년 서울 북촌에서 책방을 시작, 2017년 제주로 옮겨왔
다. 책방 이전에 어떤 가게로 운영되었는지 충분히 알 수 있을
법한 오래된 간판과 외관이 빈티지스럽다. 작정하고 찾아오지
않으면 지나칠 법도 하지만 서너 평의 작은 공간에 채워진 책들
을 들춰보다 보면 애써 찾아온 보람을 느낄 수 있다. 독립 서점
은 일반 서점에서 보기 힘든 주인장의 취향을 함께 느낄 수 있

주변 볼거리·먹거리

빛의벙커

Ⓐ 서귀포시 성산
읍 고성리 2039-
22 Ⓞ 10:00~18:20
/ 17:30 입장 마감 Ⓣ 1522-2653 Ⓒ 성인
19,000원, 중·고등학생 14,000원, 초등학생
11,000원, 미취학아동 및 장애인 9,000원 Ⓗ
https://www.bunkerdelumieres.com/Home
1월 1주 소개(36쪽)

부부키친 정갈한 일
본 가정식을 맛볼 수
있는 곳으로 온소바
와 냉소바, 치킨난반
정식이 대표 메뉴이다. 고등어구이가 올라간
온소바는 한정 수량으로만 제공된다. 식당과
귤 하우스가 맞닿아 있어 감귤나무 뷰를 바라
보거나 하우스 안에서 식사할 수 있다.

Ⓐ 서귀포시 성산읍 서성일로 1024 Ⓞ 10:00~
18:00 / 매주 월요일 정기휴무 Ⓣ 010-7654-
7536 Ⓜ 새우튀김 냉소바 12,000원, 고기우동
12,000원, 고등어온소바 15,000원 등

다는 게 큰 매력! 신중하게 선택된 여러 책들과 독립 출판물, 굿즈, 포스터 등이 비치되어 있다. 책방 옆에는 무사레코즈가 자리 잡고 있다. 책방 무사가 작가 요조의 취향을 만날 수 있다면 무사레코즈는 뮤지션 요조의 취향을 만나는 공간이다. 음악에 관한 책들과 음반을 살펴볼 수 있으며 구입도 가능하다. 몽환적인 색감과 감성적인 음악들로 꽉 찬 무사레코즈는 의자가 준비되어 있어 편안하게 음악을 들을 수 있다.

SPOT **3**

싱싱한 고등어회를 맛볼 수 있는
남양수산

주소 서귀포시 성산읍 고성동서로56번길 11 · **가는 법** 201번 간선버스 → 고성리 제주은행 정류장 → 북쪽 대우약국까지 40m → 맞은편 골목길 30m · **운영시간** 14:00~21:00 / 20:00 주문 마감 / 부정기 휴무(인스타그램 또는 네이버플레이스 공지 확인) · **전화번호** 064-782-6618 · **대표메뉴** 활고등어 60,000원, 참돔 (소) 60,000원 · **홈페이지** https://www.instagram.com/jeju_namyang/

 남동

TIP
- 부정기 휴무이며, 계절에 따라 메뉴가 변동되니 방문 전 미리 전화로 물어보는 것이 좋다.
- 포장도 가능. 매운탕 거리로 회를 뜨고 남은 생선과 무를 챙겨준다.

주변 볼거리·먹거리

성산유채꽃 성산포 곳곳에 펼쳐지는 유채꽃밭. 사유지가 대부분 입장료가 있지만 짧게나마 성산일출봉을 배경으로 봄 향기를 느끼기에 좋다.

Ⓐ 광치기해변 일대 ⓒ 1,000원

테이블 수는 6개, 언뜻 봐도 현지인들만 찾아올 것 같은 소박함이 묻어난다. 회를 주문하면 회와 탕(지리) 외에 특별한 반찬은 없고 공기밥을 주문하면 햇반이 나오지만, 쫀득하고 고소한 회맛을 보려고 찾는 사람들로 늘 북적인다.

가장 유명한 메뉴는 고등어회. 고등어는 잡자마자 금방 죽기 때문에 내륙에서는 회로 먹기 힘들지만, 제주도 인근 바다에서 많이 잡혀 싱싱한 회로 먹을 수 있다. 수족관에서 고등어를 잡아 바로 회를 떠주는데 씹을수록 고소한 맛이 일품이다. 고등어회는 부추와 고추, 마늘을 넣은 간장 양념장에 찍어 먹는데, 김 위에 밥과 양념장, 회를 올려 먹으면 술안주뿐 아니라 한 끼 식사로도 든든하다. 회를 뜨고 남는 생선은 매운탕으로 끓여 나오는데 비리지 않고 칼칼한 탕 때문에 이곳을 찾는다는 사람들도 많다. 고등어회 외에 참돔회도 인기다. 막 썰어주는 듯 보이지만 수북한 양과 꼬들꼬들 탱글탱글한 식감에 반하고 만다. 회가 남으면 덮밥용 야채만 주문해서 회덮밥으로 먹을 수도 있다.

1
COURSE

🚌 211, 212번 간선버스 → 칠 닝궤 정류장 → 도보 1분

광치기해변

2
COURSE

🚗 자동차 2분(대중교통 9분, 도 보 21분)

짱구네유채꽃밭

3
COURSE

정가네연탄구이

주소	서귀포시 성산읍 수시로10번 길 3
가는 법	대천환승정류장(세화방향) 211 번 간선버스 → 광치기해변 정류 장 → 도보 2분

12월 5주 소개(418쪽)

주소	서귀포시 성산읍 수산리 1021
입장료	1,000원(카드 결제 불가)
전화번호	064-782-6676

귤과 하트 의자, 돌하르방 등 다양하 고 아기자기한 포토존이 마련되어 있 는 유채꽃밭. 입장료 1천 원이 아깝 지 않다. 귤로 장식한 포토존에서는 유행하는 표정과 포즈로 4컷 사진에 꼭 도전해보자. 별도의 추가 요금을 내면 즉석에서 사진을 인화해준다.

주소	서귀포시 성산읍 서성일로 1047
운영시간	11:00~21:20 / 20:20 주문 마감
전화번호	064-783-9229
대표메뉴	흑돼지 오겹살 및 목살 200g 19,000원, 제주산 백돼지 오겹살 16,000원, 제주산 양념 돼지갈비 17,000원, 오겹살 정식 12,000원

현지인들이 자주 방문하는 고깃집으 로 겉은 바삭 속은 촉촉한 연탄구이 돼지고기를 맛볼 수 있다. 제주산 돼 지고기 메뉴만 내는데 백돼지는 일반 고깃집보다 저렴한 가격에 맛볼 수 있 다. 공깃밥을 주문하면 딸려 나오는 된장찌개가 정말 시원하고 맛있다.

2월의 산책 여행
맨 먼저 만나는 제주의 봄

따뜻한 남쪽 섬, 제주는 전국에서 가장 빨리 봄소식을 알리는 곳이다. 계곡을 뒤덮은 유채꽃과 산책길에 만나는 매화, 은은한 수선화 향기까지! 향긋한 꽃 내음에 봄이 곧 오겠구나 하는 기대감으로 마음 설렌다. 제주의 2월은 이국적인 풍경이 돋보이는 달이다. 키 높은 야자수와 붉은 선인장 열매는 시리도록 푸른 겨울의 제주 하늘과 바다와 무척 잘 어울린다. 2월의 제주로 떠나 이른 봄을 미리 만나보자.

⚑ 2박 3일 코스 한눈에 보기

첫째 날

① 14:00 한림공원 (60쪽)

🚌 202번 간선버스
한림공원 승차
월령리 하차

17:00 월령리 선인장 군락지 (70쪽)

숙소

둘째 날

② 10:00 엉덩물계곡 (90쪽)

🚌 651, 652 지선버스
서복전시관 승차
남성마을입구 하차

13:30 제주곶서귀포해물리면 (287쪽)

🚌 651, 652 지선버스
남성마을입구 승차
서복전시관 하차

12:00 걸매생태공원 (88쪽)

🚌 510 간선버스
켄싱턴리조트 중문접입구 승차
남성마을입구 하차

15:00 기당미술관 (93쪽)

🚌 651, 652 지선버스
서복전시관 승차
남성마을입구 하차

16:30 외돌개 (93쪽)

🚌 615 지선버스
삼매봉도서관 승차
외돌개 하차

숙소

셋째 날

14:00 책방무사 (96쪽)

🚶 도보

13:00 부부키친 (97쪽)

🚗 택시

③ 10:00 섭지코지 (94쪽)

🚌 211, 212 간선버스
수산1리 비석거리 승차
칠낭케 하차

15:30 짱구네유채꽃밭 (99쪽)

공항

한림공원

월령리 선인장 군락지

엉덩물계곡

걸매생태공원

제주곶서귀포해물라면

기당미술관

외돌개

섭지코지

부부키친

책방무사

쩐구네유채꽃밭

바람이 제법 따뜻해져 봄기운이 슬슬 느껴지는 3월에는 겨우내 웅크리고 있던 몸을 일으켜 어디든 걸어보고 싶다. 그럴 때는 골목 사이사이를 걸어보는 원도심 여행을 추천한다. 한때 북적거렸을 원도심은 오랜 모습을 간직하고 있기도 하고, 때로는 복원되기도 하고, 또 어떤 곳은 아예 사라져 새로운 모습으로 바뀌기도 하는, 과거와 현재가 공존하는 공간이다. 화려한 볼거리도 좋지만 오래되어 추억이 가득한 공간, 소소한 이야깃거리가 있는 곳으로 떠나보자.

3
월
의 제
주
도

과거와
현재 속에서

과거와 현재를 잇는
원 도 심 여 행

9 week

SPOT 1
바다가 보이는 옛 영화관의 변신

아라리오
뮤지엄
탑동시네마

북

주소 제주시 탑동로 14 · 가는 법 431번 지선버스 → 제주해변공연장 정류장 → 동쪽으로 200m 이동 후 맞은편(도보 4분) · 운영시간 10:00~19:00 / 18:00 입장 마감 / 월요일 휴무 · 입장료 성인 15,000원, 청소년 9,000원, 어린이 6,000원 · 전화번호 064-720-8201 · 홈페이지 http://www.arariomuseum.org/

극장에서 지정 좌석이 없던 시절 입장객이 많으면 계단에 빼곡히 앉아 영화를 보던 때가 있었다. 탑동시네마는 도내 여러 극장 중 탑동방파제가 내려다보이는 탁 트인 풍경과 그 당시 젊은이들이 좋아할 만한 먹거리와 놀 거리가 제법 있던 곳이었다. 하지만 대형 멀티플렉스 영화관이 늘어나면서 2005년에 폐관했다가 사업가이자 콜렉터인 김창일 회장이 인수해 2014년 아라리오뮤지엄 탑동시네마로 탈바꿈했다. 건물 외관은 강렬한 빨간색을 입혀 제주 원도심의 포인트가 되며, 노출 콘크리트, 부서진

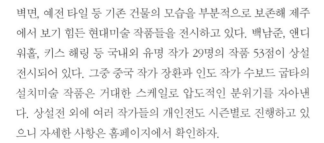

벽면, 예전 타일 등 기존 건물의 모습을 부분적으로 보존해 제주에서 보기 힘든 현대미술 작품들을 전시하고 있다. 백남준, 앤디워홀, 키스 해링 등 국내외 유명 작가 29명의 작품 53점이 상설전시되어 있다. 그중 중국 작가 장환과 인도 작가 수보드 굽타의 설치미술 작품은 거대한 스케일로 압도적인 분위기를 자아낸다. 상설전 외에 여러 작가들의 개인전도 시즌별로 진행하고 있으니 자세한 사항은 홈페이지에서 확인하자.

TIP
- 탑동시네마와 동문모텔 I, II 통합권으로 구매하면 할인된 요금으로 입장할 수 있다. 동문모텔은 탑동시네마에서 도보 10분 정도 소요된다.(통합권 성인 24,000원, 청소년 14,000원, 어린이 9,000원)
- 지상 5층, 지하 1층으로 구성되어 있으며, 맨 먼저 5층부터 한 층씩 내려오면서 작품을 감상하는 걸 추천한다.

주변 볼거리·먹거리

ABC 에이팩토리 베이커리 제주의 제철 다양한 빵을 판매하는 베이커리 카페. 아침 일찍 영업을 시작하기 때문에 빵과 커피로 간단하게 아침을 해결하기에도 좋다. 특히 제주 흑돼지 햄으로 만든 잠봉뵈르 샌드위치는 인근 직장인에게는 인기 있는 점심 메뉴이다. 시간마다 나오는 빵이 다르며 인스타그램에서 확인할 수 있다.

Ⓐ 제주시 탑동로 11 Ⓞ 매일 08:30~18:00 / 매월 마지막 주 화요일 휴무 Ⓣ 064-720-8223 Ⓜ 무화과캄파뉴 4,800원, 크로와상 3,500원, 아메리카노 4,500원 등 Ⓗ https://www.instagram.com/abc_bakery_jeju

코오롱 솟솟리버스 코오롱스포츠의 친환경 프로젝트 공간. 최소한의 인테리어 마감, 해양 폐기물을 재사용한 선반, 지속 가능한 제품들을 통해 지구와 환경에 대한 고민을 던진다. 제품 구입 뿐 아니라 체험과 전시, 아웃도어 용품 렌탈까지 솟솟리버스에서 만날 수 있다.

Ⓐ 제주시 탑동로 13 1~3층 Ⓞ 매일 11:00~19:00 / 휴무일 인스타 공지 Ⓣ 064-723-8491 Ⓗ https://www.instagram.com/kolon sport_rebirth

SPOT **2**

옛 여관을 리모델링한
문화 예술 공간

산지천갤러리

제주시 중앙로 3길 36 · 가는 법 466번 지선버스 → 탐라광장 정류장 → 맞은 편 이
동 후 우측길로 68m → 좌측길로 32m 이동 (도보 3분) · 운영시간 10:00~18:00 /
17:00 입장마감 / 매주 월요일, 법정공휴일, 재단개원일(4월 5일), 근로자의 날 휴무
· 전화번호 064-725-1208 · 홈페이지 http://www.sjcgallery.kr

북

　　한라산 중턱에서 발원해 제주 시내를 지나 바다로 연결되는
산지천은 옛 제주 무역의 거점이자 제주인들이 생활수로 이용
하던 곳이다. 항구가 발달하면서 상업시설이 함께 발달했지만,
하천은 심각하게 오염되었다. 1995년부터 30여 년간 오염된 하
천을 복원하고 노후된 건물을 철거했으며, 생태 공원을 조성하
는 등 원도심 활성화 사업으로 지금의 산지천이 만들어지게 됐
다. 녹수장, 금성장, 고씨주택, 유성식품 등 철거되지 않고 보존
건축물로 지정된 몇몇 장소는 갤러리, 책방, 쉼터 등 여러 쓰임

으로 재탄생되었으며 산지천갤러리 역시 옛 여관을 리모델링해 조성된 곳이다. 낡은 굴뚝이 있는 독특한 외관은 녹수장과 금성장 2개의 여관을 하나로 합하면서 만들어졌다. 목욕탕의 상징이었던 굴뚝은 산지천갤러리의 또 다른 상징이 되고 있다. 1층은 코워킹스페이스, 카페, 산지천의 흔적을 살펴볼 수 있는 기억 공간, 2 ~ 4층은 갤러리로 운영된다. 산지천갤러리는 단순한 전시 공간이 아닌 제주의 과거 모습과 현재를 이어가는 문화 공간이다. 산지천 산책과 더불어 도보로 이동할 수 있는 기념관, 미술관이 제법 있으니 코스처럼 같이 둘러보면 좋다.

주변 볼거리 · 먹거리

아라리오뮤지엄 동문모텔 1, 2 수많은 사람들이 머물다 간 옛 모텔의 흔적이 고스란히 남아있는 곳으로 아라리오 뮤지엄 탑동시네마와 더불어 현대 미술 작품을 감상할 수 있다. 동문모텔 2에는 옥상 정원이 마련되어 있어 구도심의 풍경을 바라보며 여유를 즐길 수 있다.

Ⓐ 동문모텔 : 제주시 산지로 37-5, 동문모텔 2 : 제주 제주시 산지로 23 ⓞ 매일 10:00~19:00 / 월요일 휴무 ⓣ 064-720-8202(동문모텔), 064-720-8203(동문모텔 2) ⓒ 동문모텔 1, 2 통합권 20,000원, 청소년 12,000원, 어린이 8,000원 ⓗ https://www.arariomuseum.org

엘리펀트 힙 빈티지한 가구와 소품, 구석구석 예쁘지 않은 곳이 없을 정도로 감성 가득한 브런치 맛집. 분위기만큼이나 플레이팅도 예쁘고, 맛도 좋아 먹는 내내 눈과 입이 즐겁다.

Ⓐ 제주 제주시 탑동로 20 ⓞ 10:30~14:00 / 13:00 주문 마감 / 매주 월, 화요일 휴무 ⓣ 064-753-4641 ⓜ 에그인더헬 13,900원, 프렌치토스트 변동 ⓗ https://www.instagram.com/elephant.hip/

SPOT **3**

50년 동안 한자리를 지키는 변함없는 맛
골목식당

 북

주소 제주시 중앙로 63-9 · **가는 법** 제주국제공항 365, 370번 간선버스 → 중앙로(국민은행) 정류장 → 북쪽으로 90m 이동 후 맞은편 → 다시 북쪽으로 50m → Tworld 오른쪽 골목길로 30m · **운영시간** 10:30~20:00 / 연중무휴 · **전화번호** 064-757-4890 · **대표메뉴** 꿩구이 30,000원, 꿩메밀칼국수 10,000원

동문시장 한자리에서 50년 이상 운영하고 있는 제주 로컬 맛집으로 꿩구이와 꿩메밀국수 2가지만 내놓는다. 고소한 참기름과 다진 마늘이 듬뿍 들어간 꿩구이는 한 마리에 30,000원! 거창한 코스 요리가 아닌 알짜배기 꿩요리를 맛볼 수 있다. 꿩은 마늘과 함께 구워 같이 먹는데, 솔솔 풍기는 마늘향과 더불어 쫀득한 맛이 일품이다.

꿩메밀국수는 꿩을 푹 고아 만든 육수에 100% 메밀로 반죽한 면을 사용한다. 메밀가루 함량이 높을수록 점성이 없고 잘 끊어져 숟가락으로 떠 먹는 것이 편하다. 첫 맛은 소박하고 투박하지만 씹다 보면 느껴지는 메밀의 고소한 맛과 마지막 진한 국물까지 먹을수록 깊은 맛이 나는 제주스런 맛집이다.

주변 볼거리·먹거리

제주동문재래시장 50년 역사의 제주도 대표 시장으로 농산물 및 특산품뿐 아니라 최대 규모 수산 시장, 이색 먹거리, 야시장과 청년몰 등 다양한 테마로 운영되고 있다.

ⓐ 제주시 관덕로14길 20 ⓞ 매일 08:00~21:00 ⓣ 064-752-3001

제주책방 일제강점기에 일본 건축과 제주 민가의 특징을 적절히 절충한 근대건축물로 고씨주택이라고 불린다. 한때 철거될 위기에 놓였지만 독특한 건축 양식 덕분에 보존 및 복원되어 공공시설로 재탄생되었다. 일반도서와 제주 관련 책을 볼 수 있고, 다양한 모임 및 무료 프로그램 등을 운영하는 공간이다.

ⓐ 제주시 관덕로 17길 27-1 ⓞ 12:00~20:00 / 매주 목요일 휴무 ⓣ 064-727-0613

1 COURSE
👤 도보 15분

더아일랜더

2 COURSE
👤 도보 2분

디앤디파트먼트 제주 바이 아라리오

3 COURSE

미친부엌

주소	제주시 관덕로4길 7
운영시간	10:30~19:00 / 14:00~15:00 브레이크 타임 / 수요일 휴무
전화번호	070-8811-9562
홈페이지	https://the-islander.co.kr

엽서, 스티커, 메모지, 자수, 가방, 스낵 등 제주를 담은 감성적이고 수준 높은 기념품들을 판매하는 편집숍. 한편에 차 한 잔의 여유를 가질 수 있는 카페도 같이 운영하고 있다.

주소	제주시 탑동로2길 3
운영시간	11:00~19:00 / 18:30 주문 마감 / 마지막 주 수요일 휴무
전화번호	1F 식당&카페(064-753-9903), 2F 스토어(064-753-9902), d룸 리셉션, 3F d룸(064-753-9901)
입장료	무료
홈페이지	https://d-jeju.arario.com
가는 법	제주중학교 431번 지선버스 → 제주해변공연장 정류장 → 도보 4분

디앤디파트먼트의 디자인 상품과 아라리오가 셀렉한 아티스트의 작품이 걸려있는 숙박, 제주의 제철 식재료로 만든 음식을 맛볼 수 있는 D식당, 디자인 상품을 소개하는 스토어가 함께하는 복합문화공간이다. 일본 본점을 시작으로 우리나라는 서울에 이어 제주점이 두 번째로 오픈했다.

주소	제주시 탑동로 15
운영시간	17:30~24:00 / 월요일 휴무
전화번호	064-721-6382
메뉴	숙성 모듬 사시미 45,000원, 제주 고등어초회 26,000원, 후토마키 15,000원, 치킨가라아게 19,000원
홈페이지	http://instagram.com/mechin kitchen

숙성회를 포함해 짬뽕, 볶음, 튀김 등 간단한 안주부터 든든한 식사까지! 맛있는 요리와 함께 술 한 잔 마시기 좋은 이자카야이다. 안주뿐만 아니라 주류도 다양하게 준비되어 있다. 맛집으로 소문난 덕에 방문객들도 많지만, 포장하러 오는 이들도 많다. 2인까지는 오픈 주방이 보이는 바 자리로 안내된다.

뚜벅뚜벅 걸으며 만나는
서귀포 문화예술거리

10 week

SPOT **1**

원도심과 자연을 아우르는
문화 예술 도보 여행길

작가의산책길

주소 서귀포시 이중섭로 29 (이중섭거주지) / 출발지 : 이중섭미술관 남쪽 방향 이중섭공원 · 가는 법 612, 642번 지선버스 → 송산동주민센터 정류장 → 서쪽으로 153m → 우측길로 29m → 좌측길로 74m → 우측길로 16m · 전화번호 064-732-1963 · 홈페이지 https://culture.seogwipo.go.kr/artroad/index.htm

 남

　서귀포 송산동, 정방동, 천지동 일원의 4.9km에 이르는 문화 예술 도보 여행길이다. 이중섭 공원을 시작으로 이중섭 거주지, 이중섭거리, 기당미술관, 칠십리시공원, 자구리해안, 소남머리, 서복전시관, 소정방폭포, 소암기념관 순으로 돌아보면 된다. 출발 지점과 종료 지점이 매우 가깝고 산책길 표시가 잘 되어 있어 어떤 곳에서 시작해도 작가의산책길을 즐기는 데 아무 문제가 없다. 예술 작품과 함께 서귀포 원도심을 지나고 나무가 우거진 공원을 걸으며 시원스레 펼쳐진 해안 절경을 만나는, 이 모든 것

을 함께 할 수 있다는 것이 이곳의 가장 큰 매력이다. 서귀포를 사랑했던 거장 이중섭, 변시백, 현중화 님의 작품들은 이중섭미술관, 기당미술관, 소암기념관 3곳에서 만날 수 있다. 또한 작가의산책길 곳곳에서는 총 45점의 예술 조형물이 설치되어 있으니 걷는 동안 눈여겨보자.

서귀포이기 때문에 더욱 특별해지는 풍경들도 있다. 위에서 내려다보는 울창한 숲에 둘러싸인 천지연폭포는 한 폭의 액자에 담긴 그림이 되며, 현지인들이 머물던 자구리공원은 바다를 배경으로 한 지붕 없는 미술관이 되었다. 용천수가 흐르고 주상절리를 볼 수 있는 소남머리는 소암 현중화 선생이 영감을 찾고자 할 때 자주 방문했을 정도로 멋진 해안 절경을 자랑한다.

TIP
- 안내소에서 작가의산책길 Artist Map이 비치되어 있으니 챙겨오도록 하자. 걷다 보면 작품들을 놓치기 쉬운데 사전에 지도를 확인하면 도움이 된다.
- 매주 화, 목, 토, 일요일 13:00에 해설사와 함께하는 작가의산책길 프로그램을 운영한다.(작가의산책길 종합안내소 출발)
- 작가의 길 종합안내소 : 서귀포시 중앙로4번길 13

주변 볼거리·먹거리

이중섭미술관 불운의 시대의 천재 화가를 기리는 미술관으로 여러 작품과 가족들의 편지 등이 전시되어 있다. 부정기로 여러 작가들의 전시가 열린다.

Ⓐ 서귀포시 이중섭로 27-3 Ⓞ 09:00~18:00 / 월요일 휴관 Ⓣ 064-762-5551 Ⓒ 어른(25~64세) 1,500원, 청소년(13~24세) 800원, 어린이(7~12세) 400원 Ⓗ http://culture.seogwipo.go.kr/jslee/index.htm

유동커피 재밌는 캐리커처, 제주 사투리로 되어 있는 독특한 원두 선택, 커피 도구를 이용한 수전 등 유쾌함으로 꽉 차 있는 카페. 산미가 있는 커피를 좋아한다면 오라방(총각), 충만한 바디감을 느끼고 싶다면 하르방(할아버지), 구수하게 마시고 싶다면 아주방(아저씨)으로 선택하면 된다. 달달한 걸 좋아한다면 이 지역의 이름을 딴 송산동커피를 추천한다.

Ⓐ 서귀포시 태평로 406-1 Ⓞ 08:00~21:00 / 20:30 주문 마감 / 매월 20일은 19:30까지 운영 Ⓣ 064-733-6662 Ⓜ 아메리카노 4,500원, 송산동커피 6,000원 등

화려하고 풍부한 색감을 통해 제주를 담는 화가
왈종미술관

주소 서귀포시 칠십리로214번길 30 · 가는 법 600번 공항버스 → 서복전시관 정류장 → 서남쪽 정방폭포입구 교차로 28m → 왼쪽길로 433m · 운영시간 10:00~18:00 / 17:30 입장 마감, 카페&아트숍 16:00까지 · 월요일 휴관 · 입장료 성인 10,000원, 어린이, 중·고등학생, 도민 6,000원 · 전화번호 064-763-3600 · 홈페이지 http://walartmuseum.or.kr

 남

　　이왈종 화백은 전통적인 수묵화가 아닌 화려하고 풍부한 색채감을 표현하는 한국 화가이다. 1991년부터 제주에 머무르며 자연과 사람들을 화백만의 위트로 표현한 〈제주 생활의 중도와 연기〉 시리즈는 따뜻함과 천진함을 함께 담고 있어 보기만 해도 즐거워진다. 회화뿐 아니라 판화, 조각, 도예, 도자기, 조각보 등 장르를 넘나들며 자유로운 작품 활동에 매진하고 있다.

　　조선백자를 모티브로 한 총 3층의 미술관은 얼핏 보면 티포트 같기도 하다. 화백이 도자기를 빚어 건물 모형을 만들고 스위

스 건축가 다비데 마쿨로(Davide Macullo)와 한만원 건축 설계사가 공동 작업해 세워졌다. 1층에는 수장고, 도예실, 미디어아트, 2층에는 전시실, 3층에는 작업실과 명상실이 있다. 근사한 풍경을 조망할 수 있는 옥상정원에서는 화백의 작품과 함께 서귀포 남쪽 바다의 환상적인 풍경을 감상할 수 있다. 미술관 입구 왼편에 있는 드롭 탑 카페는 아트숍을 겸하고 있다. 입장권을 가져가면 음료와 굿즈를 할인해주며 우산, 텀블러, 마우스패드, 수첩 등 화백의 작품을 담은 굿즈들을 구매할 수 있다.

주변 볼거리 및 먹거리

너븐 옛 농가 주택을 개조해 만든 카페로 '너븐'은 '넓은'을 뜻하는 제주어이다. 초록의 감귤밭에 놓인 싱그러운 노란색 테이블과 의자, 카페 안 창으로 내다보이는 야자수들, 갤러리 느낌의 별관까지 제주스러우면서 이국적인 느낌이 물씬 전해진다.

Ⓐ 서귀포시 칠십리로214번길 26 Ⓞ 10:00~19:00 / 18:00 주문 마감 Ⓣ 010-6706-2412 Ⓜ 아메리카노 6,000원, 너븐라떼 7,500원, 제주 한라봉 에이드 7,500원 등 Ⓗ https://www.instagram.com/nurven.jeju/

정방폭포

Ⓐ 서귀포시 동홍동 299-3 Ⓞ 매일 09:00~18:00 Ⓣ 064-733-1530 Ⓒ 성인 2,000원, 청소년 및 어린이, 군인 1,000원

8월 4주 SPOT 1 소개

생소하지만 매력 듬뿍! 제주돼지
특수부위 전문점
뽈살집

주소 서귀포시 중정로91번길 37 · **가는 법** 231, 295, 510, 530번 간선버스 → 청소년문화의집 정류장 → 남동쪽으로 180m → 우측 길로 60m → 다시 우측 길로 65m · **운영시간** 매일 15:00~24:00 · **전화번호** 064-763-6860 · **대표메뉴** 모듬스페셜 3~4인 69,000원, 2인 45,000원, 고기추가 200g 당 15,000원

 남

TIP
• 예약은 받지 않고 대기표도 주지 않는다. 오는 순서대로 입장 가능하니 자리가 없으면 밖에 놓인 의자에 차례대로 앉아 기다리면 된다.
• 멜젓과 쌈장, 간단한 쌈채소 등과 함께 고기도 포장 판매한다.

주변 볼거리·먹거리

새연교&새섬 새섬은 유일하게 새연교를 통해 들어갈 수 있는 무인도로 둘레길은 1km가 채 되지 않지만 서귀포항과 주변 섬들의 아름다운 풍경을 볼 수 있다. 서귀포항의 랜드마크 새연교는 제주 전통배 테우를 형상화했으며 환한 조명으로 야간 명소이기도 하다.
Ⓐ 서귀포시 서홍동 707-4 Ⓞ 새섬공원 : 일출~22:00(22:00에 소등, 21:40 이후 출입금지)
Ⓣ 064-760-3471

뽈살, 천겹살, 눈썹살, 돈새살, 비단살, 꽃살. 이름은 생소하지만 공통점은 모두 돼지고기의 한 부위라는 사실! 제주산 흑돼지와 A급 암돼지만을 취급하며, 도축장에서 직송한 제주산 돼지를 직접 손질하기 때문에 가격도 맛도 매력적이다. 인원수에 따라 대(3~4인)와 중(2인)으로 주문하면 되는데, 돼지고기뿐만 아니라 떡갈비, 달걀찜, 찌개, 돼지껍데기 등이 추가로 나온다. 양이 적지는 않지만 혹시나 먹다가 모자라면 저렴한 가격대로 고기 추가도 가능하다.

쫄깃한 맛부터 담백하고 고소한 맛, 부드러운 맛까지 부위별로 맛이 다르니, 비교하며 먹는 재미가 있다. 핑크솔트, 고추냉이, 멜젓, 갈치쌈젓 등 찍어 먹을 소스도 다양하게 준비되어 있다. 돼지 한 마리당 소량만 나오기 때문에 하루 판매량이 소진되면 영업이 종료되니 참고할 것! 평소에는 돼지고기 특수부위를 먹을 일이 많지 않으니 이왕 서귀포에 왔다면, 게다가 제주 돼지고기를 그냥 지나칠 수 없는 고기 마니아라면 현지인들이 자주 방문하는 뽈살집에 꼭 들러보자.

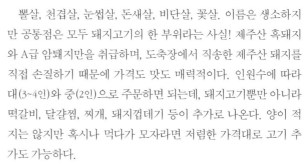

1 COURSE
소라의성

🚗 자동차 6분(도보 25분)
🚏 파라다이스호텔입구 정류장
521번 간선버스 → 송산동주민센
터 정류장 (도보 3분)

2 COURSE
(구)서귀포관광극장

🚗 자동차 4분(도보 9분)

3 COURSE
제주약수터

주소	서귀포시 칠십리로214번길 17-17
운영시간	09:00~18:00 / 매주 월요일 휴무
전화번호	064-732-7128
가는 법	520번 간선버스, 630번 지선버스→칼호텔 정류장→도보 9분

1969년 설계된 건축물로 제주올레 사무국으로 이용하다 지금은 서귀포시가 매입해 시민들을 위한 공간으로 사용하고 있다. 건축가는 미상이지만 대한민국 1세대 건축가 고(故) 김중업으로 추정된다. 정방폭포 인근 해안 절벽에 위치해 2층에서 서귀포의 아름다운 해안 절경을 감상하며, 책을 읽을 수 있다. 정방폭포 주차장에 주차 후 5분 정도 이정표를 따라 들어가면 된다.

주소	서귀포시 이중섭로 25
전화번호	064-732-1963
운영시간	매일 10:00~17:00 / 공연일 탄력적 운영
홈페이지	https://blog.naver.com/seogwinet

1963년 서귀포 최초의 극장으로 개관해 30년 넘게 서귀포 시민들의 문화 감수성을 충전시켜준 곳 중 하나다. 운영 중지 후 지붕이 무너져 내렸지만 지금은 지붕 없는 극장으로 재개관하면서 매주 다양한 장르의 공연을 무료로 관람할 수 있다. 공연뿐 아니라 은지화, 문인화 등 체험 프로그램도 운영된다. 보다 자세한 정보는 블로그에서 확인할 수 있다.

주소	서귀포시 중앙로 35
운영시간	16:00~24:00 / 23:00 음식 주문 마감, 23:30 맥주 주문 마감
전화번호	064-805-6572
대표메뉴	제주수제맥주 340cc 글라스 8,200원, 서귀피엔 피자 + 감자 튀김 26,000원 / 맥주 포장 전문

제주도 양조장에서 만든 제주스러운 신선한 맥주와 자체 맥주를 맛볼 수 있는 맥주 편집숍이다. 테이크아웃 전문이라 500cc, 1000cc, 1500cc는 포장만 가능하며, 시음 후 선택 가능하다. 가게 안에서는 340cc 잔으로만 간단한 안주와 함께 마실 수 있다.

3월 셋째 주

역사 속 기억의 저편, 모슬포

11 week

SPOT **1**

평화로운 풍경 속, 여전히
남아 있는 아픈 역사의 흔적

알뜨르비행장

 남서

주소 서귀포시 대정읍 상모리 1670 · **가는 법** 152번 급행버스 → 모슬포 남항 여객선 터미널 정류장 → 2.2km, 올레 10코스 이정표를 따라 도보 이동(약 30분, 택시 이동 추천) · **전화번호** 064-710-6258

　뜨르(혹은 드르)는 '넓은 벌판, 평야, 들'을 말하는 제주어로 알뜨르는 '아래쪽 뜰', 혹은 '아래 벌판'이라는 뜻이다. 예쁜 이름에 어울리는 제주의 밭 풍경, 한라산과 산방산을 비롯한 주위의 오름 풍경들이 시원스레 펼쳐지지만, 가슴 아픈 역사의 흔적도 존재한다. 일제강점기 수탈의 장소로 태평양전쟁 당시 일본군 비행장과 군사시설로 사용했던 곳이다. 콘크리트로 만들어진 격납고와 벙커 등이 여전히 남아 있다.

　격납고 중 하나에는 철근으로 만든 비행기 모형이 들어 있어 실제 크기를 짐작할 수 있다. 2010년 박경훈 작가가 일본군 전투기 제로센의 실물 크기를 형상화해 만든 작품이다. 그 외에도 2017년 제주 비엔날레에 전시되었던 최평곤 작가의 높이 9m에 이르는 거대한 조형물 '파랑새'를 만날 수 있다. 동학 농민들이 사용했던 죽창을 모티브로 대나무를 엮어 만든 작품으로, 소녀의 손에 앉은 파랑새를 통해 다시는 이런 일이 되풀이되지 않길 바라는 평화의 메시지를 전하고 있다.

TIP
- 모슬포항 남항 여객선 터미널 정류장에서 북측으로 이동 후 큰길에서 우측 방향이 올레 10코스이다. 이정표가 잘되어 있으니 도보 여행자라면 올레 10코스를 따라 걸어보자. 알뜨르비행장, 섯알오름, 셋알오름, 송악산까지 만날 수 있다.

주변 볼거리·먹거리

하늘꽃 유리온실로 이루어져 주변 풍경이 고스란히 전해지는 260평 규모의 대형 카페. 천장을 비롯해 카페 안이 아름다운 꽃과 식물들로 장식되어 영화 속 한 장면을 보는 것 같다.

Ⓐ 서귀포시 대정읍 송악관광로 317 Ⓞ 매일 10:00~18:00 Ⓣ 064-792-9111 Ⓜ 아메리카노 7,000원, 트로피칼에이드 8,000원 등

송악산 둘레길

Ⓐ 서귀포시 대정읍 송악관광로 421-1 11월 4주 소개(382쪽)

SPOT 2

혹독한 시간 속에서
완성한 예술혼

제주추사관&
김정희유배지

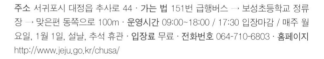 주소 서귀포시 대정읍 추사로 44 · 가는 법 151번 급행버스 → 보성초등학교 정류장 → 맞은편 동쪽으로 100m · 운영시간 09:00~18:00 / 17:30 입장마감 / 매주 월요일, 1월 1일, 설날, 추석 휴관 · 입장료 무료 · 전화번호 064-710-6803 · 홈페이지 http://www.jeju.go.kr/chusa/

 남서

조선시대에만 총 60여 명이 제주로 유배를 왔는데 이들 모두 고립되고 척박한 섬에서 참으로 혹독한 시간을 건뎌야만 했다. 하지만 한편으로는 육지로 나가는 것이 제한됐던 제주 사람들을 위해 지식을 나누고, 책을 쓰고, 예술작품을 남긴 소중한 시간이기도 했다. 추사 김정희는 약 8년 3개월간 제주에서 유배 생활을 하며 추사체와 현재 국보 180호인 '세한도'를 완성했다. '세한도'는 중국을 오가며 귀한 책을 가져다준 제자 이상적에 대한 고마움을 담은 작품이다. 제주추사관에서는 복제본으로만 만날 수 있지만, 가장 힘들었던 시절 그를 끝까지 믿어준 이에게 보내는 감정만큼은 고스란히 전해진다.

그 외에 추사의 현판 글씨, 서신, 지인의 작품, 왕실 문서, 임옥상 작가가 조각한 추사 김정희 흉상이 전시되어 있다. 추사관은 건축가 승효상이 '세한도'에 나오는 집을 바탕으로 설계한 건축물로 절제미가 높이 평가되어, 2010년 제주특별자치도 건축문화대상을 수상하기도 했다. 제주추사관 외부에는 추사 김정희가 유배 생활을 했던 강도순의 집이 있다. 4·3항쟁 때 불에 탔지만 1984년 고증을 통해 복원되어 제주 전통가옥의 구조와 생활상, 추사의 흔적을 엿볼 수 있다.

TIP
- 해설 시간은 오전 10시부터 오후 4시까지 점심시간을 제외하고 1시간 간격으로 무료로 진행된다. 해설 예약은 온라인으로만 신청을 받는다. (해설 시간은 상황에 따라 변동 가능)

주변 볼거리·먹거리

단산(바굼지오름) 박쥐(바구미)가 날개를 편 모습 같다고도 하고, 바구니 모습 같다고도 해서 바구미오름, 바굼지오름이라고 한다. 응회 퇴적층으로 지형이 독특하고, 높지는 않지만 경사가 꽤 가팔라 안전에 주의해야 한다.

Ⓐ 서귀포시 안덕면 사계리 3123-1

에브리싱글데이 제주 구옥을 개조한 하얀 지붕이 돋보이는 카페로 본관과 별관으로 구성되어 있다. 본관이 따뜻한 분위기라면 별관은 빈티지한 분위기를 자아낸다. 야외 테이블이 있어 날씨가 좋으면 밖에서 커피를 마셔도 좋다.

Ⓐ 서귀포시 대정읍 추사로 72-1 ⓞ 10:00~17:30 / 17:00 주문 마감 / 금요일 휴무(비정기 휴무는 인스타그램 공지) ⓣ 064-752-0684 Ⓜ 아몬드크림라테 7,000원, 초코 버터 푸딩 9,500원 Ⓗ https://www.instagram.com/esd_jeju/

SPOT 3

옛 고구마 전분 공장에서 복합문화공간으로
감저카페

주소 서귀포시 대정읍 대한로 22 · 가는 법 202번 간선버스, 761-2번 지선버스 → 동일1리 정류장 → 동쪽으로 100m 도보 이동 후 좌측 길로 235m · 운영시간 10:30~18:30 / 월요일 휴무 · 전화번호 064-794-5929 · 홈페이지 http://instagram.com/kawjcafe/ · 대표메뉴 아메리카노 4,500원, 카페라테 5,000원, 감저시그니처 6,500원

남서

제주어로 감자는 '지실', 고구마는 '감저'라고 부른다. 감저카페는 2천여 평 부지로 고구마 전분을 보관하던 창고는 카페로, 자재 창고는 사진창고라는 이름의 갤러리로 운영되고 있다. 카페 곳곳에 옛 공장에서 사용했던 도구와 기계들이 자리 잡고 있지만, 카페 옆 돌담건축물에서 그 흔적을 제대로 발견할 수 있다. 지금은 빛바랬지만 한때 열심히 움직였을 공장의 모습을 떠올려보기에도 충분하다. 돌담건축물은 제주의 옛 돌담건축물의 가치를 인정받은 곳이기도 하다. 1970년대 아버지가 직접 운영했던 공장을 아들이 이어받아 세월의 흔적과 이야기를 간직한 채 또 다른 공간으로 이어나가고 있다.

고구마 전분 공장 카페답게 고구마라테, 고구마식혜 등 고구마로 만든 메뉴가 준비되어 있다. 시그니처 메뉴는 연유라테에 수제 고구마아이스크림을 올린 감저시그니처. 달달한 고구마 향이 연유 향과 잘 어우러져 달콤함이 배가된다.

주변 볼거리·먹거리

노을해안로 일과사거리에서 바다 방향으로 신도포구에 이르는 긴 해안 도로 중 일부 구간. 일몰 풍경이 아름답기로 유명하다. 운이 좋다면 저 멀리 헤엄치는 돌고래를 만날 수 있다.

Ⓐ 서귀포시 대정읍 일과리

1 COURSE

🚗 자동차 8분
🚏 하모체육공원 정류장 752-1
지선버스 → 송악펜션단지 정류장
→ 도보 4분

➡ 홍성방

2 COURSE

🚗 자동차 4분
🚏 송악펜션단지 정류장 752-1
지선버스 → 사계어촌체험어장 정
류장 → 도보 10분

➡ 루핀

3 COURSE

➡ 사계리사진관

주소 서귀포시 대정읍 하모항구로 76
운영시간 09:00~21:00 / 20:00 주문 마감
/ 목요일 정기 휴무
전화번호 064-794-9555
대표메뉴 빨간해물짬뽕 12,000원, 사천
해물짜장면 9,000원, 탕수
육 2인 18,000원, A코스 1인
19,000원, B코스 1인 31,000
원(코스요리 2인 이상)
가는 법 152번 급행버스 → 방어축제의
거리입구 정류장 → 도보 3분

시원하고 진한 해물짬뽕과 쫀득한 찹
쌀탕수육이 맛있다. 다양하게 먹어보
고 싶다면 코스 요리를 선택해보자.
새우 요리와 탕수육, 식사가 나오는 A
코스와 A코스에 전복새우냉채, 생선
한 마리를 사용한 중국식 생선튀김이
추가되는 B코스가 있다.

주소 서귀포시 대정읍 형제해안로
272
운영시간 10:00~18:00
전화번호 010-8218-3119
대표메뉴 아인슈페너 6,500원, 생한라봉
스무디 7,500원
홈페이지 https://www.instagram.com/_
geunwon_/

길쭉한 창문을 통해 형제섬을 바라보
며 편하게 머물다 갈 수 있는 카페로
아늑하고 따뜻한 분위기가 인상적인
곳이다. 카페 내에는 사진을 찍을 수
있는 공간이 있다. 유리로 되어 있는
천장에서는 자연광이 듬뿍 들어오고
액자처럼 보이는 작은 창문이 있어
그림 같은 인생 사진을 남길 수 있다.

주소 서귀포시 안덕면 사계남로84번
길 4
운영시간 11:00~17:00 / 화요일 휴무
전화번호 010-5804-1509
대표메뉴 시그니처 2인 이상 성인 1인당
15,000원부터(13세 미만 아동
20,000원), 1인 단독 촬영 성인
30,000원
홈페이지 https://blog.naver.com/photo
grabhy

돌담집을 배경으로 전문 작가가 촬영
해 주는 인생 사진을 만날 수 있다. 성
인 1인 15,000원이라는 착한 가격으
로 제주 여행의 추억을 남길 수 있으
며, 하드보드 액자가 제공된다. 추가
요금만 내면 추가 인화 및 사진 파일
도 구매 가능하다. 예약은 블로그에
서 확인할 수 있다.

또다시 봄은 찾아오고

3월 넷째 주

12week

SPOT 1

바다 풍경과 함께 벚꽃 즐기기
사라봉공원

주소 제주시 사라봉동길 74 · 가는 법 316, 325, 326번 간선버스 → 사라봉 정류장 → 맞은편 서쪽으로 도보 이동 후 첫 번째 골목에서 좌측 길로 200m → 모충사 방향으로 110m → 계단으로 사라봉 정상까지 이동 · 전화번호 064-728-4643

 북

    제주 시내에 위치한 오름 중 하나로 별도봉과 나란히 있는 사라봉 정상에 오르면 제주항과 제주 시내가 한눈에 내려다보이는 아름다운 풍경을 감상할 수 있다. 여기서 바라보는 낙조가 영주10경 중 2경에 속한다. 벚꽃 시즌이 되면 사라봉을 오르는 계단부터 정상까지 쭉 늘어선 벚꽃길을 만날 수 있다. 제주도에서 벚꽃과 함께 바다를 감상할 수 있는 곳은 많지 않으므로 꼭 방문해볼 것을 추천한다.

주변 볼거리·먹거리

산지등대 약 100년의 역사를 지닌 무인 등대로 국제 여객항 전망과 일몰 풍경이 아름다운 곳이다. 등대에는 책방이자 카페인 '물결'과 갤러리가 운영되고 있다.

Ⓐ 제주시 건입동 340-1 Ⓞ 10-3월 09:00~18:00, 4-9월 09:00~19:30 Ⓣ 064-725-7799(카페 물결) Ⓗ https://www.instagram.com/cafe_waves/

슬기식당 얼큰하고 진득한 동태찌개 맛집. 순한 맛, 매운맛 2가지만 판매한다. 아침과 점심에만 영업하지만 찾아오는 사람들로 가득하다. 사라봉공원을 둘러본 후 아침 겸 점심으로 먹는 걸 추천!

Ⓐ 제주시 사라봉7길 36 Ⓞ 10:00~14:00 / 일요일 휴무 Ⓣ 064-757-3290 Ⓜ 동태찌개 10,000원(매운맛, 순한맛)

사라봉을 둘러봤다면 별도봉 둘레길도 걸어보자. 사라봉 등산로는 조금 쉽게 올라갈 수 있지만, 별도봉 정상과 둘레길은 약간 난이도가 있다. 하지만 깎아지른 듯한 절벽과 '고래굴', '애기업은돌'이라고 불리는 기암 등 이색적인 해안 절경을 만날 수 있다.

사라봉공원 내 모충사에는 애국지사를 기리기 위한 의병항쟁기념탑과 순국지사 조봉호 기념탑, 그리고 조선시대 거상이자 제주도민에게 나눔을 실천한 김만덕의 묘비가 있다.

TIP
- 등산로 입구는 2곳으로, 우당도서관으로 진입하는 길과 충혼각 인근으로 진입하는 길이 있다. 별도봉 산책로까지 돌아보려면 충혼각 인근으로 진입 후 사라봉에서 다시 별도봉으로 이동하는 것이 편하다. 길이 다 연결되어 한 바퀴 쭉 둘러보고 나올 수 있다.
- 동쪽 등산로 입구에서 별도봉 정수장 좌측 방향으로 진입하면 별도봉 정상에 수월하게 올라갈 수 있다.

SPOT **2**

천천히 걸으면서 즐기는
명품 도보여행

올레 18코스

주소 제주 원도심에서 출발해 조천만세동산까지 19.8km(출발 : 간세라운지X관덕
정분식) · 가는 법 365, 370번 간선버스 → 중앙로(국민은행) 정류장 → 북쪽으로
230m 도보 이동 후 Tworld 매장에서 좌회전 → 간세라운지X관덕정분식) · 전화번
호 064-762-2190 · 홈페이지 https://www.jejuolle.org

북동

　돌담이 조르륵 연결된 작은 길 너머에서 누군가 반겨줄 것 같
은 곳. 친구들도 만나고, 구멍가게에도 가고, 일하러 나간 엄마
도 빼꼼 기다리는 좁은 골목을 일컫는 제주어가 올레다. 서귀포
에서 태어나고 자란 언론인 서명숙 님이 산티아고 순례길 여행
후 고향으로 돌아와 아름다운 제주의 풍경을 담을 수 있는 도보
길을 만들어 올레라는 이름을 붙였다. 2007년 시흥초등학교에
서 광치기해변에 이르는 1코스를 시작으로 현재는 21개 코스,
짧은 5개 코스를 더해 총 26개의 올레길이 만들어졌다. 그중 올

레 18코스는 제주의 원도심에서 출발해 조천만세동산까지 약 20km에 달하지만, 공항에서 가장 접근성이 좋고, 높은 오름이나 특별히 어려운 구간 없이 평탄하게 즐길 수 있다.

활력이 넘치는 동문시장과 제주 시민의 젖줄인 산치천을 따라 걷다가 제주항을 바라볼 수 있는 사라봉과 별도봉을 오르고, 4·3항쟁 당시 불타 버린 곤을동 마을터를 지나보자. 해안마을의 소박한 풍경, 그늘진 숲길 등 휴식 같은 공간도 가득하다. 기암절벽으로 이루어진 닭머르와 조천 앞바다 등 눈이 시리도록 시원한 바다 풍경에 가슴이 탁 트일 것이다.

올레 18코스 중 곤을동마을터

올레 18코스 중 닭머르해안길

주변 볼거리 · 먹거리

스콘가게끌림 말차, 얼그레이, 시나몬, 코넛 등 다양한 스콘과 에그타르트를 맛볼 수 있다. 가짓수는 많지 않지만 스콘과 잘 어울리는 음료가 준비되어 있다.

Ⓐ 제주시 지석9길 35-1 ⓞ 10:00~19:00 / 매주 월요일 휴무(임시 휴무 시 인스타그램 공지) ⓣ open.kakao.com/o/sTT9CMEb(예약 및 주문은 오픈카톡으로) Ⓜ 버터스콘, 얼그레이스콘 등 3,500원부터 Ⓗ https://www.instagram.com/scone_ccllim/

동카름 '동쪽 마을'을 뜻하는 제주어. 매콤하고 쫄깃쫄깃한 낙지볶음을 만날 수 있다. 창가 자리에서 신촌포구가 보이는 작지만 아담한 맛집이다.

Ⓐ 제주시 조천읍 신촌9길 40-3 ⓞ 11:00~20:00 / 14:30~17:00 브레이크타임 / 19:30 주문 마감 / 월요일 휴무 ⓣ 064-784-6939 ⓞ 낚지볶음 2인 25,000원, 3인 36,000원, 4인 48,000원

TIP
- 이정표를 잘 확인하면서 걸어야 길을 잃지 않는다. 나무나 전봇대에는 리본, 담과 벽에는 화살표가 있다. 파란색은 정방향, 주황색은 역방향이며, 올레표식을 찾을 수 없다면 마지막으로 본 표식으로 돌아가서 다시 찾아봐야 한다.
- 2인 이상 동행하는 것이 좋다. 혼자 걷게 된다면 출발 시점에 제주올레 콜센터(064-762-2190)로 미리 연락해두자.
- 제주공항, 제주항, 관광안내센터 등에서 위급 시 버튼으로 신호를 보낼 수 있는 제주여행지킴이(스마트워치)를 대여할 수 있다.(대여 문의 : 공항 관광안내소 064-742-8866, 제주항 안내소 064-758-7181)

걷는 여행의
원조, 올레

추자도

18-1코스

16코스

라마다프라자제주호

17코스

15코스

제주

14코스

한림항

애월읍

13코스

한림읍

용수절부암

저지마을회관

14-1코스

한경면

안덕면

무릉2리

중문

7-1코스

월드컵경기장

무릉2리

해정읍 신평

9코스

무릉

모슬봉

대평리

12코스

11코스 385

모슬봉

강정

10코스

대정

화순

중문

월평

모슬포

송악산

8코스

7코스

가파도

10-1코스

김녕해수욕장

조천

함덕

21코스

1-1코스

18코스 398

조천읍

구좌읍

19코스

20코스

세화

종달리

성산

1코스

시흥

광치기해변

2코스

섭지코지

서산읍

혼인지

통오름

은평포구

표선면

삼달리

3코스

남원읍

토산망오름

표선

4코스

가마리

포시

남원

태흥

위미

쇠소깍

5코스

6코스 337

1코스 목화휴게소_한치

2코스 오조포구 내수면

올레란 담과 담 사이, 작은 골목을 부르는 제주어로, 이젠 시골 마을에서만 간간히 만날 수 있는 짧은 길이다. 서귀포에서 자란 언론인 서명숙 님이 산티아고 순례길을 걸으며 고향의 아름다움을 만날 수 있는 길을 만들겠다고 다짐했다. 이후 고향을 사랑하는 마음을 가득 담아 올레길을 만들기 시작했고, 현재는 총 425km 26개의 명품 도보여행 코스로 많은 이들이 찾고 있다.

올레길의 매력은 바다, 숲, 오름, 마을 등 한 코스 안에서 제주의 여러 모습을 만나는 데 있다. 바닷길을 걷다가도 오름을 올라가야 하고, 농로를 걷다가 시골 마을 안으로 들어간다. 곶자왈 속을 걷기도 하지만, 때로는 섬에 들어가기도 한다. 차로는 도저히 엄두도 나지 않을 옛 사람들이 걸었던 길과 말들이 다녔던 길을 걸으며 숨겨진 제주의 모습을 만나보자.

코스마다 난이도가 다르기 때문에 초보 올레꾼들은 난이도 '하'인 올레길을 걸으며 워밍업하는 것이 좋다. 3-B코스, 6코스, 10-1코스, 15-B코스, 21코스가 거기에 해당한다.

26개의 코스를 모두 완주하고픈 장기 여행자들도 제법 있지만 가장 좋은 곳만 돌아보고픈 단기 여행자들은 가장 인기 있는

2코스 혼인지

6코스 구두미포구

5코스 쇠미동백군락지

올레를 선택하자. 올레의 시작 1코스, 빼어난 풍경의 7코스, 자연의 위대함을 만날 수 있는 8코스, 아름다운 풍경 속 아픈 역사가 담긴 10코스 등이다. 다만 한 코스의 길이가 꽤 길기 때문에 하루를 온전히 올레를 걷는 데 써야 한다. 평균 10km 이상, 보통 걸음으로 5~6시간 소요된다. 일단 시작하면 몸이 힘들어도 중간에 그만둘 수 없다는 괜한 오기도 부려볼 정도! 하지만 굳이 완주에만 목적을 두지는 말자. 올레의 상징 '간세'가 제주의 조랑말이나 게으른 사람을 뜻하는 것처럼, 너무 무리하지 말고 걸을 수 있는 만큼만 걷는 게으름도 부려보자.

7-1코스 걸매생태공원

5코스 쇠소깍

6코스 보목바당길

9코스 월라봉

14코스 월령리선인장군락지

14-1코스 문도지오름

15코스 납읍난대림지대

20코스 세화해안도로

20코스 김녕해수욕장

19코스 서우봉 해바라기

SPOT 3

고요함이 머무르는 아늑한 공간
고요산책

주소 제주시 중앙로12길 5 · **가는 법** 3001번 간선버스 → 중앙로(중앙성당)정류장 → 서쪽으로 76m (도보 1분) · **이용요금** 북카페 1일 이용료 5,000원(09:00~18:00), 스테이 입실 15:00, 퇴실 10:00, 반려동물 불가, 스테이 이용 시 북카페 무료 이용 / 반려동물 불가 · **부대시설** 24시간 북라운지 - 공정무역커피, 차 무료 제공(셀프) · **전화번호** 0507-1330-2036 · **인스타그램** https://www.instagram.com/goyowalk_jeju/

북동

제주 원도심은 한때는 최고의 번화가였지만 이제는 세월의 흔적이 깃들어있다. 옛 도시의 정취 속에 새롭게 리모델링한 공간이 많은 매력적인 장소이다. 갤러리, 맛집, 카페 등 도보 여행으로 접근할 수 있는 곳이 많다. 걷다가 힙한 장소를 만나면 과거에는 어떤 곳이었을까? 하는 궁금증이 절로 든다. 고요산책 역시 여러 번의 쓰임 후 5층 건물을 리모델링해 북 라운지와 코워킹스페이스를 갖춘 원도심 속 스테이로 재탄생했다. 제주의 공정여행을 주도하는 ㈜제주착한여행에서 운영하는 곳으로, 총

5개의 단정한 객실은 2~4인이 이용할 수 있다. TV 대신 책을, 일회용 생수 대신 살균 소독된 텀블러에 물을 담아 제공한다. 이곳의 가장 큰 매력은 24시간 이용할 수 있는 북 라운지! 북 라운지는 진한 초록의 외관을 지나 실내로 들어섰을 때 가장 처음 만나는 곳으로 절로 탄성이 나오는 아늑하고 매력적인 공간이다. 보기만 해도 든든한 책이 가득 꽂힌 책장과 중앙의 ㄷ자형 테이블에는 각자의 자리를 빛내주는 조명이 놓여 있다. 나무로 가득 차 액자가 되는 공유 주방의 창문도 아름답다. 객실에서든 북 라운지에서든 〈고요한 쉼〉이라는 슬로건답게 오로지 나에게 집중하며 고요한 시간을 보낼 수 있다.

TIP
- 체크인 전이나 체크아웃 후에도 북라운지와 짐 보관 서비스를 이용할 수 있다.
- 별도의 업무를 위한 공간이 필요하다면 2층 미팅룸을 사전 예약 후 사용할 수 있다.
- 전시회 및 책 프로그램이 있을 경우 스테이 손님 외에도 방문 가능하다. (사전 신청)
- 북스테이는 3, 4층으로 엘리베이터가 없으니 참고하자.
- 북라운지 전체 대관이 있으면 이용 시간이 제한될 수 있다.
- 북스테이 예약 : https://www.airbnb.co.kr/users/show/414218886

주변 볼거리·먹거리

클래식문구사 문구 애호가라면 그냥 지나칠 수 없는 참새 방앗간 같은 곳. 펜과 연필, 종이 등 다양한 브랜드의 문구들을 판매하고 있는 편집숍이다. 빈티지 가구에 놓여 있는 제품들은 보기만 해도 소장 욕구를 부른다. 문구뿐 아니라 간식과 일상 용품도 판매하는데 평범해 보이는 것은 단 하나도 없다. 좀 더 의미 있는 선물이 되도록 연필이나 만년필에 각인도 가능하며 포장 도구도 판매하고 있다.

Ⓐ 제주시 관덕로4길 1-2 ◎ 11:00~19:00 / 휴무 인스타그램 공지 ⓣ 0507-1346-5126 ⊕ https://www.instagram.com/classic_moongusa/

영미식당 1975년부터 50여 년간 한자리를 지키고 있는 노포 맛집으로 탕과 수육, 육회 등 소고기를 재료로 한 음식을 맛볼 수 있다. 기운 없거나 몸보신이 필요할 때 영미식당의 뜨끈한 국물과 밥 한 그릇이면 든든한 하루를 보낼 수 있다. 술안주로는 소머리와 도가니를 함께 먹을 수 있는 반반수육이 인기가 좋다.

Ⓐ 제주시 신산로2길 9 ◎ 09:00~21:00 / 14:30~17:00 브레이크타임 / 13:30, 20:00 주문 마감 / 일, 월요일 휴무 ⓣ 064-752-0684 Ⓜ 꼬리탕 22,000원, 목뼈탕 17,000원, 도가니탕 17,000원, 반반수육(소머리+도가니) 40,000원 등

SPOT **4**

공업단지 내 힙한 분위기의 카페

픽스커피 공단점

 북

주소 제주시 청풍남8길 55 · **가는 법** 326번 간선버스 → 화북주공아파트입구 정류장 → 남쪽으로 385m → 우측길로 102m → 좌측길로 68m (도보 9분) · **운영시간** 09:00~21:00 / 임시 휴무 인스타그램 공지 · **전화번호** 064-902-9799 · **홈페이지** https://www.instagram.com/fixcoffee_/ · **대표메뉴** 픽스커피 6,500원, 카페라테 5,000원

　화북공업단지는 1987년 조성된 제주의 공업 중심지로 흔히 화북공단이라 부른다. 공단 내에 카페라니 그 모습이 쉬이 떠오르지 않지만 공장을 리모델링해 높은 층고를 가진 시원스러운 개방감, 공장스러운 독특한 테이블과 소품 등 매력적인 요소가 가득하다. 스페셜티 커피 전문으로 핸드드립부터 콜드브루, 에스프레소, 라테 등 다양한 커피 메뉴와 논커피 음료가 준비되어 있으며, 핸드드립의 경우 원두 샘플과 설명서가 있어 향을 직접 맡아본 후 선택하면 된다. 방어, 구 제주, 이팔청춘 등 픽스커피만의 감성으로 블렌딩된 시즌별 원두와 간편하게 즐길 수 있는 드립 백도 판매한다. 시그니처 메뉴는 상호와 같은 픽스커피! 꽃과 과일 시럽이 들어간 향기로운 라테다. 1층은 카페, 2층은 사무실, 3층은 팝업스토어나 갤러리로 이용되고 있으며 전시 기간에는 카페 이용 없이 갤러리만 이용해도 된다.

주변 볼거리·먹거리

 포옥 깊고 진한 국물 맛이 놀라울 만큼 맛있는 쌀국수 집이다. 담백한 양지쌀국수부터 불 맛 입힌 차돌쌀국수와 해장으로도 좋을 것 같은 매운쌀국수가 준비되어 있다. 포옥만의 비법으로 만든 레몬그라스 향이 가득 느껴지는 사태 소스는 쌀국수의 맛을 더욱 풍부하게 만들어준다.

Ⓐ 제주시 화남로 47 Ⓞ 10:30~19:30 / 주말 및 공휴일 점심 영업만 / 15:00~17:30 브레이크 타임 / 14:45, 19:15 주문 마감(재료 소진 시 조기 마감) Ⓣ 010-2526-3206 Ⓜ 차돌쌀국수 10,000원, 매운쌀국수 12,000원, 사태모둠쌀국수 12,000원 Ⓗ https://www.instagram.com/pho_ok_jeju/

1 COURSE

🚗 자동차 10분
🚌 고으니모르 국립제주박물관 정류장 331, 332 간선버스 → 도보 2분

▶ 국립제주박물관

2 COURSE

🚗 자동차 3분(도보 24분)
🚌 삼양3동포구 정류장 331, 332 간선버스 → 삼부장미아파트 입구 정류장 → 도보 4분

▶ 벌랑포구

3 COURSE

▶ 미쿠니

주소	제주시 일주동로 17
운영시간	09:00~18:00
입장료	무료
전화번호	064-720-8000
가는 법	325번 간선버스 → 고으니모르 국립제주박물관 정류장 → 도보 7분

제주의 역사와 문화를 알 수 있는 공간으로 제주의 탄생과 선사시대, 고려, 조선을 거쳐 현재에 이르는 다양한 자료 및 유물들이 전시되어 있다. 수준 높은 특별전시 및 여러 체험거리, 문화 공감 프로그램 등이 지속적으로 운영된다.

주소	제주시 벌랑길 61(식당 벌랑포구 맞은편)

올레 18코스가 지나가는 자리, 삼양 3동의 한적한 포구. 원당봉의 3개 능선과 화력발전소, 마을이 어우러진 아름다운 풍경을 만날 수 있다. 옛 바닷가 풍경을 어느 정도 간직하면서도 저 멀리 신도시의 높은 건물들도 펼쳐지는 과거와 현재가 공존하는 곳이다. 원당봉 방향(동쪽)으로는 일출, 사라봉 방향(서쪽)으로는 일몰을 감상할 수 있어 사진작가들이 좋아하는 숨겨진 일출 스팟이다.

주소	제주시 서흘길 41
운영시간	10:00~21:00 / 일요일 휴무
전화번호	010-4104-4478
대표메뉴	미쿠니 오리지널 밀크티 5,300원, 핸드드립커피 5,000원부터
홈페이지	https://www.instagram.com/mikuni_jeju/

작고 아담한 외관과 1층을 지나 2층으로 올라가면 생각보다 넓은 공간에 한번 놀라고, 서로 다른 두 공간이 함께 있는 것에 두 번 놀라는 반전 카페, 삼양 바다의 풍경이 예쁘게 들어오는 큰 통창이 있다.

3월 다섯째 주

낭만이 흐르는 구도심 여행

13 week

SPOT **1**

**낮에도 밤에도 풍성하게 즐기는
벚꽃 터널**

전농로
벚꽃거리

북

주소 제주시 삼도1동 · 가는 법 365, 370번 간선버스 → 삼성초등학교 정류장 → 북
쪽으로 200m 이동 후 좌측 길로 100m(KT플라자 제주점 인근)

　　도로 폭이 넓지 않아 벚나무 가로수가 가깝고 더욱 풍성해 보
이는 벚꽃터널을 연출하는 곳으로, 총길이 약 1.2km 구간에 자
생지가 제주도인 왕벚나무가 늘어서 있다. 제주벚꽃축제 중 가
장 규모가 큰 서사라문화거리축제가 매년 열리는데, 축제 기간
이 임박하면 벚나무를 따라 청사초롱을 걸어놓는다. 풍성한 벚
꽃과 함께 청사초롱 불빛이 어우러져 낮에도, 밤에도 화사한 벚
꽃을 즐길 수 있다. 게다가 축제 기간에는 차량을 통제하기 때문
에 봄날의 낭만을 만끽할 수 있다.

대로변에 높은 빌딩도 많지만 벚꽃거리에는 초기의 모습을 간직한 아기자기한 가게들이 많이 모여 있다. 거리를 걷다 보면 카페 및 디저트, 제주과자, 식당, 술집, 선물가게, 옷가게 등 다양한 업종을 만날 수 있다. 벚꽃 시즌에는 벚꽃비, 여름에는 싱그러운 초록 벚나무, 가을에는 단풍이 든 벚나무를 즐길 수 있다.

주변 볼거리·먹거리

하빌리스 커피 로스터스 전면 유리로 벚꽃길이 눈앞에 펼쳐진다. 벚꽃 향과 색을 담은 달달한 벚꽃라테가 시그니처 메뉴!

Ⓐ 제주시 전농로 37 Ⓗ 매일 11:00~22:00 / 21:30 주문 마감 Ⓣ 064-724-0037 Ⓜ 에스프레소 4,500원, 아메리카노 4,500원, 벚꽃라테 6,000원, 생강라테 6,500원 Ⓗ https://www.instagram.com/jeju_habilis_coffee/

아일랜드프로젝트 제주를 기반으로 한 패션 브랜드 아일랜드 프로젝트의 오프라인 매장. 텍스트 기반의 깔끔한 티셔츠부터 갈치와 고기 국수가 프린트된, 위트 있는 티셔츠와 기념품들을 판매하고 있다.

Ⓐ 제주시 전농로 29 Ⓗ 12:00~19:00 Ⓣ 064-755-1955 Ⓜ 제주 티셔츠 판매 및 기념품 Ⓗ http://www.islandproject.co.kr/

TIP

• 벚나무 구간은 큰 도로를 중심으로 2개의 구간으로 나눠져 있다. 길지 않으니 벚꽃이 시작되는 거리에 주차 후 왕복으로 걸어도 큰 부담이 없다.(동쪽으로 KT플라자 제주점, 서쪽으로 전농로 17길 인근)
• 벚꽃거리에는 주차장이 거의 없기 때문에 골목에 주차하거나 대중교통을 이용하는 것이 좋다.

SPOT **2**

분홍빛 충만한 산책길
신산공원

 북

주소 제주시 일도이동 830 · **가는 법** 466번 지선버스 → 문예회관 정류장 → 서쪽
문예회관앞 교차로까지 49m → 횡단보도 2개 건넌 후 북쪽으로 177m (도보 5분)
· **전화번호** 064-726-0885

　제주의 도심에 위치한 신산공원은 아침저녁으로는 운동 삼아 산책하는 이들로 주말에는 아이들을 데리고 시간을 보내는 이들로 늘 분주하다. 제주문예회관, 제주민속자연사박물관, 제주영상미디어센터를 포함한 문화 예술 시설부터 넓은 잔디밭, 운동시설, 놀이시설 등 시민들의 휴식 공간까지 총 74,260평에 이르는 도내에서도 꽤 큰 규모의 시민공원이다. 신산공원은 1988년, 그리스에서 출발한 서울 올림픽 성화가 제주 공항에 도착한 순간을 기념하기 위해 조성되었다. 공원 내 기념 광장에는 서울 올림픽 모형 성화대를 비롯해 6.25 참전 기념탑이 있으며, 이외에도 뜻깊은 사건을 기념하기 위한 조형물이 공원 곳곳에 세워

져 있다. 계절의 변화를 온몸으로 느낄 수 있어 사계절 언제 와
도 좋다. 잘 가꿔진 산책로 사이로 이국적인 야자수와 50년은 훌
쩍 넘은 아름드리나무들은 산책 시간을 더욱 즐겁게 한다. 가장
아름다운 시즌은 벚꽃이 피는 봄으로 공원 전체가 분홍색으로
뒤덮여 걸음걸음마다 벚꽃 삼매경에 빠져든다. 공원 서쪽에는
산지천이 흐르는데 하천을 따라 벚나무가 식재되어 있어 다리
위에서 내려다보이는 벚꽃이 무척 근사하다. 공원 동쪽 진입로
에는 벚꽃 터널도 만날 수 있으며 제주영상문화산업진흥원 뒤
편에는 유채꽃도 피어나니 봄빛에 취하고 싶다면 공원을 꼼꼼
히 돌아다닐 것을 추천한다. 벚꽃 명소로 잘 알려진 삼성혈, 전
농로까지 도보로 이동 가능하며 신산공원과 함께 한 코스처럼
방문해도 좋다.

TIP
- 삼성혈에서 동쪽 방향, 국수문화거리, 제주영상문화산업진흥원, 제주문예회관 등
  으로 진입할 수 있다. 자동차로 이동한다면 제주영상문화산업진흥원과 제주문예
  회관에 주차하는 것이 좋다.

주변 볼거리 · 먹거리

삼성혈 삼성혈은 탐
라(제주의 옛 지명)
를 창시한 삼성 시조
가 용출했다는 전설
이 있는 사적지이다. 여러 수종의 키 큰 나무들
이 우거져 있어 사계절 언제 방문하더라도 좋
다. 오래된 수령의 커다란 벚나무가 있어 예스
러운 건축물과 함께 벚꽃을 감상할 수 있다.

Ⓐ 제주시 삼성로 22 Ⓞ 09:00~18:00(매표
마감 17:30) / 1월1일, 설날 휴무 / 추석 10시
개장 Ⓒ 성인 4,000원, 청소년·군인 2,500원,
어린이·경로 1,500원 Ⓣ 064-722-3315 Ⓗ
http://www.samsunghyeol.or.kr

동고량 예쁜 수제 도
시락 맛집. 유채나물
과 참치, 할라피뇨가
들어간 주먹밥이 기
본이며 수제 떡갈비, 흑돼지와 치킨 찹스테이
크 등 취향껏 선택할 수 있다. 매장에서 주문하
면 시간이 다소 걸릴 수 있으니 식사 시간에 맞
춰 예약하자.

Ⓐ 제주시 삼성로 114 Ⓞ 08:00~17:50 / 일요
일 휴무 Ⓣ 010-8384-1068 Ⓜ 동고량 12,000
원, 청춘, 12,500원, 쉬림프 치킨 찹스테이크
덮밥 14,000원 Ⓗ https://www.instagram.
com/jeju_life_/

SPOT **3**

국수 한 그릇에 담긴
넉넉한 마음

제주미담

 북

주소 제주시 가령로 19 · 가는 법 466번 지선버스 → 문예회관 정류장 → 남서쪽 방향으로 49m → 좌측길로 209m (도보 4분) · 이용시간 09:00~21:30 / 21:00 주문마감 / 화요일 휴무 · 대표메뉴 고기국수 9,000원, 멸치국수 7,000원, 찹쌀순대(소) 8,000원, 순대모둠 20,000원 · 전화번호 064-753-0043

　　현지인들이 많이 방문하는 향토음식점. 다양한 종류의 국수와 함께 국밥, 순대, 몸국, 뚝배기, 생선구이 등을 맛볼 수 있다. 제주산 돼지고기와 돼지 뼈를 푹 우린 육수로 만든 고기국수와 찹쌀순대가 인기 메뉴다. 국수 위에 고기 몇 점 올려진 다른 국수집과는 절대 비교 불가! 작은 사이즈의 수육을 시켰나? 라고 할 정도로 고기 양이 엄청나다. 보들보들한 고기 한 점을 국수에 말아 야무지게 먹고 뜨끈한 국물까지 들이켜면 진수성찬이 부럽지 않다. 찹쌀순대도 맛있다. 찹쌀이 들어가 있어 한 끼 식사로도 손색이 없는 찹쌀순대는 막창순대라 입에서 살살 녹는 촉촉함과 쫄깃쫄깃함을 한번에 맛볼 수 있다. 순대만 좋아한다면 소와 대 중에서 양에 맞게 선택하면 되고, 내장까지 좋아한다면 모둠으로 주문하면 된다.

주변 볼거리 · 먹거리

제주민속자연사박물관 제주의 형성 과정을 비롯해 제주의 자연, 제주인의 삶과 민속 문화를 전시한 박물관으로 총 6개 주제의 실내 전시관과 체험관, 야외전시장이 마련되어 있다. 제주 신화 영상 및 방대한 양의 민속 자료를 통해 옛 제주인의 생활을 엿보고 제주를 이해하는데 큰 도움이 된다.

Ⓐ 제주시 삼성로 40 Ⓞ 09:00~18:00 / 매표 17:30까지 / 월요일, 1월 1일, 설날 및 설날 다음날, 추석 및 추석 다음날, 훈증 소독기간(별도 공지) 휴무 Ⓣ 064-710-7708 Ⓒ 성인 2,000원, 청소년 및 군경 1,000원 / 만 12세 이하 어린이, 만 65세 이상 경로 무료 / 주차요금 1,000원(1시간 승용차 기준) Ⓗ http://www.jeju.go.kr/museum/index.htm

1 COURSE
👣 도보 17분
🚌 관덕정 정류장 43-2 간선버스 → 용담1동주민센터정류장 → 도보 1분

▶) 예술공간 이아

2 COURSE
🚌 용담1동주민센터 정류장 453번 지선버스 → 용마마을 정류장

▶) 넉둥배기

3 COURSE

➡) 용마마을 버스정류장

주소 제주시 중앙로 14길 21
운영시간 전시실 09:30~18:00, 이아살롱 09:30~21:30 / 전시실 월요일 휴관
입장료 무료
전화번호 064-800-9300
홈페이지 http://artspaceiaa.kr
가는 법 315, 325번 간선버스 → 관덕정 정류장 → 도보 4분

옛 제주대학교 병원을 리모델링해 전시실과 창작스튜디오, 제주와 관련된 책을 볼 수 있는 서점과 카페가 있는 복합문화공간이다. 지하에 있는 2개의 전시실에는 제주 작가의 작품이 전시되며, 매월 여러 주제로 어린이부터 성인까지 참여할 수 있는 예술 아카데미를 운영하고 있다.

주소 제주시 서문로 9-1
운영시간 09:00~21:00 / 13:30~14:30 브레이크타임 / 20:00 주문 마감
전화번호 064-743-2585
대표메뉴 산적구이 8,000원, 고사리육개장 10,000원, 접짝뼈국 12,000원

메밀가루를 넣어 걸쭉한 제주식 육개장과 접짝뼈국을 만날 수 있는 제주 향토음식점. 특히 돼지 뼈를 푹~ 고아낸 국물에 큼지막한 접짝뼈를 그대로 내놓는 접짝뼈국이 인기가 많다. 처음에는 그 크기에 놀라겠지만 살코기가 부들부들해 어렵지 않게 먹을 수 있다. 오겹살로 만든 달콤 짭짤한 돼지고기 산적도 식사와 곁들어 먹기 좋다.

주소 제주시 서해안로 용마마을 버스 정류장

비행기가 올 때마다 환호성을 지르게 되는 곳. 제주국제공항 바로 옆에 위치한 마을로 비행기가 가깝게 지나가는 모습을 볼 수 있다. 버스정류장이 있어 더욱 이색적인 사진을 촬영할 수 있다. 순간 포착이 어려울 수 있으니 연속 모드를 선택해 보자.

3월의 문화 여행
과거와 현재가 공존하는 제주

여행자들의 도시로 각광받고 있는 제주이지만, 과거에는 혹독한 환경 덕에 힘들게 살아왔다. 조선시대 대표적인 유배지이자 태평양전쟁과 4·3항쟁 등 가슴 아픈 역사도 품고 있다. 오랜 기간 자연이 만들어놓은 아름다운 풍경에 감춰진 수많은 이야기들을 듣고 있노라면 제주의 또 다른 모습을 발견한다. 오래된 도시에 새로운 숨결을 불어넣는 아트 프로젝트도 놓칠 수 없는 포인트! 과거와 현재가 함께하는 제주의 길을 천천히 걸어보면 어떨까?

🚩 2박 3일 코스 한눈에 보기

첫째 날

① 14:00 서귀포관광극장 (115쪽)
— 521번 간선버스 솔동산입구 승차 서복전시관 하차 —
15:00 왈종미술관 (112쪽)
— 도보 —
16:30 소라의성 (115쪽)

12:00 알뜨르비행장 (116쪽)
— 도보 —
둘째 날
② 10:00 송악산둘레길 (382쪽)
숙소

13:30 홍성방 (121쪽)
— 253, 255번 간선버스 하모체육공원 승차 보성초등학교 하차 —
15:00 제주추사관 (138쪽)
숙소
셋째 날
③ 10:00 사라봉공원 (122쪽)

13:00 골목식당 (108쪽)
— 도보 —
11:30 아라리오뮤지엄 탑동시네마 (104쪽)
— 432번 지선버스 사라봉오거리 승차 제주해변공연장 하차 —

14:00 제주동문재래시장 (108쪽)
— 도보 —
15:30 산지천갤러리 (106쪽)
공항

서귀포관광극장

왈종미술관

소라의성

송악산둘레길

알뜨르비행장

홍성방

제주추사관

사라봉공원

아라리오뮤지엄 탑동시네마

골목식당

제주동문재래시장

산지천갤러리

본격적으로 봄나들이를 즐기기 좋은 계절. 3월 말부터 피기 시작한 벚꽃은 4월이 되면 절정을 이뤄 풍성한 벚꽃길 산책은 달콤함 그 자체. 벚꽃과 유채꽃이 만나는 곳에서는 마치 꿈결 속을 걷는 듯하다. 짧게 핀 벚꽃은 어느새 비가 내리 듯 흩날리며 내년을 기약하지만 아쉬움은 잠깐! 머무르는 내내 힐링을 선사할 초록의 청보리 물결이 기다리고 있다. 게다가 봄에 만나는 다양한 꽃들 사이에 있어보는 것은 어떨까? 화려한 겹벚꽃 아래에 잠시 머물러보는 것도 좋다. 4월은 어디를 가든 어여쁘고 싱그러운 제주를 즐길 수 있다.

제주,
색으로 물들다

꽃 비 내 리 는 벚 꽃 길

14week

SPOT **1**

**벚나무 군락지가 만든
사랑스러운 풍경**

제주종합
경기장 일원

북

주소 제주시 오라2동 3819-2(동산교) · **가는 법** 315, 331번 간선버스, 446번 지선버스 → 동성마을 정류장 → 동쪽으로 200m → 종합경기장입구 교차로에서 남쪽부터 벚꽃길 시작

　전농로와 제주대학교, 제주종합경기장 정문 인근은 제주의 3대 벚꽃 명소로 꼽힌다. 전농로와 제주대학교 벚꽃길이 도로 양옆으로 웅장한 벚꽃 터널을 연출하는 곳이라면, 제주종합경기장은 빽빽이 들어선 벚나무 군락지를 만날 수 있다. 하늘을 뒤덮은 벚꽃 그늘이 머무르는 내내 마음도 사랑스러워지는 곳이다.

　벚나무 군락지 옆에 한천이라는 하천이 있는데, 동산교에서 바라보면 하천 위쪽으로 가득 피어 있는 벚꽃 풍경이 무척 이색적이다. 벚꽃과 함께 핀 노란색 개나리와 붉은 동백꽃이 어우러져 더욱 동화 같은 풍경을 연출한다. 인근 주민들이 평상시에도 산책이나 운동을 위해 많이 찾는 곳이어서 산책길이 잘 조성되어 있고 가로등도 저녁 늦게까지 켜져 있어 야간 벚꽃 산책도 즐길 수 있다.

TIP

• 하천을 따라 피어 있는 벚꽃을 담을 수 있다. 제주버스터미널 정류장에서 내리는 것보다 동성마을 정류장에서 내려 제주종합경기장 입구로 이동하는 걸 추천한다.

주변 볼거리·먹거리

레드사이공 퍼보(쇠고기와 차돌), 분띗능(비빔 쌀국수), 껌승(숯불 돼지고기밥), 반미(샌드위치)를 맛볼 수 있는 베트남 음식 전문점. 양도 푸짐하고, 향도 과하지 않아 누구나 좋아할 만하다. 음식만큼 눈길을 끄는 레드 & 화이트의 외관은 놓칠 수 없는 포토존이다.

Ⓐ 제주시 서사로22길 4 Ⓗ 11:00~20:30 / 15:30~17:30 브레이크 타임 / 20:00 주문 마감 Ⓣ 064-758-0420 Ⓜ 퍼보 12,000원, 껌승 14,000원 등

공설 오래된 모텔을 리모델링한 카페로 원래 건물의 초록 외관은 그대로 둔 채 나무 문과 갈색 타일을 더했다. 원목 테이블과 빈티지한 소품들이 배치되어 그윽하면서 레트로한 감성이 물씬 난다. 테이블 간격도 무척 넓어 여유 있게 시간을 보낼 수 있다는 것도 공설만의 매력이다.

Ⓐ 제주시 공설로 15 Ⓗ 11:00~21:00 / 월요일 휴무 Ⓣ 0064-723-3479 Ⓜ 공설냉커피 5,500원, 임자냉커피 5,500원 등

SPOT **2**

캠퍼스 낭만을 느낄 수 있는

제주대학교
벚꽃길

주소 제주시 아라1동 · **가는 법** 112, 122, 132번 급행버스 → 제주대학교입구 정류장(제주대학교 사거리 기준)

북

제주대학교 사거리에서 제주대학교 입구까지 총 1km에 이르는 2차선 도로 양옆으로 늘어선 왕벚나무 가로수는 3월 말부터 4월 초까지 분홍색 벚꽃이 가득 피어난다. 제주도가 자생지인 왕벚나무로 1983년 현평효 초대 총장 당시 왕벚나무의 원산지가 제주도임을 알리고, 종합대학으로 승격된 것을 기념해 8년생 벚나무 250그루를 심었다.

제주대학교는 해발 400m에 위치해 제주도에서 벚꽃이 가장 늦게 피고 늦게 진다. 마지막으로 들르는 벚꽃 여행의 종착지인 셈! 45년 수령의 키 큰 벚나무는 매년 4월, 웅장하고 화려한 벚꽃길을 연출한다. 중간중간 카페와 간단한 간식거리를 즐길

주변 볼거리·먹거리

텐동아우라 일본식 튀김덮밥 전문으로 조금 기다려야 하지만 그만큼 바삭바삭한 튀김을 맛볼 수 있다. 밥은 무료로 추가 가능!

Ⓐ 제주시 제주대학로7길 9 ⓞ 10:30~19:30 / 18:30 주문 마감 / 일요일 휴무 ⓣ 010-8610-3774 Ⓜ 바삭 에비텐동 13,000원, 치키동 13,500원, 사르르 돌문어텐동 18,000원 등 Ⓗ http://www.instagram.com/aurajeju

그루 예쁜 건물들과 잘 가꾸어진 조경 등 유럽 소도시에 온 듯한 아기자기한 느낌의 카페. 실내 공간도 있지만, 트인 공간과 야외 테이블이 많아 날씨 좋은 날 방문할 것을 추천한다.

Ⓐ 제주시 산록북로 819-20, 다동 ⓞ 10:30~18:00 / 화요일 휴무, 11월 중순-3월 동절기 비영업 Ⓜ 아메리카노 5,000원, 장미살롱 6,500원, 라떼 5,500원 등 Ⓗ https://www.instagram.com/groo_cafe/

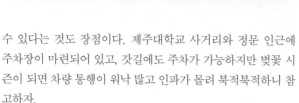

수 있다는 것도 장점이다. 제주대학교 사거리와 정문 인근에 주차장이 마련되어 있고, 갓길에도 주차가 가능하지만 벚꽃 시즌이 되면 차량 통행이 워낙 많고 인파가 몰려 북적북적하니 참고하자.

TIP
- 대중교통이 매우 잘되어 있는 편이다. 제주대학교입구 정류장에서 내려 정문까지 걸어갔다가 맞은편으로 다시 돌아오면 된다. 힘들다면 정문에서 버스를 이용한다.
- 제주대학교 정문 인근에 학생들이 자주 가는 맛집들이 몰려 있다.

SPOT **3**

도심 속 로스터리 카페 & 베이커리

델문도
로스터스

주소 제주시 연삼로 316 · **가는 법** 311, 312, 356번 간선버스, 415번 지선버스 →
정부제주지방합동청사 정류장 → 서쪽으로 90m · **운영시간** 07:00~21:00 / 20:30
주문 마감 · **전화번호** 064-755-0006 · **대표메뉴** 아메리카노 2,500원, 카페라테
3,500원, 핸드드립 6,000원, 에이드(델문도/한라봉) 4,500원

북

주변 볼거리·먹거리

**시민복지타운광장
일원 벚꽃길** 간단한
먹거리와 돗자리를
챙겨와 느긋하게 쉬
어 갈 수 있는 곳이다. 도로변에는 벚꽃나무 가
로수가 풍성한 벚꽃길을 연출한다.

Ⓐ 제주시 도남동

함덕해수욕장에 위치한 카페 델문도에 이어 제주 시내에 오
픈한 두 번째 카페. 함덕이 빼어난 바다 경관을 자랑한다면, 델
문도 로스터스는 도심에 있다.

묵직한 느낌의 총 3층 건물로 1층은 카페와 베이커리, 로스팅
기계가 있고, 2층은 카페 겸 갤러리로 다양한 작품들을 감상할
수 있다. 밖에서 볼 수 있는 로스팅 룸은 또 다른 볼거리를 제공
한다.

인더스트리얼 인테리어가 굉장히 멋스럽고 다른 카페에서 만
나기 힘든 가구들과 독특한 소품들도 눈길을 끈다. 창가 자리와
테라스를 비롯해 12인이 앉을 수 있는 별도의 미팅룸도 있다. 혼
자여도, 여럿이라도, 단체가 이용하기에도 좋아 도심 속 휴식 공
간이 되어준다.

TIP
• 아이와 함께 갈 경우 2층 공간은 반드
시 보호자와 동반해야 이용할 수 있다.
• 커피와 음료 외에도 간단한 칵테일과
수입 병맥주를 판매한다.

1 COURSE
🚗 자동차 10분
🚌 인디마을 정류장 441, 442번 지선버스 → 별빛누리공원/난타공연장 정류장 → 도보 3분

▶ 거인의정원

2 COURSE
🚗 자동차 10분
🚌 별빛누리공원/난타공연장 정류장 441, 442번 지선버스 → 아라주공아파트 정류장 → 도보 4분

▶ 별빛누리공원

3 COURSE

▶ ARAN9ST(아란9ST)

주소	제주시 대원길 58
운영시간	10:30~19:30 / 19:00 주문 마감 / 월요일 휴무
전화번호	064-702-3237
대표메뉴	키위주스(직접 재배) 6,000원, 한 귤에이드 6,500원, 아메리카노(공정무역) 5,000원
홈페이지	http://instagram.com/giant_garden_72
가는 법	434, 471번 지선버스 → 장구마을 정류장 → 도보 9분

아름다운 야외 정원이 있는 갤러리 카페. 약 2주에 한 번씩 새로운 미술 전시회를 열어 차 한잔과 함께 예술 작품들을 감상할 수 있다. 커피와 음료는 친환경 및 유기농 재료를 사용하며, 우리 밀로 만든 디저트도 맛볼 수 있다.

주소	제주시 선돌목동길 60
운영시간	4-9월 15:00~23:00, 10-3월 14:00~22:00 / 월요일(월요일이 공휴일인 경우 그다음 날), 1월 1일, 설날 및 추석 당일 휴무
전화번호	064-728-8900
입장료	성인 5,000원, 청소년·군인·어린이 2,000원
홈페이지	http://www.jejusi.go.kr/star/main.do

우주에 대한 지식과 다양한 천문 현상을 알아볼 수 있는 박물관이다. 관측실에서 오후에는 태양 흑점을, 밤에는 별과 상단을 관측할 수 있으며, 음력 15일 전에는 달도 관측 가능하다. 제주 시내의 야경을 한눈에 내려다볼 수 있는 것도 매력이다.

주소	제주시 아란9길 6-3
운영시간	17:30~01:00 / 일요일 휴무
전화번호	064-725-5123
홈페이지	https://www.instagram.com/aran9st_jeju/
대표메뉴	감바스, 새우 크림 파스타, 찹스테이크, 위스키 등 (가격 변동)

구제주에서 가장 핫한 아라동에서 즐기는 펍&레스토랑. 식사는 물론 와인과 위스키, 칵테일을 맛있는 안주와 함께 즐길 수 있다. 코리아 크래프트 브루어리에서 생산하는 아크 허그미 생맥주를 즐길 수 있는데, 부드러우면서 감칠맛이 있고 마실수록 상큼하다.

4월 둘째 주

벚꽃과 유채꽃의 만남

15 week

SPOT 1

봄 향기 가득한 드라이브 코스
녹산로

주소 서귀포시 표선면 녹산로 가시리사거리(시작점) · 가는 법 222번 간선버스, 732-1번 지선버스 → 가시리 정류장 → 가시리사거리에서 서북쪽 방향부터 녹산로 시작

 남동

    봄을 알리는 벚꽃과 유채꽃을 동시에 감상하며 드라이브할 수 있는 곳. 건설교통부가 선정한 '한국의 아름다운 길 100' 중에 한 곳이며, 가시리 마을에서 가장 아름다운 가시10경 중 제1경이 이곳 '녹산유채'이다. 약 7km 구간으로 도로 양옆에는 노란 유채꽃과 분홍 벚꽃 향연이 펼쳐진다. 벚나무의 키가 높지 않아 웅장하지는 않지만 아기자기한 멋이 넘치며, 유채꽃과 벚꽃을 한 번에 담아 사랑스러운 구도를 연출한다.

주변 볼거리·먹거리

보롬왓

Ⓐ 서귀포시 표선면
번영로 2350-104
Ⓞ 09:00~18:00
Ⓒ 성인, 중·고등학생 6,000원, 어린이 4,000
원, 깡통열차 5,000원 Ⓣ 010-7362-2345 Ⓗ
https://www.instagram.com/boromwat_/
6월 1주 소개(202쪽)

TIP
- 주차장은 따로 없고 도로 중간중간에
  주차할 곳이 있지만 많지는 않다. 조랑
  말체험공원에 주차 후 이동하는 게 편
  하다.
- 횡단보도와 인도가 없기 때문에 도보
  여행을 하거나 반대편으로 이동할 때
  각별히 주의한다.

가시리 마을은 예부터 목장 지대로 활용했던 곳으로 넓은 초
원들이 펼쳐져 있다. 아름다운 오름 군락의 풍경과 풍력발전단
지를 바라보며 드라이브를 즐길 수 있는 것도 매력이다. 벚꽃 시
즌을 놓쳤다면 가을에 녹산로를 방문해보자. 아름다운 코스모
스가 도로 옆에 가득 피어나 소박한 정취를 자아낸다.

SPOT **2**

**풍력발전기가 있는 광활한
유채꽃밭**

가시리풍력
발전단지

 남동

주소 서귀포시 표선면 녹산로 421-58 · 가는 법 810-1번 순환버스 → 정석비행장
정류장 → 남동쪽으로 3km(도보 45분 소요되므로 택시나 자가용 추천)

여러 오름들이 광활한 초원을 둘러싸고 있는 중산간 가시리 마을. 조선시대에 최고 등급의 말을 기르던 갑마장이 있었던 방목지다. 마을공동목장의 면적만 해도 225만여 평에 이르는데, 일부에 제주도에서 국내 최초로 공모를 통해 선정된 풍력발전단지가 들어서 있다. 제주도 여행을 하다 보면 주로 해안가나 바닷가에 위치한 풍력발전단지를 만날 수 있다. 그래서인지 초원과 돌담이 어우러진 가시리풍력발전단지는 목가적인 느낌과 이국적인 느낌을 동시에 선사한다. 풍력발전단지 주변으로 대록

산과 따라비오름 등 오름 군락들이 펼쳐져 절로 마음이 평화로워진다. 끝이 보이지 않을 정도로 펼쳐진 노란 유채꽃과 주변의 오름들, 풍력발전기가 만나 환상의 콜라보를 선사하는 풍경 속으로 들어가 보자. 어느 곳에서 사진을 찍어도 작품이다.

주변 볼거리 · 먹거리

쫄븐갑마장길 가시리의 대평원과 목장길, 주변 오름을 걷는 도보여행 코스. 쫄븐은 '짧은'을 뜻하는 제주어로 행기머체에서 출발해 따라비오름과 유채꽃프라자를 지나 다시 출발점으로 돌아오는 10km의 걷기 코스.

Ⓐ 서귀포시 표선면 가시리 산 68

가시림수목원 동백나무숲을 중심으로 계절마다 피어나는 다양한 꽃을 감상할 수 있는 4,000여 평의 수목원. 식물을 구매할 수 있는 가든 센터와 카페가 있으며 카페에서는 커다란 문을 통해 정원을 바라보는 풍경이 마치 거대한 그림을 감상하는 것처럼 인상적이다.

Ⓐ 서귀포시 표선면 녹산로5번길 171 ◎ 월~일 09:30~18:00 / 화요일 휴무 ⓣ 070-4281-0686 ⓒ 성인 6,000원, 청소년·어린이 4,000원 Ⓗ https://www.instagram.com/jeju_gasirim/

SPOT **3**

제주식 순대와 두루치기가
맛있는 곳

가시식당

주소 서귀포시 표선면 가시로565번길 24 · **가는 법** 222번 간선버스, 732-1번 지선
버스 → 가시농협 정류장 → 북쪽으로 29m → 우측 길로 26m · **운영시간** 08:30~
20:00 / 15:00~17:00 브레이크타임, 18:30 주문 마감 · **전화번호** 064-784-7520 ·
대표메뉴 두루치기 10,000원, 목살 삼겹살 15,000원, 순대백반 10,000원, 몰망국
(몸국) 10,000원, 순대 한접시 10,000원

남동

현지인들이 사랑하는 맛집으로 돼지고기는 모두 제주산이며,
삼겹살과 목살이 저렴해 부담 없이 먹기 좋다. 가시식당에서 꼭
먹어봐야 할 음식 중 하나는 순대! 선지가 굉장히 많이 들어가
뻑뻑해 보이지만 메밀가루가 선지 본연의 맛과 어우러져 씹을
수록 고소함이 느껴진다.

두루치기는 양념된 돼지고기에 콩나물과 파절이, 무채를 듬
뿍 넣어서 볶는다. 상추에 잘 볶은 고기와 마늘을 올려 먹으면
정말 꿀맛이다. 함께 나오는 통멸치젓을 콕콕 찍어 먹어야 한
다. 전혀 비리지 않고 고소하면서 달콤하다. 맨밥에 통멸치젓만
찍어 상추쌈을 먹어도 밥 한 그릇 뚝딱이다. 따끈한 국물을 좋아
한다면 순댓국과 몸국도 추천한다. 돼지 잡뼈를 푹 삶은 육수에
제주식 순대를 넣은 순댓국과 모자반을 넣어 끓인 몸국은 제주
도 특유의 비주얼과 향이 느껴지며, 얼큰함에 반해 금세 단골이
될지 모른다.

TIP
• 삼겹살, 목살 등 고기 메뉴는 2인 이상
  주문 가능하다.

추천 코스

1 COURSE

🚗 자동차 9분
🚌 대천환승정류장(표선방향) 222번 간선버스 → 가시리취락구조 정류장 → 도보 2분

▶ 유채꽃프라자

2 COURSE

🚗 자동차 2분
🚌 가시리취락구조 정류장 222번 간선버스, 732-1번 지선버스 → 가시농협 정류장 도보 2분

▶ 양과자회관

3 COURSE

▶ 가스름식당

주소	서귀포시 표선면 가시로565번길 19
운영시간	09:00~20:00 / 18:30 주문 마감 / 둘째, 넷째 주 목요일 정기 휴무
전화번호	064-787-1163
대표메뉴	삼겹살, 목살 15,000원, 생고기 12,000원, 두루치기 10,000원, 순대 한접시 11,000원

제주식 두루치기와 순대, 제주도 돼지고기 구이를 맛볼 수 있는 로컬 맛집으로 가시식당과 함께 가시리의 대표 식당이다. 토종 흑돼지 가격이 저렴한 편이며, 생고기는 더욱 저렴해 부담 없다. 타 식당과는 달리 순대를 주문하면 수육도 함께 나온다.

주소	서귀포시 표선면 녹산로 464-65
전화번호	064-787-1665
시설	독채펜션, 일반객실, 카페, 식당(단체예약 시), 세미나실
홈페이지	http://www.gasifarm.com
가는 법	810-1번 순환버스(교래 방향) → 정석비행장 정류장→ 도보 46분

다양한 시설을 갖춘 여행 숙소. 주변 풍경이 워낙 좋아 숙박을 예약하지 않더라도 많은 사람들이 찾는 곳이다. 유채꽃이 피어 있는 정원의 커다란 의자에 앉아 독특한 사진을 남길 수 있다. 가을에는 은빛으로 출렁이는 억새 평원을 감상할 수 있다.

주소	서귀포시 표선면 녹산로 14 1층
운영시간	11:00~18:00 / 화, 수요일 휴무
대표메뉴	한라봉카페라떼 6,000원, 발로나초코크림라떼 7,000원 / 휘낭시에, 마들렌 등 2,000원부터
홈페이지	https://www.instagram.com/patisserie._.hall

큰 창으로 제주의 초록 풍경이 가득 담기는 곳. 녹산로에 위치해 벚꽃 시즌에는 더욱 다채로워진다. 커피와 음료와 함께 마들렌, 휘낭시에, 타르트, 케이크 등 맛있는 디저트들이 준비되어 있다.

157

초록으로 물결치는 제주

16week
4월 셋째 주

SPOT **1**

내 마음도 초록으로 일렁이는
힐링의 섬

가파도

주소 서귀포시 대정읍 가파리 일원 · **가는 법** 모슬포 남항 여객선 터미널(운진항) →
매표 후 탑승 → 가파도 선착장 · **운영시간** 운진항 출발 09:00~16:00(1시간 간격),
축제 기간 20~30분 간격으로 증편 · **운임** 왕복 성인 14,500원, 청소년 14,300원,
소인 7,300원 · **전화번호** 064-794-7130(가파리사무소) / 064-760-4081(대정읍사
무소) / 064-794-5490(운진항) · **홈페이지** https://wonderfulis.co.kr(마라도 가파도
정기여객선)

 남서

　　운진항에서 배를 타고 10분이면 도착하는 가까운 섬이지만,
본섬과는 사뭇 다른 평화로운 풍경이다. '가오리'를 제주어로 개
오리, 가파리 등으로 부르는데, 섬의 모양이 가오리처럼 생겼다
고 해서 가파도라고 부른다는 설도 있고, 섬이 낮아 파도가 섬을
덮친다고 해서 붙여졌다는 설도 있다. 해안선 길이 4.2km, 면적
약 30만 평, 섬의 최고 높이가 20.5m로 1시 30분이면 섬을 한 바

퀴 둘러볼 수 있다. 3월 중순부터 5월 중순까지 섬을 가득 채우는 청보리 물결은 4월이 가장 아름답다. 가파도의 보리는 타 지역보다 2배 이상, 전국에서 가장 빨리 자란다.

가파도에서 가장 높은 소망전망대는 절대 빼놓을 수 없는 스팟으로 제주 본섬과 마라도를 함께 조망할 수 있다. 가파도에 머물 수 있는 시간은 약 2시간, 가파도 터미널 맞은편에서 자전거를 대여해 섬을 돌아보는 것도 좋은 방법이다. 걷고 싶다면 올레 코스도 좋다. 1시간 30분 정도 소요되는 올레 10-1코스로 선착장에서 출발해 가파치안센터까지 해안길과 보리밭길을 지나간다.

TIP
- 여객선 정원 문제로 운진항 출발 시간에 맞춰 나오는 시간도 정해져 있다. 숙박을 한다면 표를 사기 전에 이야기해야 한다. 숙박을 할 경우 섬으로 들어갈 때는 편도 요금만 운진항에서 계산하고, 나올 때는 가파도 터미널에서 반드시 현금으로 나머지 편도 요금을 계산해야 한다
- 청보리 축제 기간에는 미리 홈페이지나 전화를 통해 사전예약 후 이용하는 것이 좋다. 단, 15:00, 16:00 배편은 편도만 가능하다.
- 배 시간에 따라 체류 시간이 2시간 20분부터 2시간 50분까지 달라진다.
- 자전거 대여는 현금만 가능하다.

주변 볼거리·먹거리

상동펜션편의점 가파도에 내리면 처음 만나는 편의점으로 소라와 전복 껍질로 단장한 돌담이 정겹다. 청보리 막걸리와 해물 파전도 있다. 인기 메뉴는 수제 청보리아이스크림, 청보리빵과자.

ⓐ 서귀포시 대정읍 가파로 255 ⓞ 09:00~16:20 ⓣ 010-4578-2175 ⓜ 청보리아이스크림 4,000원, 청보리빵과자 3,000원

가파도 스낵바 간단한 먹거리를 파는 아담한 가게. 가파도 맥주도 맛볼 수 있다. 가파도 앞바다 너머 본섬을 보며 한적한 시간을 보내기 좋다.

ⓐ 서귀포시 대정읍 가파로 265 ⓞ 09:00~16:00 ⓣ 064-792-7006 ⓜ 어묵(톳, 청보리, 땅초) 2개 5,000원, 가파도 청보리 맥주 8,000원

SPOT 2

아름다운 풍경 속에 담긴
아픈 역사의 흔적

항파두리항몽
유적지

주소 제주시 애월읍 항파두리로 50 · **가는 법** 791번 지선버스 → 항몽유적지 정
류장 · **운영시간** 09:00~18:00(입장 마감 17:30) / 실내 전시실과 실외 순의비 등
유적지에 한함 · **전화번호** 064-710-6721~2 · **홈페이지** http://www.jeju.go.kr/
hangpadori/index.htm

북서

　　고려시대 몽골의 침략에 맞서 끝까지 항쟁하다 최후를 맞은
삼별초의 저항 정신이 담긴 곳이다. 1271년 진도에서 여몽 연합
군에 패한 후 제주로 들어와 쌓은 약 4km의 토성으로 내성과 외
성이 있다. 내성 안에는 건물터와 다양한 유물이 출토되어 당시
삼별초의 생활상을 짐작할 수 있다. 출토된 유물은 삼별초 기록
화 등 여러 자료와 함께 실내 전시관에 전시되어 있다.

　　높은 언덕처럼 보이는 토성은 부분적으로 남아 있는데 토성
에 올라가면 제주의 바다와 마을이 펼쳐지는 한없이 평화로운

주변 볼거리 · 먹거리

카페 퍼시몬 일본 감성이 느껴지는 정갈한 분위기의 카페. 동그란 창문과 큰 창문 너머에 있는 시골 풍경이 예쁘다. 날씨가 좋을 때는 야외 테이블을 설치해주기 때문에 따뜻한 햇살 듬뿍 받으며 여유로운 시간을 보내기에도 좋다.

Ⓐ 제주시 애월읍 하소로 611-6 Ⓞ 11:30~18:00 / 금요일 휴무 Ⓣ 010-8367-7817 Ⓜ 아메리카노 6,000원, 버터크림 라떼 7,500원, 한라봉 스무디 7,500원 Ⓗ https://instagram.com/persimmon_cafe_jeju

후카후카 라멘도 맛있지만 히레카츠를 꼭 맛봐야 한다. 제주산 흑돼지 안심을 사용하는데, 두툼한 고기가 겉은 바삭하지만 속은 놀라울 정도로 부드럽다. 생와사비와 녹차소금을 곁들이면 더욱 맛있다.

Ⓐ 제주시 애월읍 항파두리로 148 Ⓞ 11:00~17:30 / 17:00 주문 마감 / 수요일 휴무 Ⓣ 064-799-1103 Ⓜ 히레카츠 13,000원, 마제소바 10,000원, 돈코츠라멘 9,000원, 카츠동 8,000원, 에비동 9,000원

풍경을 마주하게 된다. 유적지 외에 포토스팟으로 더욱 유명한 곳이다. 봄에는 청보리와 유채꽃, 여름에는 수국과 해바라기, 가을에는 코스모스, 백일홍과 양귀비, 메밀, 국화, 비밀의 정원 녹차밭까지 계절별로 만날 수 있다.

TIP
- 유채꽃밭과 항파두리 내 성지 사이에 토성 가는 길이 올레표식과 함께 표시되어 있다.
- 토성 위로 올라갈 수 있지만 한쪽은 완만하고 다른 한쪽은 급경사이니 주의하자.
- 매월 마지막 주 수요일에는 〈문화가 있는 날〉 행사로 항몽유적 역사 해설과 함께 토성 탐방 프로그램을 운영한다. (홈페이지 공지 사항 참조)
- 유채꽃과 청보리밭에 무료로 들어가 사진 촬영을 할 수 있다.
- 순의문에서 남서쪽으로 도보 10분 거리에 토성에 인접한 커다란 나무가 홀로 서 있는데, 이곳도 포토스팟 중 하나!

가파도에서 채취한 해산물로 차린 푸짐한 한상

가파도
용궁정식

 남서

주소 서귀포시 대정읍 가파로67번길 7 · 가는 법 가파도 상동포구에서 서쪽 상동방 파제까지 107m → 좌측 길로 100m → 가파도올레길 식당민박 근처에서 좌측 길로 900m(도보 17분) · 운영시간 매일 10:00~20:00 · 전화번호 064-794-7089 · 홈페이지 http://www.gapadominbak.com · 대표메뉴 조림정식(가파도 계절 생선/2인 이상) 30,000원, 용궁정식 17,000원

TIP
• 항상 사람들로 붐비므로 사전예약은 필수! 예약 순으로 음식이 제공되기 때문에 예약을 하지 않으면 정말 많이 기다릴 수 있다.
• 가파도는 선착장이 있는 상동과 그 반대편인 하동 마을로 나뉘는데, 용궁정식은 하동 마을에 있다. 식당까지 도보 20분.
• 정식은 6세 이상인 경우 1인으로 주문해야 하며, 추가 주문하는 성게미역국은 1천 원이다.

대표 메뉴는 상다리가 부러질 것만 같은 정식 메뉴. 옥돔구이와 돼지고기볶음 등을 중심으로 젓갈과 다양한 반찬이 나오는데 구성이 매우 독특하다. 제주 현지인들도 해안마을에서 나고 자라지 않았다면 익숙하지 않은 재료들이 그 주인공! 구쟁기무침(뿔소라), 갱이볶음(게), 배말무침(삿갓조개), 군벗무침(딱지조개), 우미무침(우뭇가사리), 톳과 파래 등 가파도에서 직접 채취한 싱싱한 재료로 만든 음식들이 푸짐하게 차려진다. 독특하지만 맛도 좋아 '이거 좀 더 주세요!'를 외치게 된다. 같이 나오는 젓갈과 함께 먹으면 밥 한 그릇 뚝딱! 성게미역국과 옥돔구이를 제외하고 반찬 리필도 가능하다.

푸짐한 밥상만큼 방문객도 많은 편! 가파도에 머무르는 시간이 길지 않다는 것을 고려해 반드시 사전예약 후 방문해야 한다.

1 COURSE
🚌 자동차 1분(도보 3분)

▶ 내도동 청보리밭

2 COURSE
🚌 자동차 5분(도보 23분)

▶ 바이러닉 에스프레소 바 제주점

3 COURSE

▶ 이호랜드 테우 말등대

주소	제주시 내도동 440-1 일원
가는 법	제주공항 3008번 간선버스 → 신산마을 정류장 → 도보 9분

아기자기한 내도동 마을에 위치한 드넓은 청보리밭으로 북쪽으로는 푸른 바다가, 남쪽으로는 제주의 마을과 한라산 풍경을 볼 수 있다. 월대천으로 시작해 알작지 해변과 청보리 밭을 지나는 외도 물길 20리라는 산책로와 인근의 올레 17코스가 있어 따뜻한 봄바람 맞으며 도보 여행으로 즐기기에도 좋다

주소	제주시 테우해안로 96 바이러닉 에스프레소바
전화번호	010-3360-5975
운영시간	매일 09:00~21:00 / 20:00 주문 마감
메뉴	모닥치기 2인 23,000원, 마카다미아 라떼 9,000원, 바이러닉 푸딩 7,000원
홈페이지	https://www.instagram.com/ byronic_photography

합정점과 여의도점에 이은 바이러닉 에스프레소 바의 세 번째 매장. 모던하고 절제된 분위기와 함께 시원스런 바다 풍경을 감상할 수 있다. 제주의 어느 분식집에서 여러 개의 메뉴를 모은 모닥치기에 착안해 음료 2잔과 2개의 디저트를 선택한 모닥치기 메뉴가 독특하다. 커피와 더불어 푸딩이 인기가 있으니 함께 곁들여보자. 오후 7시부터는 칵테일 바로 운영된다.

주소	제주시 이호일동 374-1

이호테우해변의 랜드마크. 제주의 조랑말 모양 등대로 흰색과 빨간색 2개가 놓여있다. 일몰 시간에 맞춰 방문하면 말 등대와 어우러진 멋진 풍경을 만날 수 있다.

4월 넷째 주

봄 빛 가 득 한
풍 경 속 으 로 퐁 당

17 week

SPOT 1

벚꽃이 지면 만나는
풍성한 겹벚꽃

골프존카운티
오라 진입로
(구 오라CC)

북

주소 제주시 오라남로 · 가는 법 471, 473번 지선버스 → 정실오거리 정류장 → 서
쪽 제주교도소 앞 오거리까지 110m → 남쪽으로 595m → 오라교차로에서 횡단보
도 맞은편 1km의 겹벚꽃길 시작(도보 15분)

팝콘 터지듯 한순간 폈다가 어느새 우수수 떨어지는 벚꽃. 제
주 전역을 연분홍으로 물들였던 짧은 벚꽃 시즌이 마냥 아쉽게
만 느껴진다. 하지만 실망은 이르다. 벚꽃이 지기 시작하면 여
러 겹의 꽃송이가 풍성한 겹벚꽃이 피기 시작한다. 벚꽃이 담백
하고 고상한 멋이 있다면, 겹벚꽃은 화려함의 극치를 달린다.
　제주 시내에서 겹벚꽃을 감상할 수 있는 곳은 골프존카운티
오라(구 오라CC)로 들어가는 진입로가 유일하다. 오라교차로에

서 골프존카운티 오라 입구까지 벚나무 가로수가 쭉 이어져 있고, 흐드러지게 핀 겹벚꽃은 동화 속처럼 몽환적이다.

TIP
- 골프존카운티 오라 입구 근방이 가장 풍성하다. 차가 지나다니는 곳이므로 안전에 주의해야 한다.

주변 볼거리·먹거리

담화헌
Ⓐ 제주시 주르레길 55 ⓞ 10:00~17:00 / 월요일 휴무 ⓣ 010-3694-3662(갤러리 스튜디오), 010-9087-2953(그릇가게 카페) ⓜ 카페메뉴 : 드립커피, 댕유지차, 콩가루아이스크림 / 체험 : 제주 옹기 클래스 최소 4인부터 가능, 1인당 9만원 ⓗ https://www.제주옹기.com
1월 3주 소개(56쪽)

방선문 참꽃산책로
'신선이 사는 곳으로 들어가는 문'이라는 뜻으로 계곡이 아름다워 예로부터 풍류를 즐기던 장소. 현재는 낙석 위험으로 통제되어 들어갈 수는 없지만 참꽃 산책로를 통해 방선문을 내려다볼 수 있다.

Ⓐ 제주시 오라2동 3819-11(방선문계곡 입구에서 우측)

대한민국 최남단 수목원에서
즐기는 향기 가득한 봄나들이
상효원

 남

주소 서귀포시 산록남로 2847-37 · 가는 법 611번 지선버스 → 상효원수목원 정류
장 하차 후 맞은편 · 운영시간 3-9월 09:00~19:00, 10-2월 09:00~18:00(입장 마감
종료 1시간 전) · 입장료 성인 9,000원, 청소년 7,000원, 어린이 5,000원 · 전화번호
064-733-2200 · 홈페이지 http://www.sanghyowon.com/

　　8만여 평 규모의 대한민국 최남단 수목원으로 중산간에 위치
해 푸르른 숲과 함께 한라산과 서귀포 바다가 펼쳐지는 풍경을
볼 수 있다. 1년 내내 꽃축제를 한다고 해도 과언이 아닐 정도로,
봄에는 튤립과 철쭉, 만병초, 여름에는 화려한 멋을 자랑하는 산
파챈스와 수국, 가을에는 메리골드와 백일홍, 단풍, 겨울에는 동
백꽃이 피어난다. 총 17개의 테마로 이루어진 정원을 모두 돌아
보면 1시간 30분 정도 소요된다. 엄마의 정원을 시작으로 바닥
에 표시된 흰색 화살표를 따라 이동하다 비밀의 정원에서 나온

후 노란 화살표를 따라 관람하면 된다.

소낭 아래 있는 커다란 소나무 두 그루는 대표 포토존으로 부부송이라고도 부른다. 이곳에서 함께 사진을 찍으면 사랑이 이루어진다는 이야기가 있다. 전망이 탁월한 카페 구상나무와 신비로운 기운을 담은 곶자왈, 200평 규모의 어린이 놀이터 에어바운스 등 각각의 테마로 매력이 넘친다.

TIP
- 외부 음식물 및 반려동물 출입은 금지한다.
- 공, 인라인스케이트, 자전거, 배드민턴 등 체육 기자재와 그늘막 텐트, 무선 조종 자동차 등은 반입을 금지한다.

주변 볼거리·먹거리

카페 오렌정원 숲속 캠핑장 콘셉트의 카페. 티피 텐트와 로맨틱한 소품들은 캠핑을 가지 않더라도 실제 캠핑을 간듯한 낭만을 즐기기에 충분하다. 시원스레 펼쳐진 한라산 뷰는 덤! 삼나무로 빙 둘러싸인 넓은 잔디밭과 잘 관리된 조경만으로 충분히 힐링 된다.

Ⓐ 서귀포시 배낭골로21번길 13 Ⓞ 11:00~18:00 / 17:00 주문 마감 Ⓣ 0502-1949-2677 Ⓜ 동백꽃 에이드 8,000원, 한라산 쑥떡와플 8,500원 Ⓗ https://instagram.com/moregidong_tarzan

친봉산장 타닥타닥 장작 소리와 진한 나무 향기가 있는 곳. 친봉산장이라는 상호처럼 산장에 방문한 듯 이국적이면서 그윽한 분위기가 매력이다. 음료뿐 아니라 술과 간단한 안주도 준비되어 있어 편하게 한잔 마실 때도 제격이다.

Ⓐ 서귀포시 하신상로 417 Ⓞ 매일 11:00~22:00 / 21:30 주문 마감 Ⓜ 아이리쉬 커피 10,000원, 에인절 미 10,000원, 가가멜 스튜 20,000원 Ⓗ https://www.instagram.com/jeju_deerlodge

SPOT **3**

비밀스럽게 숨어 있는 녹차밭
서귀다원

주소 서귀포시 516로 717 · **가는 법** 281번 간선버스 → 입석동 정류장 → 남쪽으로 35m 이동 후 횡단보도 2개 건너기 → 동남쪽 길로 490m → 우측 길로 150m(도보 13분) · **운영시간** 09:00~17:00 / 화요일 휴무 · **입장료** 1인 5,000원(녹차 시음 포함) · **전화번호** 064-733-0632

남

TIP
· 간판이 작아 입구를 놓치기 쉽다. 나무가 울창한 길을 따라가다 보면 입구가 보이니 주의 깊게 살펴봐야 한다.

　제주시에서 5 · 16도로를 타고 내려오다 보면 녹차밭이 있을 것이라고 전혀 상상되지 않는 곳에 위치해 있다. 주변 나무에 둘러싸여 더욱 신비롭고 땅의 지형을 살린 녹차밭과 여러 채의 집들, 돌담 등 아담한 멋이 넘친다. 커다란 편백나무길과 녹차밭 뒤로 펼쳐지는 한라산이 이국적인 풍경을 자아낸다. 다른 유명 녹차밭에 비해 한가한 편이라 산사에 있는 듯 고즈넉한 분위기를 느끼며 산책하기 좋다.

　서귀다원은 본래 감귤밭이었는데 노부부가 녹차밭으로 개간해 정성껏 일구고 있다. 주인 할머니는 여든이 넘은 나이에도 직접 농사짓고 수확해 차를 만들며, 최상급 녹차를 생산하기 위해 1년에 단 한 번 일꾼들을 데리고 찻잎을 직접 딴다.

　세련됨보다 푸근하게 다가오는 언덕 위 다실에서는 서귀다원에서 생산한 녹차를 판매하며 녹차 시음(녹차와 황차)도 한다. 차 한 잔과 함께 녹차밭을 바라보면서 여유 있는 시간을 즐겨보자.

1 COURSE
🚗 자동차 25분
🚌 천수동 정류장 341, 342번 간선버스 → 영주고등학교 정류장 → 도보 14분

⟩ 감사공묘역

2 COURSE
🚗 자동차 9분
🚌 영주고등학교 정류장 3002번 간선버스 → 영평상동마을회관 정류장 → 도보 6분

⟩ 아침미소목장

3 COURSE

⟩ 커피템플

주소	제주시 조천읍 함대로 362
가는 법	703-2번 지선버스 → 봉소동 정류장 → 도보 7분

신천강씨 입도시조 영암공 강영의 묘소이며, 숨겨진 겹벚꽃 장소이다. 강영은 전라감사로 지내다 왕자의 난 당시 제주로 입도하여 후진 양성에 기여했다고 한다. 고즈넉한 풍경과 함께 돌담 위로 떨어질 듯 늘어진 4월의 겹벚꽃이 아름다운 곳이다.

주소	제주시 첨단동길 160-20
운영시간	10:00~17:00 / 화요일 휴무
전화번호	064-727-2545
대표메뉴	목장 및 농장체험 2,000~3,000원, ICE꿀크림커피 7,000원, 꿀우유푸딩 4,500원, 수제요쿠르트 500ml 5,000원
홈페이지	https://morningsmile.modoo.at

넓은 목장 안에 젖소들이 평화롭게 살아가는 곳이다. 산책하기에도 좋고 우유와 관련된 다양한 체험을 즐기기에도 좋다. 아이스크림 만들기, 치즈 만들기 등의 체험은 예약 후 이용할 수 있다. 카페에서는 아침미소목장에서 생산되는 우유로 만든 제품들을 맛볼 수 있다.

주소	제주시 영평길 269
운영시간	09:00~18:00
전화번호	070-8806-8051
대표메뉴	〈시그니처〉 슈퍼 클린 에스프레소, 핸드드립 커피 변동

월드바리스타 국가대표 김사홍이 운영하는 카페. 감귤밭 창고를 개조해 제주스러움이 물씬 묻어난다. 감귤나무를 바라보며 맛있는 커피를 맛볼 수 있다. 시그니처 메뉴는 텐저린카푸치노! 풍부한 거품 속에 느껴지는 감귤향과 커피향이 매우 조화롭다.

4월의 봄 여행
청보리와 유채꽃의 향연

보기만 해도 절로 편안해지는 노랑과 초록 사이. 부드럽고 따뜻한 풍경을 좋아한다면 4월의 제주가 제격이다. 연초록의 청보리들이 펼쳐지는 풍경은 바라보기만 해도 참 좋다. 특히 제주의 또 다른 섬 가파도 청보리는 바람에 부딪혀 쉼 없이 일렁거리며 눈과 귀를 즐겁게 한다. 연초록 녹차밭, 광활한 노란 유채꽃, 파스텔 톤 수국들도 결코 놓칠 수 없다. 4월의 제주는 봄기운 가득, 따뜻함 가득 느끼는 여행이다.

🚩 2박 3일 코스 한눈에 보기

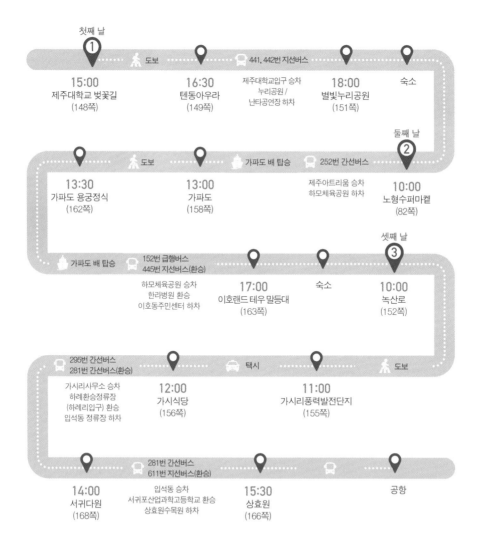

첫째 날
① 15:00 제주대학교 벚꽃길 (148쪽)
도보
16:30 텐동아우라 (149쪽)
441, 442번 지선버스
제주대학교입구 승차 누리공원 / 난타공연장 하차
18:00 별빛누리공원 (151쪽)
숙소

둘째 날
② 10:00 노형수퍼마켙 (82쪽)
252번 간선버스
제주아트리움 승차 하모체육공원 하차
13:00 가파도 (158쪽)
가파도 배 탑승
13:30 가파도 용궁정식 (162쪽)
도보

가파도 배 탑승
152번 급행버스 445번 지선버스(환승)
하모체육공원 승차 한라병원 환승 이호동주민센터 하차
17:00 이호랜드 테우 말등대 (163쪽)
숙소

셋째 날
③ 10:00 녹산로 (152쪽)
295번 간선버스 281번 간선버스(환승)
가시리사무소 승차 하례환승정류장 (하례리입구) 환승 입석동 정류장 하차
12:00 가시식당 (156쪽)
택시
11:00 가시리풍력발전단지 (155쪽)
도보

14:00 서귀다원 (168쪽)
281번 간선버스 611번 지선버스(환승)
입석동 승차 서귀포산업과학고등학교 환승 상효원수목원 하차
15:30 상효원 (166쪽)
공항

제주대학교 벚꽃길

텐동아우라

별빛누리공원

노형수퍼마켓

가파도

가파도 용궁정식

이호랜드 테우 말등대

녹산로

가시리풍력발전단지

가시식당

서귀다원

상효원

연두에서 초록으로 변해가는 5월의 숲은 싱그럽고 투명하다. 포근한 날들이 계속되는 5월은 숲길을 걸으며 여유를 즐기기에도 딱 좋은 계절! 오래된 시간을 지나 차곡차곡 이야기를 쌓아온 제주의 자연 속에서 경이로움을 느낀다. 그중 제주에서만 만날 수 있는 곶자왈은 신비로움을 가득 안겨줄 것이다. 잠시 복잡한 마음은 내려놓고, 숲의 향기를 맡으며 초록의 숲에 집중해보자.

피톤치드 숲속
힐링 여행

천년의 숲과 철쭉 여행

18week

SPOT 1

오랜 세월을 담은 천년의 숲길
비자림

주소 제주시 구좌읍 비자숲길 55 · **가는 법** 810-1번 순환버스 → 비자림 정류장 · **운영시간** 09:00~18:00(입장 마감 17:00) · **입장료** 성인 3,000원, 청소년 및 어린이 1,500원 · **전화번호** 064-710-7912

 북동

　　45만여 평에 달하는 면적에 수령 500~800년생 비자나무 2,800여 그루가 군락을 이룬 곳이다. 그 가치를 인정받아 1993년 천연기념물 제374호로 지정되어 보호받고 있다. 바위를 뚫고 뿌리를 내리는 나무의 모습과 벼락을 맞고도 살아가는 비자나무, 두 나무가 만나 하나의 나무로 살아가는 연리목, 그리고 수령 830년의 새천년 비자나무까지! 비자림을 걷다 보면 곳곳에서 만나는 강인한 생명력에 감탄하게 된다. 그중 압권은 새천년 비자나무. 크기도 크기지만, 최고령을 자랑한다.

탐방로 코스는 총 2가지, 화산송이로 이루어진 A코스와 A코스를 포함한 돌멩이길이 있는 B코스가 있다. 두 코스 모두 평탄하게 걸을 수 있지만, 유모차나 휠체어를 이용하는 방문객들은 A코스만 돌아볼 수 있다.

주변 볼거리 · 먹거리

비자숲힐링센터 환경성질환예방관리센터로 올바른 정보를 제공하고 상담도 가능하다. 티클래스, 천연비누, 숲체험 등 개인 또는 단체가 이용할 수 있는 프로그램이 있다. 당일 예약은 불가, 사전예약을 통해 이용할 수 있다.

Ⓐ 제주시 구좌읍 다랑쉬북로 68-92 Ⓞ 10:00~17:30 / 일, 월요일 휴무 Ⓣ 064-782-8963 Ⓜ 건습식테라피 5,000원, 천연비누 만들기 8,000원, 숲 명상 8,000원 Ⓗ http://www.jejuatopycenter.kr

하음 이탈리아 요리를 전공한 젤라띠에레가 매일 매장에서 제조하는 신선하고 건강한 맛의 젤라또 맛집. 종류는 6~7가지! 그 중 우도 땅콩, 제주 새싹 보리, 한라봉 등 제주에서 나는 재료로 만든 젤라토도 있다.

Ⓐ 제주시 구좌읍 비자림로 2266 Ⓞ 평일 12:00~18:00, 주말 10:00~17:00 / 수요일 휴무 Ⓣ 010-2687-0919 Ⓜ 1컵 5,000원(두가지 맛 선택) Ⓗ https://www.instagram.com/haeumgelato/

TIP
- 천연기념물로 지정된 곳이므로 생수를 제외한 음식물은 반입을 금지한다.
- 비자림 내에는 화장실이 없다. 짧은 코스로 돌아봐도 40~50분 소요되니 매표 전 화장실에 다녀오는 게 좋다.
- 숲해설은 9시 30분부터 점심시간을 제외하고 30분 간격으로 이루어진다. 오전 10시 50분과 오후 15시 20분은 숲 입구까지만 해설이 진행된다.(시간에 맞춰 탐방해설 대기 장소에서 시작, 약 1시간 소요)
- 반려동물 출입은 금지한다.

진분홍 철쭉꽃의 향연
다랑쉬오름

주소 제주시 구좌읍 세화리 산6 · **가는 법** 810-1번 순환버스 → 다랑쉬오름 입구 (북) 정류장 → 서쪽으로 60m → 좌측 길로 1.3km(도보 20분)

북동

　　모양이 가지런하고 단정하며 한복 치마를 입은 듯 우아한 모습에 오름의 여왕이라고도 불리는 다랑쉬오름은 오름 위로 달이 뜨는 모습이 아름다워 달수리, 월랑봉 등으로도 불린다. 제주 동부에 위치한 오름 중 두 번째로 높지만 지그재그로 이루어진 등반로에 야자수 매트와 나무 계단이 잘 정비되어 도전해볼 만하다.

　　특히 5월 등반로 곳곳에 활짝 핀 철쭉은 다랑쉬오름을 더욱 빛나게 만든다. 정상에 올라가면 다랑쉬오름을 쏙 빼닮은 아끈

다랑쉬오름과 용눈이오름, 손지오름을 가까이에서 만날 수 있다. 저 멀리 체오름과 대수산봉까지 어떤 방향에서든 그림처럼 펼쳐지는 아름다운 오름 군락에 감탄사가 절로 나온다. 둘레길을 따라 한 바퀴 돌아보면 분화구도 만날 수 있는데, 깊이가 115m나 되어 한라산 백록담과 비슷하다고 한다. 제주 신화에 따르면 설문대할망이 흙을 날라 한 줌씩 놔둔 게 오름이 되었는데, 그중 다랑쉬오름은 너무 봉긋해 손으로 탁 쳐서 팬 곳이 분화구가 되었다는 이야기도 있다.

TIP
- 오름 입구에서 서쪽 방향으로 다랑쉬오름 탐방안내소가 있으니 궁금한 점은 이곳에서 문의하자. 다랑쉬오름뿐만 아니라 제주도 오름에 대해 전반적인 안내를 하고 있다.

주변 볼거리·먹거리

제주자연생태공원
야생동물과 노루, 파충류와 곤충 등을 가까이서 관찰할 수 있는 곳이다. 사전예약을 통해 계절별 생태체험 프로그램을 신청할 수 있다. 가볍게 궁대오름 둘레길도 둘러보고 올 수 있다.

Ⓐ 서귀포시 성산읍 금백조로 446 ⓞ 10:00 ~17:00 / 3-10월 16:30까지 입장, 11-2월 16:00까지 입장 Ⓗ http://jejunaturepark.com

으뜸미 우럭 한 마리를 통째로 튀겨 매콤한 양념장이 뿌려져 나오는 우럭정식을 맛볼 수 있다. 우럭튀김은 나오자마자 먹기 좋게 잘라주며, 양파가 듬뿍 들어 있어 우럭 살과 함께 먹으면 매콤, 달콤, 고소함이 가득 느껴진다.

Ⓐ 제주시 구좌읍 중산간동로 2287 ⓞ 09:30 ~15:00 / 14:30 주문 마감 Ⓣ 064-784-4820 Ⓜ 우럭정식(2인 이상 주문 가능) 13,000원, 전복해물뚝배기 12,000원

SPOT 3

일본식 브런치 카페

비자블라썸

주소 제주시 구좌읍 비자림로 2244 · 가는 법 711-1번 지선버스 → 비자림 정류장 → 북서쪽으로 300m 이동 → 큰길에서 우측 길로 115m(도보 7분) · 운영시간 10:00~18:00 / 17:00 주문 마감 / 목요일 휴무(그 외 부정기 휴무는 인스타그램 공지) · 전화번호 010-4449-3885 · 대표메뉴 감자스프&바게트 10,000원, 가츠샌드 10,000원, 등심가츠 11,000원, 감자튀김 10,900원 · 홈페이지 https://www.instagram.com/bijablossom.2/

북동

주변 볼거리·먹거리

메이즈랜드

Ⓐ 제주시 구좌읍 비자림로 2134-47 Ⓞ 매일 09:00~18:00 / 4계절별 마감시간 상이 Ⓣ 064-784-3838 Ⓒ 성인 12,000원, 청소년·군인 10,000원, 어린이·경로 9,000원 Ⓗ http://mazeland.co.kr 1월 4주 소개(58쪽)

　　따뜻한 햇살이 기분 좋게 들어오는 내부 공간과 카페 안 기다란 창문에서 보이는 잘 정돈된 정원이 아름다운 브런치 카페. 계절의 변화가 그대로 느껴지는 창가 자리가 가장 인기! 카페 구석구석 주인의 손길이 담긴 아기자기한 소품들을 구경하는 재미도 쏠쏠하다. 정갈한 정원에는 순둥이 반려견 코코가 있고 예쁜 포토존도 마련되어 있다.

　　식사와 음료, 어느 하나만 주문해도 상관없지만 음식들이 깔끔하고 맛있어 식사를 많이 주문한다. 그중 직접 구운 쫄깃한 치아바타와 진한 풍미의 감자수프는 환상의 콜라보로 인생 메뉴라고 할 만큼 맛있다.

1 COURSE

🚗 자동차 15분

아부오름

2 COURSE

🚗 자동차 10분

레일바이크

3 COURSE

제주삼다장

주소　　　제주시 구좌읍 송당리 2263

1월 4주 소개(60쪽)

주소　　　제주시 구좌읍 용눈이오름로
　　　　　641
운영시간　09:00~17:30
전화번호　064-783-0033
입장료　　2인승 30,000원, 3인승 40,000
　　　　　원, 4인승 48,000원
홈페이지　http://www.jejurailpark.com/

바퀴가 4개 달린 철로 자전거를 타고 넓은 목장에서 한가롭게 풀을 뜯고 있는 소떼들과 용눈이오름, 다랑쉬 오름, 성산일출봉과 우도까지 조망할 수 있다. 전기모터로 움직이기 때문에 힘들게 페달을 밟을 필요 없으며, 한 바퀴 돌아보는 데 30분 정도 소요된다.

주소　　　제주시 구좌읍 비자숲길 15
운영시간　11:00~16:30 / 16:00 주문 마감
　　　　　/ 화요일 휴무
전화번호　010-3658-2444
홈페이지　https://bijasupgil2.modoo.at
대표메뉴　삼다장 세트 1인 25,000원, 갈치
　　　　　조림 세트 1인 25,000원

제주 모래에 사는 깨다시꽃게로 만든 황게장과 딱새우장, 전복장을 맛볼 수 있는 세트 메뉴와 메밀을 이용한 면요리를 판매한다. 깔끔하고, 정갈한 맛! 특히 깨다시꽃게는 껍질이 연해 다리까지 꼭꼭 씹어 먹어도 부담이 없다.

5월 둘째 주

초록 속으로
떠나는 숲속 여행

19 week

SPOT 1

울창한 숲이 주는 휴식

절물자연
휴양림

북

주소 제주시 명림로 584 · **가는 법** 343, 344번 간선버스 → 제주절물자연휴양림 정류장 · **운영시간** 07:00~18:00 / 하절기(10월까지) 18:00 입장마감, 동절기(11-2월) 17:00 입장마감 · **입장료** 일반 1,000원, 청소년 600원, 어린이 300원 / 주차료 경차 1,500원, 중소형 3,000원, 대형 5,000원 · **전화번호** 064-728-1510 · **홈페이지** https://www.foresttrip.go.kr/indvz/main.do?hmpgId=ID02030053

　수령 30년 이상의 나무들이 울창한 숲을 자랑한다. 나눔길, 생이소리질, 너나들이길, 삼울길, 장생의 숲길 등 걷기 좋은 이색 테마 숲길이 있다. 왕복 3시간 30분 정도 소요되는 폭신폭신한 흙길의 장생의 숲길을 제외하고는 경사도 낮고, 길도 잘 정비되어 누구나 피톤치드를 듬뿍 들이마시며 산책할 수 있다.

　원래 절 옆에 물이 있었다고 해서 붙여진 이름이다. 현재 절은 남아 있지 않고 약수암이 있어 시원한 물도 맛볼 수 있다. 절물 약수터는 절물오름 입구에 있으며, 제주도에서 정기적으로 수

주변 볼거리·먹거리

 숫모르편백숲길 한라생태숲을 시작으로 절물자연휴양림을 거쳐 노루생태공원까지 이어지는 총 8km 숲길. 숯을 구우며 살아가던 사람들의 흔적을 따라 숲 향기를 맡으며 걷는 트레킹 코스이다.

Ⓐ 제주시 516로 2596(시작 지점 : 한라생태숲, 종료 지점 : 노루생태공원) Ⓣ 064-710-8688

 각지불 홍합, 꽃게, 전복, 딱새우, 낙지 등이 들어간 해물찜은 보기에도 푸짐하고 매콤하니 맛있다. 해물은 먹기 좋게 손질해준다.

Ⓐ 제주시 조천읍 남조로 1751 Ⓞ 11:30~15:30, 17:30~20:30 / 14:30, 19:30 주문 마감 / 화요일, 설·추석 당일 휴무 Ⓣ 064-784-0809 Ⓜ 해물찜, 아귀찜 45,000~55,000원

질검사를 하고 있다. 겨울에는 복수초, 봄에는 새우란, 초여름에는 수국과 산수국, 여름에는 상사화 등 산책의 즐거움을 두 배로 만들어줄 계절별 다양한 꽃도 만날 수 있다.

TIP
- 숲해설 프로그램은 평일 오전, 오후 2회 운영되며 사전예약 후 이용 가능하다.
- 목공예체험장에서 나뭇조각을 활용한 간단한 소품을 만들 수 있다.(체험비 별도)
- 장생의 숲길은 오후 2시 이후 또는 안전을 위해 기상 악화나 우천 시에 출입이 통제된다.

숲속을 달리는 낭만 기차여행

에코랜드
테마파크

주소 제주시 조천읍 번영로 1278-169 · **가는 법** 제주돌문화공원 정류장 → 남쪽으로 90m → 맞은편으로 200m · **운영시간** 첫차 08:30, 11-2월 막차 16:30, 3-10월 17:20 · **입장료** 성인 16,000원, 청소년 13,000원, 어린이 11,000원 · **전화번호** 064-802-8020 · **홈페이지** http://theme.ecolandjeju.co.kr

북동

30만 평 곶자왈을 기차를 타고 돌아보는 테마파크. 1800년대 증기기관차 볼드윈 기종 모델을 영국에서 수제품으로 만든 각기 다른 디자인과 이름의 기차 8대가 운행된다. 마치 호수 위를 걷는 듯한 에코브리지역, 수상 스포츠와 아름다운 정원을 만날수 있는 레이크사이드역, 동화 속에서 만날 법한 글라스하우스와 키즈타운이 있는 피크닉가든역, 계절별 다양한 꽃들을 만날수 있는 유럽풍 정원이 있는 라벤더, 그린티&로즈가든역까지! 각각의 간이역은 서로 다른 콘셉트로 꾸며졌다.

호수, 숲, 정원 등 아름다운 자연 풍경과 이국적 건물이 잘 어

우러져 마치 동화 속으로 들어온 듯한 즐거움을 선사한다. 특히 피크닉가든역에는 곶자왈과 화산송이로 되어 있는 숲길 '에코로드'가 있어 사그락거리는 소리와 함께 맑은 공기를 맡으며 산책하기 좋다. 숲속에는 어린이를 위한 작은 책방과 휴식을 취할 수 있는 에코해먹카페가 있다.

TIP

- 기차는 약 10분 간격으로 운행되며 1회 순환만 가능하니 각 역마다 내려서 충분히 즐기고 난 후 다음 기차를 타는 것이 좋다.
- 마지막 코스인 라벤더, 그린티&로즈가든역에서는 따로 조성된 데크길이 있어 곶자왈의 아름다움을 직접 느끼며 걸어서 나올 수 있다.
- 피크닉가든역에서는 숲힐링 프로그램과 곶자왈 숲해설을 무료로 운영하고 있으며, 현장에서 참여 가능하다.(숲힐링 프로그램 : 에코로드 11시, 1시 30분, 3시 숲해설 : 역 1층 야외 테라스 11시, 2시, 3시)
- 에코브리지역을 제외한 모든 역에는 식당 또는 스낵바가 있다.
- 사계절 노천 족욕탕은 무료로 이용 가능하다. 수건은 비치되어 있지 않으니, 미리 준비하거나 현장에서 구매할 수도 있다.
- 8~10월에는 밤에도 에코랜드를 즐길 수 있다. 10월 중 야간개장이 종료되며, 여행 일정에 맞춰 전화나 홈페이지에서 확인하면 된다.(운영시간 09:00~22:00, 막차 출발 시간 20:30)

주변 볼거리·먹거리

교래자연휴양림 야영장과 다양한 부대시설, 탐방로 등으로 이루어진 제주도 대표 휴양림. 비교적 짧은 코스인 생태산책로만 걸어도 곶자왈의 향기를 물씬 느낄 수 있다. 숙박시설과 부대시설 등이 제주도 전통 초가로 되어 있다.

ⓐ 제주시 조천읍 남조로 2023 ⓞ 하절기 07:00~16:00, 동절기 07:00~15:00 ⓒ 어른 1,000원, 청소년·군인 600원 ⓣ 064-710-7475 ⓗ http://www.jeju.go.kr/jejustoneparkforest/

교래곶자왈손칼국수 진한 닭 육수에 쫄깃한 생면을 넣어 끓인 닭칼국수는 닭고기도 듬뿍, 면도 듬뿍! 주문 즉시 만들기 때문에 조리 시간이 긴 편이다.

ⓐ 제주시 조천읍 비자림로 636 ⓞ 11:00~17:30 / 17:00 주문 마감 / 목요일 휴무 ⓣ 064-782-9919 ⓜ 닭칼국수 10,000원, 보말전복칼국수 14,000원, 녹두빈대떡 17,000원

SPOT **3**

직접 잡은 토종닭으로 요리하는
구구토종닭

주소 제주시 조천읍 남조로 1767 · **가는 법** 231번 간선버스 → 교래리 정류장 → 남쪽으로 85m · **운영시간** 11:00~20:00 / 월요일 휴무 · **전화번호** 064-782-9989 · **홈페이지** http://gugutojongdack.cityfood.co.kr/ · **대표메뉴** 토종닭 샤브샤브 80,000원, 토종닭 백숙 70,000원, 토종 닭볶음탕 80,000원, 묵은지볶음탕 85,000원

북동

주변 볼거리·먹거리

샤이니숲길 200m의 짧은 길이지만 나무 사이로 떨어지는 반짝이는 햇살과 조르륵 놓인 작은 돌담이 기분 좋은 곳이다.
Ⓐ 제주시 조천읍 비자림로 430-31

교래는 2009년 10월에 토종닭 유통특구로 지정될 정도로 토종닭 요리가 유명한 곳이다. 1970년대 말부터 토종닭을 사육하는 농가들이 많아 교래리 토종닭 마을이라고도 불렸다. 교래리 식당들은 대부분 주문 즉시 닭을 잡거나, 새벽에 양계장에서 가져온 신선한 닭으로 요리를 한다. 구구토종닭 역시 사장님이 매일 아침 직접 잡은 토종닭만을 사용한다.

백숙도 맛있지만 닭샤브샤브에도 도전해보자. 접시 한가득 얇게 썬 닭가슴살과 닭똥집, 닭껍질이 나오는데, 닭뼈 육수에 채소와 함께 끓여 살짝 데쳐 먹으면 퍽퍽하던 닭가슴살도 부드럽게 즐길 수 있다. 닭샤브샤브를 다 먹고 나면 가슴살을 제외한 백숙이 나온다. 녹두와 구기자, 통감자를 함께 넣어 고소하며, 토종닭이라 쫄깃쫄깃한 육질을 자랑한다. 마지막 마무리는 녹두죽! 배가 불러도 술술 넘어간다. 닭 한 마리로 만나는 푸짐하고 건강한 코스 요리다.

1 COURSE
🚗 자동차 10분
▶) 돌문화공원

2 COURSE
🚗 자동차 6분
▶) 삼다수숲길

3 COURSE
▶) 카페갤러리

주소	제주시 조천읍 남조로 2023
운영시간	09:00~18:00 / 17:00 입장마감 / 월요일, 1월 1일, 설날 및 추석 당일 휴무
입장료	성인 5,000원, 청소년 3,500원
전화번호	064-710-7731
홈페이지	http://www.jeju.go.kr/jejustonepark

총 100만 평 면적의 생태문화공원. 돌문화공원을 둘러싸고 있는 곶자왈, 고요하고 신비스러운 분위기, 방대한 석상들과 신화를 배경으로 설계한 전시관 등을 만날 수 있다. 방문 1일 전 홈페이지를 통해 해설 신청도 가능하며, 다양한 미션을 수행할 수 있는 스마트폰용 앱도 무료로 배포하고 있다.(구글플레이, 앱스토어 : 제주돌문화공원모바일체험 검색)

주소	제주시 조천읍 교래리 산 70-1

제주특별자치도개발공사와 교래리 주민들이 함께 조성한 숲길로 총 3개 코스가 있다. 1코스는 1.2km, 2코스는 5.2km, 3코스는 8.2km로 푸르름 가득한 삼나무숲과 편백나무숲을 걷다 보면 숲이 뿜어내는 피톤치드로 온몸이 상쾌하다.

주소	제주시 조천읍 남조로 1717-24
운영시간	10:00~17:00 / 16:30 주문 마감 / 목요일 휴무
전화번호	070-5101-0006
홈페이지	http://www.instagram.com/jeju_cafegallery
대표메뉴	애플시나몬라떼 6,500원, 한라봉에이드 6,500원

1월 4주 소개(62쪽)

때로는 느리게,
때로는 한적하게

20 week

SPOT **1**

태고의 숲이 살아 숨 쉬는
곶자왈 여행

곶자왈도립
공원

 남서

주소 서귀포시 대정읍 에듀시티로 178 · **가는 법** 151번 급행버스 → 삼정지에듀 정류장 → 서쪽으로 110m · **운영시간** 매일 09:00~18:00 / 3-10월 16:00 입장마감, 11-2월 15:00 입장마감 · **입장료** 성인 1,000원, 청소년 800원, 어린이 500원 · **전화번호** 064-792-6047 · **홈페이지** http://www.jejugotjawal.or.kr

  곶자왈은 수풀을 뜻하는 '곶'과, 덤불을 뜻하는 '자왈'의 합성어로 나무와 덤불, 돌 등이 마구 헝클어진 모습을 일컫는다. 경작이 불가능해 쓸모없는 땅이었지만, 용암이 분출되어 만들어진 지형에 지하수를 머금고, 다양한 동식물이 공존하며, 자연생태계가 잘 유지되고 있어 현재에는 보존 가치가 매우 높은 자연유산이다.

  곶자왈도립공원은 제주의 서쪽 지역인 무릉, 신평, 보성, 구역리의 곶자왈을 포함한 생태공원이다. 탐방로는 총 5개 코스로,

주변 볼거리 · 먹거리

무릉외갓집 제주도의 제철 청정 농산물을 엄선해 정기 배송 서비스를 제공하는 마을 기업. 생과일 아이스크림 만들기, 생과일 찹쌀떡 만들기, 감귤 수확 등 계절별 체험 프로그램도 있다.

Ⓐ 서귀포시 대정읍 중산간서로 2852 Ⓞ 09:30~17:30 / 일요일 휴무 Ⓣ 070-4414-7966 Ⓜ 제주도 농산물 정기 배송 서비스, 콩보리미숫가루 4,500원, 수제감귤청에이드 4,500원 Ⓗ http://www.murungfarm.co.kr/murung/

구억불사나이 불 맛 가득한 중국요리집으로 짬뽕이 맛있다. 건강함이 느껴지는 진한 국물과 재료를 아낌없이 사용해 푸짐하다. 가장 인기 있는 메뉴는 등갈비 짬뽕! 짬뽕 위에 등갈비 튀김이 올려져 있는데 바삭하면서 쫄깃하다. 등갈비 튀김은 나중에 먹는 것보다 애피타이저를 즐기듯 먼저 먹는 게 좋다.

Ⓐ 서귀포시 대정읍 중산간서로 2275 Ⓞ 11:00~20:00 / 15:00~17:00 브레이크타임 / 14:30(점심), 19:30(저녁) 주문 마감 / 일요일 휴무 Ⓣ 064-792-7654 Ⓜ 백짬뽕 12,000원, 등갈비짬뽕 15,000원, 짬뽕 11,000원

걷기 쉬운 데크길부터 원형 그대로의 곶자왈 지형을 느낄 수 있는 길까지 다양하다. 탐방로 중간중간 마련된 곶자왈 퀴즈도 놓치지 말 것! 각 코스마다 4층으로 된 약 15m 높이의 전망대에서 또 다른 시선으로 곶자왈을 바라볼 수 있다. 나무가 빼곡히 들어선 곶자왈의 지붕과 동서남북 시원하게 펼쳐지는 풍경, 주변 오름까지 푸르름으로 가득 찬 제주를 두 눈에 가득 담고 가자.

TIP
- 등산화, 운동화를 반드시 착용해야 하며, 구두나 샌들 등 부적절한 복장은 입장이 제한된다. 또한 스틱, 아이젠 등도 공원 훼손 방지를 위해 사용이 금지된다.
- 곶자왈도립공원 내에는 화장실이 없으니 탐방 전에 화장실을 이용해야 한다.
- 반려동물은 출입을 금지한다.
- 해설가와 함께하는 탐방은 홈페이지를 통해 예약 가능하며, 금~일요일만 1일 2회 사전예약 없이 참여 가능하다.
- 탐방안내소 2층 전시학습실에서 전시 및 360도 VR을 통해 미리 곶자왈을 만날 수 있다.

곳자왈에서 만나는 동화 속 세상
산양큰엉곳

남서

주소 제주시 한경면 청수리 956-6 · 가는 법 제주국제공항 정류장 820-2번 순환버스 → 산양 큰엉곳 입구 정류장 하차 → 우측길로 38m 이동 · 운영시간 4-10월 09:30~18:00 / 11-3월 09:30~17:00 / 입장 마감 1시간 전 · 입장료 성인 6,000원, 청소년·어린이 5,000원 · 전화번호 064-772-4229 · 홈페이지 https://www.instagram.com/sanyang_keunkot/

한경면 청수리 일대에 형성된 곳자왈 지대로 1935년부터 마을 공동 목장으로 쓰이던 곳을 귀농 청년들과 주민들이 하나로 뜻을 모아 곳자왈 속 아름다운 동화 세상으로 재탄생시켰다. 산양큰엉곳의 '엉'은 바닷가나 절벽에 생긴 동굴을, '곳'은 숲을 뜻한다. 숲길을 걷다보면 이름처럼 크고 작은 협곡으로 이루어진 독특한 지형을 만날 수 있다. 코스는 큰엉곳을 크게 돌아볼 수 있는 3.5km의 숲길과 T자 형태의 잘 다듬어진 달구지 길 2개로 구성되어 있다. 달구지 길은 산양큰엉곳의 마스코트인 소와 말이 달구지를 끌고 가는 모습을 볼 수 있으며, 유모차와 휠체어도 편하게 이용할 수 있는 무장애 길이기도 하다. 푸릇한 나무들이 빼곡히 들어서 있어 청량함과 여유로움이 가득 느껴진다. 걷는 것만으로 충분히 좋지만 산양큰엉곶을 사랑스럽게 만드는 건 바로 곳곳에 설치된 포토존이다. 커다란 둥지, 백설공주와 난쟁이들이 살 것 같은 작디작은 집, 끝이 없을 것 같은 기다란 기찻길, 달빛 담은 의자, 으스스한 해골과 마녀 등 동화 속에서 볼만한 풍경들을 실제로 만나니 숲길 걷기가 너무 재밌다. 매년 6월 중순부터 약 2주간 야간 반딧불이 투어도 진행하고 있다.

TIP
- 숲으로 들어가면 화장실이 없으니 매표소 옆 화장실 이용 후 입장한다.
- 소형견 동반 가능하며 목줄과 배변 봉투는 필수이다.
- 소달구지 체험 1인 5,000원(매표소 문의), 10:00~16:30 사이 이용(10~15분), 달구지 1개 당 총 6인까지 탑승할 수 있으며, 소와 말의 건강 상태 및 날씨에 따라 체험이 불가할 수 있다.
- 매년 6월 중순부터 2주간 진행되고 있는 반딧불이 투어 시작은 인스타그램에 공지되며 네이버 예약을 통해 예매 후 입장한다.

주변 볼거리·먹거리

줄라이앤어거스트 따뜻함이 느껴지는 우드톤 인테리어와 나무 테이블, 토분에 담긴 식물들, 예쁜 빈티지 소품들이 배치된 시골 마을 감성 카페이다. 창문 앞에는 테이블들이 배치되어 있어 어딜 앉아도 제주의 동화 같은 풍경을 마주할 수 있다.

Ⓐ 제주시 한경면 낙원로 93 Ⓞ 10:00~18:00 / 수요일 휴무 Ⓣ 010-7674-0726 Ⓜ 아메리카노 5,000원, 어거스트 라테 6,500원, 로제 캐모마일 블렌드 티 7,000원 Ⓗ https://www.instagram.com/7uly_au8ust/

저지오름 초가지붕을 덮을 때 사용하는 새(띠)가 많이 나는 곳이었지만, 마을 주민들이 힘을 모아 나무를 심으면서 울창한 숲이 되었다. 2007년 아름다운 숲 전국대회에서 대상을 수상하기도 했다. 오름 정상에 서면 멀리 비양도부터 산방산까지 탁 트인 서쪽 풍경을 눈에 담을 수 있다.

Ⓐ 제주시 한경면 저지리 산51 (오름 입구 : 제주시 한경면 저지리 52)

SPOT **3**

제주의 맛을 담은
이탈리안 레스토랑

페를로

주소 서귀포시 안덕면 덕수회관로74번길 33 · **가는 법** 252번 간선버스 → 덕수리 새마을금고 정류장 하차 후 맞은편 → 남쪽으로 200m → 좌측 길로 200m → 다시 좌측 길로 80m · **운영시간** 11:00~20:30 / 15:30~17:30 브레이크타임 / 14:30, 19:00 주문 마감 · **전화번호** 010-5752-9501 · **홈페이지** http://www.instagram.com/perlo_jeju · **대표메뉴** Jeju 문어보말 파스타 25,000원, Jeju 성게어란 파스타 26,000원, 한우 채끝등심 수비드 스테이크 55,000원

남서

TIP

• 0~7세는 입장 불가한 노키즈 레스토랑. 다만 미취학의 경우 식사에 방해가 되지 않겠다는 약속을 이행해야 입장할 수 있다.(아기 의자 및 식기 없음, 유모차 진입 금지)
• 사전 예약 후 이용할 수 있다.(네이버 예약)

주변 볼거리·먹거리

산방산

Ⓐ 서귀포시 안덕면 사계리 산 16 Ⓞ 09:00~18:00 / 17:20 입장 마감 Ⓣ 064-794-2940 Ⓒ 성인 1,000원, 청소년 및 어린이 500원(산방굴사만 유료 입장) 10월 3주 소개(342쪽)

청라국제도시 '비스트로 페르레이'의 제주점이다. 이탈리아 정통 파스타와 함께 제주의 식재료를 이용한 음식을 맛볼 수 있다. 구좌의 당근, 대정의 마늘과 감자, 해녀조합에서 공급받는 문어, 보물, 전복, 텃밭에서 직접 재배하는 허브를 사용한다. 시그니처 메뉴는 수비드한 흑돼지를 다시 구운 흑돼지 수비드 뼈삼겹살과 신선한 제주 성게로 만든 성게 어란 파스타, 제주산 보말과 문어를 사용한 문어보말 파스타가 있다.

특히 문어보말파스타는 돌문어의 부드러운 식감이 아주 좋다. 직접 반죽하고 숙성한 도우로 만들어 참나무 장작에 구운 화덕 피자 역시 쫀득하면서 고소하다. 테이블 수가 많지 않아 아늑한 분위기에서 조용히 식사할 수 있는 것이 장점. 주말에는 방문하는 손님이 많고 대관도 진행하고 있으니 사전 예약을 추천한다.

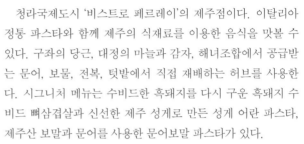

20week

1 COURSE

🚗 자동차 16분
🚌 동광환승정류장6(모슬포방면)
251번 간선버스 → 화순생태탐방
로 정류장 → 도보 3분

▶ 환상숲곶자왈공원

2 COURSE

🚗 자동차 7분
🚌 화순생태탐방로 정류장 751-2
지선버스 → 감산리서동정류장 환
승 282번 간선버스 → 산남동사거
리 정류장 → 도보 7분

▶ 화순곶자왈생태탐방숲길

3 COURSE

▶ 메종노트르테르

주소	제주시 한경면 녹차분재로 594-1
운영시간	09:00~17:00 / 일요일 13:00 ~17:00(9시부터 5시까지 매 정시마다 숲 해설 진행, 네이버 사전 예약)
입장료	일반 5,000원, 어린이 · 청소년 4,000원(해설 포함)
전화번호	064-772-2488
홈페이지	https://hwansangforest.mo doo.at/
가는 법	제주국제공항 820-2 순환버스 → 환상숲곶자왈공원 정류장 → 도보 1분

제주 도너리오름에서 분출해 흘러 내려온 용암의 끝자락에 형성된 곶자왈 지대 중 일부에 조성된 공원이다. 규모가 넓지는 않아 부담 없이 산책할 수 있으며, 입장료에 숲해설이 포함되어 있다. 사전예약 시 나무목걸이, 화분 심기, 석부작, 족욕 체험 등의 다양한 프로그램도 이용할 수 있다.

주소	서귀포시 안덕면 화순리 2045

제주도의 곶자왈 중 해안까지 연결되는 유일한 곳이다. 오래 전부터 마을 소유의 말과 소를 방목하던 곳 일부를 생태탐방로로 만들었다. 전망대까지 쭉 올라가는 직선 코스는 편도 1.6km로 왕복 1시간~1시간 20분, 한 바퀴 둘러보는 기본 순환 코스는 왕복 3~40분 정도 소요된다. 초입의 계단을 제외하면 길이 평탄하고 정비가 잘되어 산책하기 좋다.

주소	서귀포시 안덕면 중산간서로 1615번길 251-12
운영시간	11:00~18:00 / 일, 월, 화요일 휴무
전화번호	0506-751-2033
홈페이지	https://maison-notreterre. com/
대표메뉴	스페셜 드립 커피 9,000원부터, 드립커피 8,000원부터

바리스타 챔피언십 우승 경력이 있는, 실력이 뛰어난 바리스타 사장님이 정성스럽게 커피를 내려주는 핸드 드립커피 전문점. 좋은 생두를 엄선해 직접 로스팅하고 스페셜티를 비롯해 다양한 종류의 커피를 선택할 수 있는 곳이다. 도자기와 텍스타일도 제작하는데 아내와 함께하는 작품이라고 한다. 드립백과 제품은 별도로 구매할 수 있다.

5월 넷째 주

한라산과 제일 가까운 곳에서

21 week

SPOT **1**

한라산과 가까운 자연휴양림

서귀포자연
휴양림

남

주소 서귀포시 영실로 226 · **가는 법** 240번 간선버스 → 서귀포자연휴양림 정류장 하차 후 맞은편 → 매표소까지 170m · **입장료** 성인 1,000원, 청소년 600원, 어린이 300원 / 주차요금 : 경형 1,500원, 중소형 3,000원, 대형 5,000원 · **전화번호** 064-738-4544 · **홈페이지** https://healing.seogwipo.go.kr/seoforest/seointro.htm

　해발 620m에서 850m까지 넓게 펼쳐져 있고 이용할 수 있는 면적은 해발 760m까지로 한라산과 가장 가까운 휴양림이다. 고도가 높아 시내와 10°C 정도 기온차가 나므로 한여름에도 시원하고 쾌적하게 숲을 즐길 수 있다. 60년 내외의 울창한 편백나무 숲과 총 245분류의 식물들이 분포해 있으며 야생동물들이 많아 다양한 생태계를 보여주는 곳이다.

　누구나 쉽게 이용할 수 있는 혼디오멍숲길, 2개의 코스로 이루어진 어울림숲길, 서귀포 시내를 한눈에 조망할 수 있는 법정

주변 볼거리·먹거리

거린사슴전망대 사슴이 뛰어가는 모습을 닮았다고도 하고, 예전에 사슴이 살았다고 해서 이름 붙여진 거린사슴오름의 기슭에 위치한 전망대로 서귀포 시내와 중문 앞바다까지 펼쳐진다.

Ⓐ 서귀포시 1100로 823

1100고지

Ⓐ 서귀포시 색달동 산 1-20

1월 3주 소개(52쪽)

악 전망대 등이 있다. 모든 물은 1300고지에 있는 용천수와 천연 암반수를 끌어온 것이니 텀블러를 준비했다가 산책 중 만나는 옹달샘 물도 마셔보자. 탐방숲길 외에도 계곡물을 이용해 여름에만 운영하는 야외물놀이장, 숙박, 편백숲 야영장 등 다양한 편의시설도 이용할 수 있다.

TIP
- 안전사고를 대비해 운동화나 등산화를 착용하자.
- 차량 진입이 가능한 곳으로 차량순환로를 통해 드라이브하듯 돌아볼 수 있다. 단, 차량순환로는 일방통행만 가능하며 반드시 서행할 것!

JEJU GREEN TEA LAND

SPOT **2**

5만 평 녹차다원에 펼쳐진
미로공원

녹차미로공원

주소 서귀포시 산록남로 1246 · **가는 법** 대중교통 이용이 어려우니 자가용 추천 /
1135도로(평화로) → 광평 교차로 좌회전 → 1115도로(산록남로) 5.4km 직진 · **운
영시간** 매일 09:00~18:00 · **입장료** 성인 12,000원, 청소년·경로·장애인 10,000원,
어린이 8,000원 · **전화번호** 064-738-4405

 남

　　5만여 평 넓은 녹차밭에 오로지 녹차나무로만 만들어진 미로
공원으로 총 5단계의 미로를 즐길 수 있다. 누구나 가볍게 통과
할 수 있는 1단계 미로를 시작으로 2단계, 3단계…… 가면 갈수
록 복잡해지는 미로에 승부욕이 절로 발동한다. 특히 4, 5단계는
녹차나무라고 생각하기 어려울 정도로 키가 큰 데다 상당히 복
잡해 웬만해서는 통과하기 어렵다.
　　녹차미로공원은 한라산 해발 500m에 위치해 탁월한 전망을
자랑한다. '서귀포가 선정한 아름다운 비경지 70경' 중 1경에 꼽

힐 정도로 전망대에서 보여주는 풍경이 환상적이다. 가깝게는 범섬과 문섬, 저 멀리 가파도와 마라도까지 제주의 또 다른 섬들과 군산, 산방산, 단산 등의 오름들도 두 눈에 담을 수 있다.

주변 볼거리·먹거리

방주교회

Ⓐ 서귀포시 안덕면 산록남로762번길 113 ⓞ 외부 개방 시간 : 예배 시간 외 상시 개방, 내부 개방 시간 : 예배 시간 외 평일·공휴일 09:00~17:00, 금요일 09:00~22:00, 토요일 9:00~13:00 / 예배 시작 시간(일요일 09:30, 11:00, 14:00, 수요일 11:00)

7월 1주 소개(232쪽)

SPOT **3**

고급스런 분위기에서 즐기는
흑돼지 숙성육

보름숲

주소 서귀포시 1100로 255 · **가는 법** 800, 800-1 공항버스 → 회수마을정류장 → 서쪽으로 46m 이동 후 횡단보도 → 서쪽 회수사거리까지 24m → 북쪽으로 730m (도보 13분) · **운영시간** 매일 12:00~21:30 / 14:30~16:30 브레이크타임 / 20:25 입장 마감 / 20:40 주문 마감 / 화요일 휴무 · **대표메뉴** 망우리불 훈증구이 2인 세트 69,000원, 3~4인 세트 98,000원 / 보름 숙성 세트 3~4인 세트 99,000원 · **전화번호** 064-738-1008 · **홈페이지** https://www.instagram.com/_boreumsup/

 남

주변 볼거리·먹거리

 서귀포천문과학문화관 낮에는 태양, 밤에는 행성과 성운, 은하 등을 관측할 수 있다. 2~3월에는 보기만 해도 무병장수한다는 노인성을 볼 수 있다. 그 밖에 계절별로 다양한 우주를 만날 수 있다.

Ⓐ 서귀포시 1100로 506-1 ⓘ 14:00~22:00 / 월요일, 1월 1일, 설날, 추석 휴관(월요일이 공휴일인 경우 개관) ⓣ 064-739-9701 ⓒ 성인 2,000원, 청소년 1,000원 ⓗ http://culture.seogwipo.go.kr/astronomy

TIP
• 예약은 네이버를 통해 가능하다. 매주 월요일 오후 2시에 한 주 단위로 열리며 한 팀당 영유아를 포함한 최대 4인까지 예약할 수 있다. 예약금은 팀당 30,000원으로 결제시 예약금을 차감한다.
• 예약 취소 시 예약금이 환불되지 않으니 방문하려는 시간을 잘 확인하자.
• 예약을 하지 않더라도 방문이 가능하나 대기가 많은 편이라 서두르는 게 좋다.(현장 대기 접수 16:30분부터 가능)

1100도로를 타고 초록 숲을 지나 처음 만나는 마을 회수동에 있는 근사한 고깃집이다. 나지막하고 긴 건물은 큰 나무로 둘러싸여 비밀스러운 느낌이 든다. 넓은 정원에는 보름달 같은 둥근 테이블과 조형물이 있어 이곳의 저녁을 더욱 아름답게 한다. 짙은 돌과 원목이 조화로운 인테리어는 무척 고급스럽고, 현무암 판석, 돌담, 조경으로 사용 된 곶돌 위 이끼 등 큼지막한 공간부터 세세한 곳까지 제주스러움을 느낄 수 있다.

메뉴는 흑돼지 숙성육의 여러 부위가 나오는 망우리불 훈증구이 세트와 보름 숙성 세트가 있다. 고기는 1주일간 숙성하며 식당 안에 특수 제작한 숙성고가 있어 보는 재미도 쏠쏠하다. 망우리불 훈증구이는 장작불의 열기를 짚 멍석으로 덮어 가마 안의 열기로 초벌구이 한 고기가 나오며 숙성 세트보다 스모키 향이 더해진 부드러운 육질을 맛볼 수 있다. 망우리불 훈증구이는 2인 세트와 3~4인용 세트, 보름 숙성 세트는 2~3인용으로 주문해 식사하고 양이 부족하다 느껴지면 숙성 삼겹살이나 숙성 목살로 단품 메뉴를 선택하면 좋다. 하우스 와인을 비롯해 다양한 종류의 와인과 전통주가 준비되어 있으니 고기와 함께 곁들이기 좋다.

1 COURSE

🚗 자동차 8분
🚌 치유의숲 정류장 625번 지선
버스 → 헬스케어타운 정류장 →
도보 2분

서귀포 치유의숲

2 COURSE

🚗 자동차 9분(도보 25분)
🚌 헬스케어타운 정류장 621,
625번 지선버스 → 한라산교회 정
류장 → 도보 17분

부촌전복칼국수

3 COURSE

라니네책방카페

주소	서귀포시 산록남로 2271
운영시간	4-10월 08:00~16:00, 11-3월 09:00~16:00
입장료	성인 1,000원, 청소년 600원, 산림치유프로그램 20,000원
전화번호	064-760-3067
홈페이지	https://healing.seogwipo.go.kr/healing/healingintro.htm
가는 법	중앙로터리(동) 정류장 625번 지선버스 → 치유의숲 정류장 → 도보 5분

총 10개의 테마별 숲길이 있고 숲길 힐링프로그램, 차롱치유밥상 등을 진행하고 있다. 사전예약을 통해 입장하며, 당일 예약은 오후 2시까지만 가능하다. 부츠, 플랫슈즈, 슬리퍼, 샌들 등 부적절한 복장은 입장이 금지된다. 2017년 아름다운 숲 전국대회에서 대상인 '아름다운 생명상'을 수상했다.

주소	서귀포시 동홍로 371-1
운영시간	10:00~16:00 / 15:50 주문 마감
전화번호	064-763-8887
대표메뉴	전복칼국수 12,000원, 전복비빔밥 16,000원, 전복물회 20,000원

정갈한 찬들과 한 그릇 전복 요리를 만날 수 있는 곳. 미역과 톳, 표고버섯, 전복이 들어간 전복칼국수는 진하고 고소해 국물까지 싹 비우게 된다. 전복게우비빔밥 또한 이색적이다. 고추장 대신 진한 전복 내장 소스가 들어가 풍미가 독특하며 중독성 있는 메뉴다.

주소	서귀포시 토평북로 27-23 제2동
운영시간	11:00~18:00 / 18:00 이후 단체 모임 예약 가능
전화번호	010-9152-8858
대표메뉴	핸드드립 6,000원, 라니네 블랜딩 꽃차 6,000원
홈페이지	https://www.instagram.com/ranine0530/

부부가 정성으로 가꾼 아름다운 정원을 만날 수 있는 북카페. 좋은 책들과 함께 잔잔한 음악을 들으며 사색의 시간을 즐길 수 있다. 실내 공간은 아담한 편이지만 정원 곳곳에 테이블이 마련되어 있어 제주의 계절을 느끼며 차 한잔 마시기도 좋다.

5월의 힐링 여행
숲길과 곶자왈을 찾아서

제주에서만 만날 수 있는 곶자왈은 돌무더기에서 살아가는 강인한 생명력을 만날 수 있는 독특한 숲이다. 늘 푸르러 언제 가도 상쾌하지만, 나무들 사이로 전해지는 진한 꽃 내음이 느껴지는 5월의 곶자왈이 향기롭고 아름답다. 곶자왈도립공원에서 만나는 자연 그대로의 숲길은 비밀의 숲에 온 듯 신비하다. 에코랜드 기차여행은 또 다른 시선으로 곶자왈을 만날 수 있다. 비자나무로 가득한 비자림도 5월 숲길 여행의 필수 코스! 자연의 소리에 집중해 걷다 보면 도심의 복잡함은 사라지고 저절로 평온해질 것이다.

⚑ 2박 3일 코스 한눈에 보기

첫째 날

① 14:00 비자림 (174쪽)

🚌 260번 간선버스, 711-1번 지선버스
비자림 승차
메이즈랜드 하차

16:00 메이즈랜드 (178쪽)

숙소

둘째 날

② 10:00 돌문화공원 (185쪽)

🚌 701-1, 701-2번 지선버스
제주돌문화공원 승차
교래리소공원 하차

12:00 각지불 (181쪽)

🚌 232번 간선버스
교래리 승차
사려니마을 하차

13:00 샤이니숲길 (184쪽)

🚌 211, 222번 간선버스
231번 간선버스(환승)
사려니마을 승차
교래사거리 환승
교래자연 휴양림 하차

14:00 에코랜드 테마파크 (183쪽)

숙소

셋째 날

③ 10:00 곶자왈도립공원 (186쪽)

🚶 도보

13:00 구억불사나이 (187쪽)

🚌 751-1 지선버스
255번 간선버스(환승)
노리매 승차
브랭섬 홀 아시아 환승
제주오설록 티뮤지엄 하차

14:30 오설록티뮤지엄 (220쪽)

🚶 도보

16:00 제주항공우주박물관 (411쪽)

🚌

공항

비자림

메이즈랜드

돌문화공원

갯지렁이

사이니숲길

에코랜드 테마파크

곶자왈도립공원

구억불삼나이

오설록티뮤지엄

제주항공우주박물관

따뜻한 봄날이 지나고 무더위가 찾아오기 전 6월의 제주는 촉촉함을 머금기 시작한다. 장마가 시작되는 계절이라 언제 날씨가 변할지 모르지만 숲 향기가 더욱 진하게 느껴지고, 안개 속 꽃길이 펼쳐지는 몽환적인 풍경을 마주하게 된다. 특히 물빛 가득한 수국이 제철! 색상도, 종류도 다양한 수국 들을 바라보고 있노라면 사랑스러운 소녀와 함께 그림 속에 있는 듯하다. 쨍하면 쨍한 대로 흐리면 흐린 대로 다채로운 6월 속으로 함께 빠져보자.

물빛 머금은
다채로운 제주

한 폭의 그림이 되는 곳

22week

SPOT **1**

신비스러운 플랜테리어와
비밀의 수국 정원

보롬왓

 남동

주소 서귀포시 표선면 번영로 2350-104 · **가는 법** 221번 간선버스 → 표선면 충혼묘지 정류장 → 동남쪽으로 70m 이동 후 우측 길로 1.1km(도보 20분) · **운영시간** 매일 09:00~18:00 / 깡통열차 운행시간 30분 간격, 첫차 10:00, 막차 17:00 · **입장료** 성인·중고등학생 6,000원, 경로 5,000원, 어린이 4,000원 · **전화번호** 010-7362-2345 · **홈페이지** https://www.instagram.com/boromwat_/

　보롬은 '바람', 왓은 '밭'을 일컫는 제주말이다. 맨 처음 만나는 공간은 카카오 로스터리로, 보롬왓의 초콜릿 제품을 만드는 공정을 두 눈으로 살펴볼 수 있는 곳이다. 실내 화원에 들어서면 이름도 생소한 틸란드시아, 디시디아, 보스턴 고사리 등 미세먼지 정화 식물과 여러 관엽식물이 가득하다.

　특히 화원 입구의 수염틸란드시아가 펼쳐진 길이 무척 신비롭다. 포토존도 예쁘게 꾸며져 있고 꽃과 식물이 가득해 마치 동화 속에 와 있는 것 같다. 꽃과 화분을 구매할 수 있으며, 카페에서 구매한 음료와 빵을 가져와 먹어도 된다.

실내 화원을 빠져나오면 1만 평이 넘는 농장이 펼쳐진다. 튤립, 유채, 메밀, 라벤더, 맨드라미, 수국 등 겨울을 제외하고는 계절에 맞는 여러 꽃들이 피어난다. 여름에는 길게 늘어선 삼나무와 돌담을 따라 비밀의 수국정원까지 산책할 수 있다. 높은 나무가 적당히 그늘을 드리우고 나무 사이로 햇살이 비치며 배경음악 같은 새소리가 넘친다.

TIP
- 계절별로 제각기 다른 꽃과 식물이 자라니 여행 일정을 잡기 전 인스타그램으로 확인해보자.
- 농장을 한 바퀴 돌아볼 수 있는 깡통열차 티켓은 실내 화원에서 판매한다.

주변 볼거리·먹거리

목장카페 드르쿰다

Ⓐ 서귀포시 표선면 번영로 2454 Ⓞ 09:00~18:00 Ⓣ 064-787-5220 Ⓒ 승마 18,000원, 카트 1인승 18,000원 Ⓗ https://delekoomda.modoo.at
10월 4주 소개(348쪽)

SPOT **2**

**60년 편백나무숲이 만들어낸
동화 같은 풍경**

안돌오름
비밀의 숲

 북동

주소 제주시 구좌읍 송당리 2170 · **가는 법** 810-1번 순환버스 → 거슨새미오름 · 안돌오름 정류장 → 맞은편 정류장 좌측 길로 880m 이동 → 사거리에서 우측 길로 420m(도보 20분) · **운영시간** 매일 09:00~18:00 / 기상 악화시 휴무 · **입장료** 1인 4,000원, 65세 이상 3,000원, 7세 이하 2,000원 · **전화번호** 010-5859-0526 · **홈페이지** https://www.instagram.com/secretforest75/

　안돌오름 초입에 위치한 비밀의 숲은 안돌오름을 배경으로 편백나무 숲길이 무척 매력적인 곳이다. 사유지라 초창기에는 일부 사진작가들만 알음알음 다녀갔던 비밀스런 곳이었는데 SNS를 통해 핫플레이스로 소개되면서 정식으로 개장해 저렴한 요금으로 누구나 들어갈 수 있다.

　하늘을 찌를 것만 같은 60년 수령의 편백나무 숲길 언저리마다 계절별로 다른 풍경을 만날 수 있는 초지와 저 너머 드넓은 초원이 펼쳐진다. 창고와 민트색 미니트레일러, 캠핑의자, 야자수와 그네 등 신비롭고 동화스러운 분위기를 만날 수 있어 비밀의 숲이라는 이름이 괜히 붙은 것이 아니라는 생각이 든다. 모든 곳이 포토 스팟이지만, 아침 일찍 혹은 늦은 오후에는 나무 사이사이, 사선으로 스며드는 빛이 더욱 매력적이니 감성 사진을 찍고 싶다면 참고하자.

TIP
- 거슨새미오름 · 안돌오름 정류장 근처로 진입하는 길은 비포장도로로 웅덩이가 많다. 포장도로로 진입하려면 북동쪽으로 2km 직진 후 클린하우스 앞에서 좌회전해서 들어오면 된다.
- 흙길이 대부분이라 비 온 후에는 질척거릴 수 있다.
- 화장실이 없으므로 거슨새미오름 · 안돌오름 정류장 인근 공용화장실을 이용해야 한다.

주변 볼거리 · 먹거리

송당 무끈모루 특별한 기술 없이도 인생 샷이 나오는 송당의 숨겨진 사진 명소. 한반도 지형의 나무길 너머로 보이는 넓은 들판과 제주 오름의 풍경이 무척 아름답다.

Ⓐ 제주시 구좌읍 송당리 2145(송당 무끈모루 정류장)

제주살롱 서점과 북카페, 1인 전용 북스테이를 운영한다. 주인장이 엄선한 책들과 직접 로스팅하는 커피와 함께 사색의 시간을 즐길 수 있다. 부정기로 작가의 강연, 창작수업, 독서모임 등이 열린다.

Ⓐ 제주시 구좌읍 송당2길 7-1 ⓞ 11:00~18:00 / 수, 목요일 휴무 ⓣ 070-8860-7504 Ⓜ 핸드드립 6,000원, 카페라테 7,000원, 청귤에이드 6,000원, 제주호지차 6,000원 Ⓗ https://www.instagram.com/jejusalon

SPOT **3**

건강함이 듬뿍 느껴지는 밥상

선흘방주
할머니식당

주소 제주시 조천읍 선교로 212 · **가는 법** 704-2, 704-3번 지선버스 → 선인동사
거리 정류장 → 선인동사거리까지 20m → 우측 길로 80m(도보 2분) · **운영시간**
10:00~19:00 / 14:30~15:00 브레이크타임 / 18:20 주문 마감 / 동절기 18:00까지
· **전화번호** 064-783-1253 · **대표메뉴** 흑돼지보쌈 50,000원, 검정콩국수 10,000원,
두부전골 1인분 10,000원, 삼채곰취만두 12,000원

 북동

직접 농사 지은 콩과 서리태, 선흘에서 자란 단호박, 도토리와
고사리 등 제주산 식재료로 만드는 로컬 맛집이다. 흑돼지보쌈,
두부전골, 고사리비빔밥, 검정콩국수 등 이름만 들어도 건강함
이 느껴진다. 그중 하이라이트는 두부 요리와 검정콩국수! 아들
이 농사짓고, 제주의 청정 용암해수를 이용해 어머니가 직접 만
드는 해수두부는 투박한 모양이지만 신선함과 정성 가득한 맛
이 전해진다. 게다가 서리태 콩국물에 단호박을 넣은 면으로 만
든 검정콩국수는 콩 특유의 비린내 없이 진하고 고소하다.

삼채곰취만두도 별미! 만두피 대신 곰취잎으로 감싸 향이 기
가 막히다. 몸에 좋은 각종 나물과 천연조미료, 들기름, 직접 만
든 양념 등을 사용해 집밥을 먹는 듯 편안하고 건강한 한 끼 식
사를 할 수 있다.

TIP
• 두부를 만들고 남은 비지는 무료로 제공한다.

1 COURSE
🚌 자동차 1분(도보 5분)

▶ 흐린내생태공원

2 COURSE
🚌 흐린내생태공원 → 구좌상회
(도보 4분) → 종종제주(자동차 2분
(도보 21분))
🚌 선인동 정류장 승차 810-2 순환
버스 → 다희연 정류장 → 도보 9분

▶ 구좌상회

3 COURSE

➡ 종종제주

주소 제주시 조천읍 선흘리 산 62
가는 법 704-1, 704-3번 지선버스 →
선인동 정류장 → 도보 7분

2007년 자연생태우수마을로 지정된
선흘2리의 선인동에 위치하며, 빌레
지대에 형성된 못과 습지, 동굴 등이
있어 보존 가치가 크다. 다양한 습지
식물 및 곤충들이 서식하며, 거문오
름 국제트레킹코스에 포함되어 있다.
약 200m 데크길을 걸으며 한적하게
산책하기 좋다.

주소 제주시 조천읍 선교로 198-5 구
좌상회
운영시간 10:30~18:30 / 화, 수요일 휴무
전화번호 010-6600-6648
대표메뉴 당근케이크 7,500원, 우아한숙
녀(Black Tea) 6,000원
홈페이지 https://www.instagram.com/
rothy_____/

창 너머로 보이는 초록색 뷰 때문에
저절로 힐링할 수 있는 감성 카페이
다. 차분한 인테리어와 빈티지 소품
들로 비밀의 저택 같은 분위기를 느
낄 수 있다. 그래서인지 커피보다는
차가 더 어울린다. 시나몬과 당근 향
이 잘 어울리는 당근케이크도 맛있으
니 함께 즐겨보자.

주소 제주시 조천읍 선교로 66
운영시간 매일 10:30~18:00
전화번호 010-3100-1889
홈페이지 https://www.instagram.com/
jongjong_jeju/

양철 슬레이트로 마감한 외관만큼이
나 눈길을 끄는 선글라스를 낀 갈매
기가 범상치 않다. 종종제주는 다양
한 굿즈를 판매하는 숍으로 개성 강
한 캐릭터가 많으며, 그중 작가와의
협업을 통해 이곳에서만 만날 수 있
는 굿즈도 다양하게 구비하고 있다.
소방공무원들을 위한 트라이탄 보틀
증정 이벤트를 상시 진행 중이다.

6월 둘째 주

사 랑 이 꽃 피 는 수 국 길

23 week

SPOT **1**

20여 년 제주만을 사랑한 작가의 갤러리

김영갑갤러리 두모악

남동

주소 서귀포시 성산읍 삼달로 137 · **가는 법** 731-2번 지선버스 → 삼달1리 구보건 진료소 정류장 → 동쪽으로 220m · **운영시간** 09:30~18:00(여름 18:30까지, 겨울 17:00까지) / 30분 전 입장마감 / 수요일, 1월 1일, 설날, 추석 당일 휴무 · **입장료** 성 인 4,500원, 청소년 3,000원, 어린이 1,500원 · **전화번호** 064-784-9907 · **홈페이지** http://www.dumoak.com/

　김영갑 작가는 고향 부여를 떠나 20여 년간 제주도에 머무르 며 여러 풍경을 사진에 담아왔다. 바다와 섬, 오름 등 작가가 다 녀가지 않은 곳이 없을 정도! 밭에 널린 당근이나 고구마로 허기 를 달래며 밥 먹을 돈까지 아껴 필름을 살 정도로 열정적이었던 그는 지천으로 피어 있는 들꽃도 소중히 사진에 담았다. 작가가 가장 사랑한 곳은 중산간의 오름 풍경. 특히 용눈이오름은 작가 의 예술혼을 불태웠던 곳이다.

주변 볼거리·먹거리

고흐의정원 스펀지 AR 앱을 통해 고흐의 작품을 3D로 즐길 수 있는 체험형 박물관. 고흐미로정원, 고흐스튜디오체험관 등 다양한 체험거리가 있다.

Ⓐ 서귀포시 성산읍 삼달신풍로 126-5 Ⓞ 09:30~18:30(입장 마감 17:30) Ⓣ 064-783-6700 Ⓒ 성인 12,000원, 청소년 10,000원, 소인 8,000원 Ⓗ http://www.jejugoghart.com

정체불명 일본 전통 가옥 같은 독특한 외관으로 독립된 룸에서 식사를 할 수 있다. 메뉴는 수제햄버거와 피자 두 종류! 새벽은 새우와 돼지고기, 고벽은 고등어와 돼지고기로 만든 패티가 들어간다.

Ⓐ 서귀포시 성산읍 삼달로163번길 34 Ⓞ 12:00~21:00(사장님 혼자 운영하는 곳이라 예약 필수) / 화, 수요일 휴무 Ⓣ 010-5097-1099 Ⓜ 고벽 15,000원, 새벽 18,000원, 비프 파스트라미피자 24,000원

루게릭병 진단을 받고 남은 생애 동안 폐교된 초등학교를 손수 꾸며 2002년 여름 두모악이라는 이름의 사진 갤러리를 오픈했다. 오랜 투병 생활 끝에 2005년 두모악 갤러리에서 잠들었지만, 그의 사진은 김영갑갤러리에서 상시 전시되고 있다.

사진을 둘러본 후에는 정원 산책을 잊지 말자. 작가가 생전에 현무암을 직접 쌓아 올린 담장과 잘 어우러진 아담한 조경수들이 애틋하게 느껴진다.

SPOT **2**

탐라 신화가 머무는 수국 명소

혼인지

주소 서귀포시 성산읍 혼인지로 39-22 · **가는 법** 722-1, 722-2번 지선버스 → 혼 인지입구 정류장 → 북동쪽 상동 교차로까지 55m 이동 → 삼거리에서 좌측으로 548m(도보 10분) · **운영시간** 08:00~17:00 · **입장료** 무료 · **전화번호** 064-710- 6798 · **홈페이지** https://blog.naver.com/jejuhoninji/

 남동

　　탐라국의 시조인 삼신인이 벽랑국 세 공주와 혼인했다고 하 는데, 오곡 종자와 우마를 가지고 온 공주들이 도착한 곳이 연혼 포이며, 연못에서 혼례를 올렸다고 하여 혼인지가 되었다는 이 야기가 있다. 혼례를 올린 후 신혼을 보냈다는 신방굴로 들어가 면 신기하게도 다시 세 갈래로 나뉜 굴이 나온다. 신방굴뿐만 아 니라 500여 평의 넓은 연못 앞에 삼공주추원비와 삼공주의 위패 를 봉안한 삼공주추원사가 있다.

주변 볼거리·먹거리

해안누리길 환해장성로 해안누리길 48번 코스. 신양해수욕장을 출발해 희진주유소까지 총 10.3km 도보여행 코스. 아름다운 바다, 돌담, 환해장성, 연혼포 등 제주의 풍경과 신화, 역사가 담겨 있다.

Ⓐ 서귀포시 성산읍 고성리 186-2(시작점)~서귀포시 성산읍 신산리 1166-1(종점 : 희진주유소)

분식후경 햄과 단무지 없이 미나리 혹은 부추 등 3가지 재료밖에 안 들어가지만 밥을 짓는 육수부터 남다른 건강 김밥.

Ⓐ 서귀포시 성산읍 온평포구로62번길 22-1
Ⓞ 11:00~21:00 / 16:00~17:00 브레이크 타임 / 수, 목요일 휴무 Ⓣ 064-782-2888 Ⓜ 미나리김밥 5,000원, 부추김밥 5,000원, 떡볶이 6,500원, 제주한치미나리전 18,000원 등

혼인지는 1971년 제주특별자치도기념물 제17호에 지정된 유적지이자 사적지로 산책로가 잘 조성되어 있다. 솔바람이 불어오는 소나무길, 고풍스러운 건물과 키 낮은 돌담을 따라 탐스러운 6월의 수국이 더욱 즐겁게 한다.

SPOT **3**

매콤하게 즐기는 푸짐한 한상

성산 갈치조림 순덕이네

주소 서귀포시 성산읍 온평서로 48 · **가는 법** 722-1, 722-2번 지선버스 → 혼인지입구 정류장 → 동남쪽으로 175m → 우측 길로 70m → 사거리에서 북쪽으로 310m(도보 10분) · **운영시간** 09:30~18:00 / 16:30 주문 마감 · **전화번호** 064-784-0073 · **대표메뉴** 돌문어볶음 33,000원, 갈치조림 37,000원, 성게톳밥 16,000원, 돌문어톳죽 15,000원

남동

기본 찬부터 범상치 않다. 톳과 문어숙회, 대여섯 가지 따끈한 전, 제철 생선구이, 각종 밑반찬까지! 단품 메뉴를 주문해도 푸짐한 반찬이 나올 정도로 넉넉한 인심을 자랑한다. 돌문어, 갈치, 고등어, 옥돔, 전복 등 싱싱한 제주산 해물로 만드는데, 가장 인기 있는 메뉴는 돌문어볶음이다. 돌문어와 홍합을 매콤하게 볶아 소면과 곁들여 나오는데 양도 푸짐하고 듬뿍 올려진 깻잎이 입맛을 돋운다. 달걀과 무채, 김, 참기름이 들어간 비빔밥을 추가로 주문해 돌문어볶음과 쓱쓱 비벼 먹어도 좋다.

매운 음식이 부담스럽다면 돌문어톳나물전, 돌문어톳죽을 주문해보자. 쫄깃한 돌문어와 싱싱한 톳이 만나 건강한 맛이 느껴진다.

1 COURSE

🚗 자동차 11분
🚌 711-2번 지선버스 → 평대초
등학교 정류장 → 도보 4분

➤ 김녕미로공원

2 COURSE

🚗 자동차 13분
🚌 711-2번 지선버스 → 종달항
정류장 → 도보 20분

➤ 평대앓이

3 COURSE

➤ 종달리수국길

주소	제주시 구좌읍 만장굴길 122
운영시간	매일 09:00~17:50 / 17:00 입장마감
입장료	성인 7,700원, 청소년 6,600원, 어린이 5,500원
전화번호	064-782-9266
홈페이지	http://www.jejumaze.com
가는 법	711-1, 711-2번 지선버스 → 김녕미로공원 정류장

제주도 해안선을 본따 제주의 7개 상징을 담은 우리나라 최초의 미로공원. 세계적으로 유명한 영국의 미로 디자이너 애드린 피셔가 설계했다. 사계절 푸른 랠란디나무 사이를 누비기만 해도 상쾌하기 이를 데 없다. 고양이공원이라고 부를 정도로 친근하고 상냥한 50여 마리의 고양이들이 함께한다.

주소	제주시 구좌읍 비지림로 2718-3
운영시간	08:00~20:00 / 15:00~17:00 브레이크타임 / 14:00, 19:00 주문마감 / 화, 수요일 휴무
전화번호	064-783-2470
홈페이지	https://www.instagram.com/pyeongdae_re/
대표메뉴	딱새우사시미 35,000원, 수비드 제주흑돼지 안심스테이크 18,000원, 한라산파스타 18,000원, 앓이덮밥 16,000원

제주 딱새우 회와 수비드 제주흑돼지를 맛볼 수 있는 곳. 특히 싱싱한 딱새우 회는 비린내 없이 쫀득하고, 딱새우 대가리를 넣은 라면이 서비스로 제공된다. 셰프 혼자 요리하는 곳으로 1팀당 최대 4인까지 입장 가능하며 음식 준비에 시간이 조금 걸린다.

주소	제주시 구좌읍 종달리 85-1

동쪽 해안도로에서 만나는 1km 수국길이다. 바다를 배경으로 풍성한 수국이 가히 환상적이다. 보행자도로는 한쪽만 되어 있기 때문에 차도 옆 수국길에서 사진 촬영은 위험하다.

6월 셋째 주

물감을 뿌려놓은 듯한 수국길

24week

SPOT 1
이국적인 여름 수국 정원
카멜리아힐

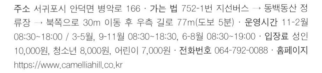

주소 서귀포시 안덕면 병악로 166 · 가는 법 752-1번 지선버스 → 동백동산 정류장 → 북쪽으로 30m 이동 후 우측 길로 77m(도보 5분) · 운영시간 11-2월 08:30~18:00 / 3-5월, 9-11월 08:30~18:30, 6-8월 08:30~19:00 · 입장료 성인 10,000원, 청소년 8,000원, 어린이 7,000원 · 전화번호 064-792-0088 · 홈페이지 https://www.camelliahill.co.kr

남서

  500여 품종의 동백나무가 울창한 숲을 이루는 카멜리아힐은 아시아에서 가장 큰 규모의 동백수목원이다. 가을부터 시작하는 동백은 봄까지 피어나고, 봄에는 참꽃과 100여 종류의 철쭉, 여름에는 수국과 맥문동, 가을에는 핑크뮬리가 정원을 장식한다.
  여름에 피는 수국은 다양한 종류와 색상으로 방문자들의 눈을 즐겁게 한다. 중간중간 포토존 역시 방문객들을 주인공으로 만들어주는 일등공신! 세련미 가득한 온실과 정성으로 가꾼 키 큰 수국들은 초록의 숲과 잘 어우러져 이국적인 풍경을 선사한다. 산책로 중간중간 카페에서 시원한 음료를 마시며 휴식을 취하기에 좋다. 카멜리아힐 끝자락에 있는 숍에서는 카멜리아힐에서 직접 만든 제품들을 포함한 제주 굿즈들이 진열되어 있다.

TIP
· 반려견은 체중 8kg 이하만 입장 가능하다.

주변 볼거리·먹거리

피규어뮤지엄 제주
정교한 피규어들이 전시되어 있는 공간이다. 1960~1970년대 추억 가득한 작품과 현재의 히어로 작품이 같이 있어 남녀노소 누구나 즐길 수 있다.

Ⓐ 서귀포시 안덕면 한창로 243 Ⓞ 09:30~18:00 Ⓣ 064-792-2244 Ⓒ 성인 12,000원, 청소년 10,000원, 어린이 9,000원 Ⓗ http://www.figurejeju.com

터틀락 넓은 정원 때문에 여유로움이 느껴지는 카페. 잔디밭을 누비며 아이들과 반려견들이 즐거운 시간을 보낼 수 있다. 시그니처 메뉴는 터틀락을 닮은 숲크림라테와 돌크림라테로 쌉싸름한 쑥과 고소한 흑임자 크림이 각각 들어가 있는데 커피와 매우 잘 어울린다. 디저트들은 쌀가루를 베이스로 만든다.

Ⓐ 서귀포시 안덕면 한창로110번길 44 Ⓞ 10:00~18:00 / 17:30 주문 마감 / 화요일 휴무 Ⓣ 064-792-2244 Ⓜ 돌크림라테 6,500원, 숲크림라테 6,500원, 한라봉스무디 7,500원 Ⓗ https://www.instagram.com/cafe_turtlerock/

꽃을 사랑하는 마음이 담긴
동광리수국길

 남서

주소 서귀포시 안덕면 신화역사로(동광양잠단지사거리에서 서쪽으로 100m) · **가는 법** 752-2 지선버스 → 동광단지 정류장 → 남쪽 동광양잠단지 사거리 26m → 우측 길로 20m → 우측길로 104m (도보 2분) · **입장료** 1인 5,000원(현금 결제, 요구르트 포함)

꽃을 사랑하는 아주머니가 오랜 기간 정성으로 가꾼 약 50m 길이의 수국길이다. 커다란 나무들과 키가 큰 색색깔 수국들이 잘 어우러진다. 수국길이 끝날 때쯤 깔끔하게 잘 관리된 잔디밭과 수국을 만날 수 있다. 가지런한 수국길과 3단으로 심어진 수국이 벽을 이루는 수국 정원으로 마을 수국길과는 또 다른 매력이 있다. 사유지라 입장료를 내야 둘러볼 수 있는데 입장료에는 요구르트가 포함되어 있으며 수국 정원 맞은편 길모퉁이 가게에서 맛볼 수 있다. 가게 뒤편 정원까지 다녀오면 오직 꽃에 대한 열정으로 이곳을 돌봤을 아주머니의 마음을 조금이나마 알 것 같다. 수국 개화 시기에 맞추지 않아도 계절별 꽃들이 예쁘게 피어 있어 구경하기 좋다.

주변 볼거리·먹거리

무민랜드

Ⓐ 서귀포시 안덕면 병악로 420 Ⓞ 매일 10:00~19:00 / 18:00 입장 마감 Ⓣ 064-794-0420 Ⓒ 성인 15,000원, 청소년 14,000원, 소인 12,000원 Ⓗ http://www.moominlandjeju.co.kr 1월 2주 소개(48쪽)

동광메밀짬뽕 고소한 메밀면과 잘 어우러지는 진한 국물에 불맛 가득한 짬뽕이 맛있는 곳이다.

Ⓐ 서귀포시 안덕면 신화역사로 581 Ⓞ 11:00 ~17:00 / 수요일 휴무 Ⓣ 064-792-0887 Ⓜ 메밀해물짬뽕 11,000원, 메밀짜장면 7,000원, 탕수육(미니) 13,000원부터

TIP
• 길모퉁이가게는 수국 시즌에만 운영한다.
• 수국 정원에서의 웨딩, 스냅, 상업적 촬영은 예약 후 이용해야 하며, 드론 촬영은 금지되고 있다.(길모퉁이가게 문의)

SPOT **3**

숨겨진 원시림을 마주하는 곳

히든클리프
호텔 앤 네이처

주소 서귀포시 예래해안로 542 · **가는 법** 633번 지선버스 → 상예입구 정류장 → 남쪽으로 375m → 맞은편 · **전화번호** 객실문의 02-2277-9999(주중 09:00~18:00) · **이용안내** 입실 14:00, 퇴실 11:00 / 기준인원 : 2인 기준, 최대 3인(영유아 포함) 단, 패밀리 스위트 성인 3인 기준(최대 4인, 영유아 포함) 인원 추가요금 : 48개월 미만 무료, 48개월 이상 24,200원(사전 인원 추가 시 22,000원), 침대추가 요청 가능 55,000원(객실 별 컨디션 상이) 조식뷔페 성인 41,000원, 어린이 (48개월~초등학생까지) 22,000원 / 인피니티풀 이용시간 09:00~22:00(19:30~22:00 유료) / 비수기 및 성수기에 따른 자세한 가격은 홈페이지 참고 · **홈페이지** https://www.hiddencliff. kr · **etc** 부대시설 파노라마(다이닝), 비욘드(루프탑 바), 치치(라운지카페), 인피니티풀, 키즈 플레이 룸, 피트니스 센터, 펠리체 아로마, 히든트레일, 옥상정원

 남

TIP
• 인피니티풀은 저녁을 제외하고 입장 횟수에 제한이 없다.
• 19:30 이후 '풀 문 나이트 인 뮤직'이라는 프로그램으로 유료 운영된다.
  (문의 : 064-795-4151)

천혜의 자연 환경으로 각광받고 있는 예래동에 위치한 5성급 호텔이다. 예래천을 중심으로 넓게 펼쳐진 숲과 잘 어우러져 머무르는 것만으로도 편안함을 느낀다. 가장 뛰어난 매력은 인피니티풀! 국내 최대 규모로 지상에서 15m, 예래천에서 35m 떨어져 있는 데다 수영장 끝과 맞은편 원시림 풍경이 비밀스러운 숲에서 수영하는 느낌을 준다. 어느 계절이나 따뜻한 온수풀이라 저녁에는 화려한 조명과 음악 속에서 수영할 수 있으니 특별한 시간을 보내고 싶다면 신청해보자.

부대시설이 잘되어 있어 체크인하는 순간부터 체크아웃까지 호텔 내에서 나오지 않고 오롯이 호캉스를 즐기기에도 최적이다. 아름다운 제주의 풍경이 시원스럽게 펼쳐지는 레스토랑과 루프탑 바에서 맛있는 음식과 함께하는 즐거운 시간을, 오로지 호텔 내에서만 접근 가능한 숨겨진 산책로에서는 여유롭게 자연을 즐길 수 있다.

주변 볼거리 · 먹거리

대왕수천예래생태공원 대왕수천을 따라 펼쳐져 졸졸졸 흐르는 물소리와 푸르름이 가득한 공원은 시간을 내어 잠시 걷기만 해도 절로 힐링이 된다.

Ⓐ 서귀포시 상예동 5002-26

사우스바운더 꽃향, 과일향, 흑맥주 등 수제 맥주 브루어리. 감각적인 인테리어 속에서 즐거운 시간을 보낼 수 있다. 샘플러를 주문해서 먹어보고 추가로 주문해도 되고 포장도 가능하다.

Ⓐ 서귀포시 예래로 33 Ⓞ 16:30~01:00 / 00:30 주문마감 Ⓣ 064-738-7536 Ⓜ 사우스바운더 시그니처 피자 24,000원, 버터밀크치킨 23,000원, 버블비어 9,900원

SPOT 4

힐링 에너지가 가득한
내추럴 공간

이니스프리
제주하우스

 남서

TIP
• 매장에서 비누키트를 구입해 비누를
만들 수 있으며, 2인 1키트 사용이 가
능하다. 사전예약 없이 선착순으로만
진행된다.

주소 서귀포시 안덕면 신화역사로 23 · **가는 법** 151번 급행버스 → 오설록 정류장 → 동쪽으로 260m(도보 4분) · **운영시간** 09:00~18:00 · **전화번호** 064-794-5351 · **대표메뉴** 해녀바구니브런치 20,000원, 제주 피크닉 세트 43,000원, 한라산케이크 16,000원

화장품, 굿즈, 체험, 음료와 디저트, 간단한 식사까지, 모든 것을 한자리에서 즐길 수 있는 이니스프리 브랜드 홍보 체험관이다. 제주하우스에서만 구매할 수 있는 특별한 화장품과 굿즈가 있으며, 유료 체험과 무료 체험도 진행하고 있다. 건물은 총 2동이 있는데 왼쪽은 브런치나 간단한 식사, 오른쪽은 디저트와 음료를 즐길 수 있는 공간이다.

그중 전통 해녀 바구니에 담은 브런치와 토핑을 직접 뿌리는 재미가 있는 한라산케이크, 제주의 오름을 담은 오름빙수가 인기다. 오설록티뮤지엄으로 이어진 아담한 산책길을 걸어보며, 잔디밭에 잠시 앉아 힐링의 시간을 갖기 더없이 좋다

주변 볼거리·먹거리

오설록티뮤지엄 우리나라 최초의 녹차 박물관이다. 차의 역사와 옛 다구, 세계의 찻잔이 전시되어 있으며, 녹차 음료와 디저트를 즐길 수 있다.

Ⓐ 서귀포시 안덕면 신화역사로 15 ⓞ 09:00~18:00 ⓣ 064-794-5312 Ⓜ 제주 말차 소프트 아이스크림 5,800원, 그린티 롤케이크 6,500원 Ⓗ https://www.osulloc.com/kr/ko/stores/teamuseum

1 COURSE
🚗 자동차 1분(도보 8분)

▶ 문화예술공공수장고

2 COURSE
🚗 자동차 1분

▶ 방림원

3 COURSE

▶ 우호적무관심

주소	제주시 한경면 저지12길 103
운영시간	10:00~18:00 / 17:00 주문 마감
전화번호	010-3523-2866
홈페이지	http://www.instagram.com/woomoo.cafe
대표메뉴	라벤더 라테 7,500원, 한라봉에이드 7,000원, 구좌당근주스 7,000원

저지문화예술마을에 위치한 한적한 카페. 적당한 거리, 프라이빗한 공간, 심플함, 절제미가 돋보이는 매력적인 카페다. 콘크리트 건물은 시크함이, 통유리창으로 들어오는 빛들은 따뜻함이 가득하다.

주소	제주시 한경면 저지12길 84-2
운영시간	09:20~17:20 / 20분 간격, 25회 / 월요일, 설, 추석 당일 휴관
입장료	어른 4,000원, 청소년 2,000원, 어린이 1,000원
전화번호	064-710-4156
홈페이지	http://www.jejuglasscastle.com
가는 법	제주국제공항 820-2 순환버스 → 방림원 정류장 → 도보 5분

2019년 개관한 전국 지자체 최초의 미술품 관리 전용 수장고. 각종 예술 작품을 보관하는 역할뿐 아니라 제주 현대미술관 전시 작품으로 제작한 미디어 아트 전시를 감상할 수 있다. 규모는 크지 않지만 벽면뿐 아니라 천정과 바닥까지 영상이 펼쳐지기 때문에 즐겁게 감상할 수 있다.

주소	제주시 한경면 용금로 864
운영시간	3-10월 09:00~18:00, 11-2월 09:00~17:00 / 입장 마감 폐장 1시간 전
입장료	성인 8,000원, 청소년, 어린이 6,000원
전화번호	064-773-0090
홈페이지	http://www.banglimwon.com

봄에는 야생화, 여름에는 수국, 가을에는 국화, 겨울에는 고사리와 동백, 계절별로 다양한 꽃과 식물들을 만날 수 있다. 야생초 화장품으로 만드는 마스크팩, 석고방향제, 감귤체험과 주스 만들기, 나만의 화분 만들기 등의 체험 프로그램을 진행한다.

소박하고 정다운
산수국길을 걸어요

25 week

SPOT **1**

누구나 편하게 즐길 수 있는
자연생태공원

한라생태숲

주소 제주시 516로 2596 · **가는 법** 212, 281번 간선버스 → 한라생태숲 정류장 맞
은편 · **운영시간** 09:00~18:00(동절기 17:00까지) · **전화번호** 064-710-8688 · **홈페**
이지 http://www.jeju.go.kr/hallaecoforest/index.htm

북

방치되었던 야초지를 숲으로 복원한 총면적 194헥타르의 광
활한 생태공원이다. 총 17개의 테마별 숲과 식물원이 있는데, 하
루에 다 둘러보기 어려우니 계절별로 테마를 정해 둘러보자. 수
생식물원을 기본으로 하고, 봄에는 목련총림과 참꽃나무숲, 벚
나무숲, 여름에는 산수국이 피어나는 암석원과 양치식물원, 가
을에는 산열매나무숲과 단풍나무숲이 좋다. 긴 세월 고로쇠나
무와 때죽나무가 한몸이 된 연리목은 한라생태숲의 명물이며,

아라 삼의악 트레킹 코스 고사리평원, 목장, 샘, 하천과 자연림이 잘 어우러진 1.6km의 트레킹 코스. 6월부터 삼의악 곳곳에 피어나는 산수국은 걷는 내내 즐거움을 준다.

Ⓐ 제주시 아라1동 산 24-2

팩토리소란 참숯으로 로스팅한 원두를 융드립, 에어로프레스, 사이폰 등 여러 방법으로 즐길 수 있다. 도자기 공방을 함께 운영하는 곳으로 아기자기한 도자기 작품과 전시회도 관람할 수 있다.

Ⓐ 제주시 한북로 337-5 Ⓞ 11:00~18:00 / 일요일 휴무 Ⓣ 070-4548-6428 Ⓜ 융드립 6,000원, 에어로프레스 5,000원, 카페스어다 (베트남식 아이스 연유커피) 6,500원

울창한 숲길을 걸으며 산림욕을 즐기고 싶다면 숫모르편백숲길을 걸어봐도 좋다. 이곳은 절물자연휴양림을 거쳐 노루생태관찰원까지 이어지기 때문에 숲길을 완주하고 싶다면 여행 일정을 넉넉하게 잡는 것이 좋다.

TIP
- 취사를 할 수 없고, 지정된 장소에서만 식사를 할 수 있다.
- 반려동물 입장, 공과 자전거, 킥보드, 인라인 등의 반입을 금지한다.
- 동절기를 제외하고는 하루에 두 번(오전 10시, 오후 2시) 숲해설을 진행하며 숲프로그램은 홈페이지에서 사전예약을 해야 참여 가능하다.

SPOT **2**
천국의 계단에 피어난 산수국
영주산

주소 서귀포시 표선면 성읍리 산 18-1 · **가는 법** 721-3번 지선버스 → 영주산 정류
장 → 맞은편 180m 이동 → 우측 길로 450m(도보 10분)

 남동

　한라산의 옛이름이 붙어진 성읍의 영주산은 화산체이지만 오
름이 아닌 산으로 불린다. 마을 주민들은 신성한 산으로 여기는
데 울창하고 깊은 숲이 아니라 초지가 대부분이다.

　정상으로 가는 내내 탁 트인 주변 경관이 감탄사를 불러일으
킨다. 한가로이 풀을 뜯는 소떼들, 풍력발전단지, 주변 오름, 저
수지, 성읍의 마을 풍경 등 제주의 알프스라고 불릴 정도로 목가
적인 풍경이 펼쳐진다. 영주산을 올라가는 방법은 2가지! 오름

능선으로 곧장 오르는 직선 코스와 계단으로 올라가는 코스가 있다. 계단은 경사가 가파르지 않고 주위로 산수국이 피어 있어 소박한 아름다움을 준다.

TIP
• 낮에는 소를 방목하는데, 먼저 공격하는 일은 없지만 무리 안으로 들어가거나 송아지에게 너무 가까이 다가가지 않는 것이 좋다.

주변 볼거리·먹거리

 선재다원 직접 담근 수제차와 직접 농사지은 호박으로 간단한 먹거리를 내는 맛집이다. 특히 시원한 육수에 포슬포슬한 감자와 은은한 호박잎 향이 더해진 수제비가 별미다.

Ⓐ 서귀포시 표선면 성읍민속로 148 ⓞ 10:30~19:00 ⓣ 010-3692-1232 Ⓜ 호박잎수제비(구수한 맛) 10,000원, 왕만두수제비(칼칼한 맛) 10,000원, 멧돌호박전 15,000원 Ⓗ https://www.instagram.com/seonjae62/

SPOT **3**

말 테마 카페
말로

북동

주변 볼거리 · 먹거리

붉은오름자연휴양림
누구나 걷기 쉬운 숲길부터 오름까지 올라가는 숲길 등 다양한 걷기 코스를 제공한다. 목재문화체험장에서 간단한 목공예 체험과 아로마테라피 체험도 즐길 수 있다.

Ⓐ 서귀포시 표선면 남조로 1487-73 Ⓞ 09:00~18:00 Ⓣ 064-760-3481 Ⓒ 일반 1,000원, 청소년 600원 / 주차료 경형 1,000원, 중·소형 2,000원, 대형 3,000원 Ⓗ https://healing.seogwipo.go.kr/redforest/redintro.htm

TIP
- 입간판이 작아 놓치기 쉽다. 정원이 넓은 전원주택처럼 보이지만 입구에 있는 나무 간판과 배너가 있는 곳으로 쭉 들어가자.
- 음료를 주문하지 않아도 입장료를 내면 체험할 수 있다. (성인 4,000원, 36개월~초등학생 2,500원)
- 반려동물 동반 가능

주소 제주시 조천읍 님조로 1785-12 · **가는 법** 231번 간선버스 → 교래리 정류장 → 북쪽으로 400m → 삼거리에서 좌측 길로 125m → 좌측 길로 75m · **운영시간** 매일 11:00~18:00 / 17:00 주문 마감 / 임시휴무 인스타그램 공지 · **전화번호** 010-6691-5197 · **홈페이지** http://www.instagram.com/cafe_malloh/ · **대표메뉴** 말로커피 8,000원, 말로니라테 7,500원, 제주말차라테 7,500원, 청귤에이드 7,500원

직접 그린 말 그림과 말을 테마로 한 소품, 우표, 승마잡지 등 말을 사랑하는 마음이 듬뿍 담긴 카페. 앤틱한 유럽풍 건물에 초록이 가득한 넓은 정원과 포니 목장까지 카페와 체험 2가지를 동시에 즐길 수 있다. 삼다수숲길 입구로 가는 길에 있고 주변에는 오름과 목장들이 대부분이라 한적하고 넓은 잔디마당에 앉아 여유로운 시간을 보낼 수 있다. 특히 6월에는 정원 곳곳에 피어난 산수국길을 산책할 수 있다. 카페 이용객들은 추가 요금을 내면 포니목장에서 당근 먹이 주기 체험을 할 수 있다. 넓은 목장에서 자유롭게 지내던 포니들은 당근을 들고 가면 신기하게도 울타리 근처로 온다. 넓은 목장, 이국적인 포니집, 그리고 사랑스러운 포니들까지! 사진 찍기도, 체험하기도 참 좋다. 포니들은 굉장히 순하지만 안전 사고를 대비해 어린아이는 보호자와 함께 먹이를 주자.

1 COURSE

🚗 자동차 23분
🚌 대천환승정류장(교래방향)
810-2 순환버스 → 다희연 정류장

▶ 사려니숲길

2 COURSE

🚗 자동차 24분
🚌 거문오름입구 정류장 221번
간선버스 → 성읍분투왓 정류장
→ 도보 5분

▶ 제주라프

3 COURSE

🚗 자동차 24분

▶ 노바운더리 제주

주소 제주시 조천읍 교래리 산 137-1 /
서귀포시 표선면 가시리 산 158-4
(사려니숲길 붉은오름 입구)
가는 법 비자림로 교래입구 정류장 212,
222번 간선버스 → 사려니숲길
정류장 → 도보 3분

비자림로에서 물찻오름을 지나 사려
니오름까지 이어지는 15km 숲길로
제주시의 숨은 비경 중 하나다. 물찻
오름과 사려니오름 및 일부 구간은
탐방을 제한하지만 매년 열리는 '사려
니숲 에코힐링' 행사 때 한시적으로
개방한다. 사려니숲길로 진입하는 방
법은 2가지 경로가 있으나 자동차로
이동한다면 주차장이 있는 사려니숲
길 붉은오름입구를 추천한다.

주소 제주시 조천읍 선교로 115-1
운영시간 09:00~18:00(12:00~13:00 장
비점검) / 17:30 발권마감
입장료 라플라이(짚라인) 35,000원, 라
풋(족욕) 12,000원
전화번호 064-784-9030
홈페이지 https://jejulaf.com

녹차밭을 배경으로 세계적인 아티스
트의 설치미술품과 레포츠, 족욕, 먹
거리를 한곳에서 만날 수 있는 복합
문화공간. 특히 짚라인 라플라이가
인기. 총 4개의 코스로 환상적인 풍경
속에서 짜릿한 즐거움을 선사한다.

주소 서귀포시 표선면 번영로 2610
운영시간 10:00~19:00 / 18:15 주문 마감
전화번호 064-787-8808
대표메뉴 오징어 먹물 리조또 21,000원,
노바 빅 브랙퍼스트 18,500원,
아메리카노 6,000원, 제주당근
과 사과 착즙 주스 8,000원

5,000평 대지 위에 세워진 카페로 독
특한 건축물이 인상적이다. 야외 테
이블도 여럿 비치되어 있어 제주의
푸른 자연과 함께하며 시간을 보내기
좋다. 브런치와 와인바, 갤러리가 함
께 하는데 인테리어가 모던하고 고급
스러워 모든 공간이 갤러리에 머무르
는 듯하다. 음료, 디저트, 식사, 와인
까지 다양한 음식이 준비되어 있다.

6월의 수국 여행
물빛 담은 화려한 꽃길 여행

장마가 올 무렵 축축한 계절에 피는 수국은 제주 전역을 화려하게 물들인다. 세련된 플랜테리어와 함께하는 수국부터 전통적인 분위기와 잘 어울리는 수국까지 어느 장소에 피었는지에 따라 분위기가 확 달라진다. 그렇기에 제주의 여러 곳을 돌아다녀도 수국 나들이는 전혀 지루하지 않다. 수국과 함께 비밀스러운 숲속 산책도 적극 추천해본다. 모든 곳이 물빛을 머금어 다른 계절보다 다채로움을 전해준다.

🚩 2박 3일 코스 한눈에 보기

첫째 날

① 14:00 흐린내생태공원 (207쪽)

810-1번 순환버스 212번 간선버스(환승)
선인동 승차 대천환승정류장(세화방향) 환승 거슨새미오름, 안돌오름 하차

15:00 안돌오름 비밀의 숲 (204쪽)

211-212 간선버스, 711-1 지선버스(환승)
거슨새미오름, 안돌오름 승차 대천환승정류장(표선방향) 환승 표선면 충혼묘지 하차

둘째 날

12:00 혼인지 (210쪽)

293번, 295번 간선버스
삼달1리 구보건진료소 승차 혼인지입구 하차

② 10:00 김영갑갤러리 두모악 (208쪽)

숙소

16:30 보롬왓 (202쪽)

13:30 성산 갈치조림 순덕이네 (212쪽)

201번 간선버스 711-2번 지선버스(환승)
혼인지입구 승차 종달리 환승 종달항 하차

15:00 종달리 수국길 (213쪽)

711-2 지선버스
종달항 승차 김녕미로공원 하차

셋째 날

13:00 이니스프리제주하우스 (220쪽)

784-2번 지선버스
산양 큰엉곶 입구 승차 제주오설록 티뮤지엄 하차

③ 10:00 산양큰엉곶 (188쪽)

숙소

16:00 김녕미로공원 (213쪽)

771-1 지선버스 752-2 지선버스(환승)
제주오설록 티뮤지엄 승차 동광육거리 환승 동광단지 정류장 하차

14:00 동광리수국길 (216쪽)

752-1 지선버스, 784-1 지선버스(환승)
동광단지 승차 제주신화월드 테마파크 환승 방림원 하차

16:00 방림원 (221쪽)

공항

호린내생태공원
안돌오름 비밀의 숲
보롬왓
김영갑갤러리
혼인지
성산 갈치조림 순덕이네
종달리 수국길
김녕미로공원
산양큰엉곳
이니스프리제주하우스
물광리 수국길
빙림원

뜨거운 햇볕이 내리쬐는 7월의 제주는 본격적인 피서철의 시작으로 섬 여기저기가 들썩이기 시작한다. 여름에 더욱 짙어지는 제주의 다채로운 색 속에 오랜 시간 자연이 만들어낸 풍경을 더하면 이야기는 더욱 풍성해진다. 제주의 자연에 오롯이 스며든 건축물과 마을, 자연 풍경에 담긴 전설까지 알고 보면 더욱 재미있는 제주를 소개한다. 게다가 익사이팅하게 즐길 수 있는 체험까지! 풍성한 이야기, 다양한 즐길 거리로 가득하다.

조금은
비밀스러운 곳을
찾아서

제주에 녹아든 건축물

26 week

SPOT 1

제주의 자연을 담은 교회

방주교회

 남서

주소 서귀포시 안덕면 산록남로762번길 113 · **가는 법** 752-2번 지선버스 → 상천리 정류장 → 맞은편 동쪽으로 620m 이동 → 우측 길로 60m(도보 10분) · **운영시간** 외부 개방 시간 : 예배 시간 외 상시 개방, 내부 개방 시간 : 예배 시간 외 평일·공휴일 09:00~17:00, 금요일 09:00~22:00, 토요일 9:00~13:00 / 예배 시작 시간 : 일요일 09:30, 11:00, 14:00, 수요일 11:00 · **홈페이지** http://www.bangjuchurch.org

　　노아의 방주를 모티브로 설계된 이타미 준의 작품으로 제주의 자연환경과 잘 어우러진 성전 건축물이다. 제주 서쪽의 드넓은 풍경과 함께 햇살과 구름, 물, 바람 등 제주의 자연을 건축물에 고스란히 녹이고자 노력한 흔적을 곳곳에서 찾아볼 수 있다. 원래 지붕 위에 올리는 십자가를 교회 안에 숨기고 있다는 것도 이색적이다.

　　이타미 준은 자연 요소를 건축물에 반영하며, 지역의 특성을 살린 건축물을 설계하기로 유명하다. 예술가로 끝까지 한국 국적을 포기하지 않고, 일본과 한국을 오가며 많은 작품을 남겼다. 특히 제주도는 제2의 고향으로 생각할 정도로 아끼고 사랑했다고 한다. 방주교회는 2010년 제33회 한국건축가협회의 건축물 대상을 수상했으며, 그 외에 포도호텔, 수풍석미술관, 비오토피아 타운하우스 등을 건축했다.

TIP
• 아름다운 건축물 이전에 예배를 드리는 경건한 장소임을 잊지 말자.

SPOT 2

동서양의 다양한 예술 작품을
만날 수 있는

본태박물관

 남서

주소 서귀포시 안덕면 산록남로762번길 69 · **가는 법** 752-1번 지선버스 → 상천
리 정류장 → 동남쪽으로 1.3km(도보 18분) · **운영시간** 10:00~18:00 · **입장료** 성
인 30,000원, 청소년 20,000원, 어린이 10,000원 · **전화번호** 064-792-8108 · **홈페이지**
http://www.bontemuseum.com

　우리나라의 옛 일상용품을 전시하는 1관을 시작으로 백남준,
피카소, 달리 등 유명 현대미술 작품을 상설 전시하고 있어, 동
서양을 넘나드는 다양한 예술작품을 감상할 수 있다. 가장 인기
있는 곳은 현대미술의 거장 쿠사마 야요이의 '무한거울방-영혼
의 반짝임, 2008'이 영구 설치되어 있는 3관이다. 시시각각 변하
는 색상의 전구들이 거울에 비쳐 끝을 알 수 없는 신비로운 공간
에 머물러 있는 듯하다.

노출 콘크리트와 잘 어우러지는 한국식 기와와 담장, 일반 박물관에서 볼 수 없는 전시실 내 창문, 독특하지만 조화로운 공간 설계 등 박물관 자체가 하나의 예술작품이다. 노출 콘크리트 공법의 대가인 안도 타다오가 설계했으며, 빛과 물 등의 자연을 건축 요소로 끌어들이는 건축 철학이 잘 드러난다. 아마추어 권투 선수 출신이 독학으로 건축을 배워 세계적인 거장이 된 안도 타다오는 1995년 건축계 노벨상 프리츠커상을 수상했다.

TIP
- 평일 2회(오전 11시, 오후 2시 45분) 전시해설을 진행한다. 당일 현장에서 선착순으로 접수하며, 1시간 30분 정도 소요된다.

주변 볼거리 · 먹거리

고바진 제주산 오겹살을 항아리 안에서 숯불로 구워 겉은 바삭, 속은 촉촉한 돼지고기구이를 맛볼 수 있다. 열무국수도 별미! 시원한 국물에 아삭아삭한 열무김치와 고기를 함께 먹으면 정말 맛있다. 점심에는 흑돼지 앞다리 바비큐가 함께 제공되는 열무국수를 판매한다. 주문하면 25분 정도 소요되기 때문에 예약 후 방문하는 게 좋다.

Ⓐ 서귀포시 안덕면 신화역사로 578-18 Ⓞ 11:30~21:00 / 15:00~17:00 브레이크타임 / 20:00 주문 마감 Ⓣ 064-794-2596 Ⓜ 고바진 흑돼지 230g 25,000원(2인 이상 가능), 후식 열무국수 4,000원, 점심특선 열무국수 13,000원 Ⓗ https://www.instagram.com/jeju_gobajin/

SPOT **3**

제주의 초가와 오름을 닮은 호텔

포도호텔
레스토랑

주소 서귀포시 안덕면 산록남로 863 · **가는 법** 752-2번 지선버스 → 광평리 정류장 → 남서쪽 광평입구 교차로까지 320m → 동남쪽으로 1.1km 이동 후 우측 길로 150m → 우측 길로 90m(도보 25분) · **운영시간** 아침 06:30~10:30, 점심 12:00~15:30, 저녁 17:00~22:00 / 주문 마감 각 시간대별 30분 전까지 · **전화번호** 064-793-7030 · **대표메뉴** 왕새우 튀김우동 정식 26,000원, 제주보말우동 37,000원, 한우 차돌박이 전복 된장찌개 정식 38,000원

남서

주변 볼거리 · 먹거리

원더아일랜드 비밀의 숲, 다이내믹동굴, 볼 파티 등 7개의 테마를 주제로 한 미디어아트 전시관. 모험심을 자극하고, 직접 참여할 수 있는 콘텐츠로 구성되어 있어 순식간에 빠져들게 된다.(3층 탑 플레이그라운드, 볼 파티 존 양말 필수(매점 판매))

Ⓐ 서귀포시 안덕면 신화역사로304번길 89 제주신화월드 서머셋 클럽하우스 Ⓞ 매일 10:00~18:00 / 17:00 매표마감 Ⓣ 064-792-3364 Ⓜ 대인 17,000원, 소인 12,000원 Ⓗ https://www.wonderisland.co.kr/

수풍석 뮤지엄 물, 바람, 돌을 주제로 한 3개의 뮤지엄을 해설과 함께 둘러볼 수 있다. 미술품을 전시하는 곳이 아닌 공간 자체를 경험하는 곳으로 방주교회와 포도호텔을 설계한 세계적인 건축가 이타미 준이 디자인했다.

Ⓐ 서귀포시 안덕면 산록남로762번길 79 / 출발장소 : 디아넥스 호텔 주차장 Ⓞ 13:30(1부), 15:00(2부) (7월-8월 13:30, 15:00) Ⓣ 010-7145-2366 Ⓒ 성인 30,000원, 초등학생 15,000원, 초등학생 미만 관람 불가, 사전 예약 필수 Ⓗ https://waterwindstonemuseum.co.kr/

건축가 이타미 준이 설계한 부티크 호텔로 위에서 내려다보면 포도송이 같다고 해서 붙여진 이름이다. 둥글둥글한 지붕이 연결되어 제주 바다의 물결 같기도, 오름 같기도 하다. 제주의 초가와 오름을 모티브로 디자인되어 어느 각도로 보든 제주의 모습을 떠올리게 된다. 이타미 준은 포도호텔과 함께 핀크스 골프클럽하우스 등의 설계로 2003년 프랑스 예술문화 훈장 슈발리에를 수상했다. 또한 이 호텔은 2013년 제주에서 가장 아름다운 건축물 7선에 선정되었다. 이 레스토랑의 시그니처 메뉴는 왕새우튀김우동! 쫄깃한 생면과 맑고 담백한 국물에 젖어드는 바삭한 왕새우튀김이 조화롭다. 그 외에 제주에서 나는 제철 식재료를 현대적 감각으로 재해석한 다양한 음식들이 준비되어 있다.

1 COURSE

🚗 자동차 9분
🚌 동광육거리 정류장 752-2 → 광
평리정류장 → 도보 20분

▶ 테쉬폰

2 COURSE

🚗 자동차 9분
🚌 동광환승정류장4(제주방면)
251, 252 간선버스 → 화전마을 정
류장 → 도보 24분

▶ 포도뮤지엄

3 COURSE

▶ 새빌

주소	제주시 한림읍 금악리 135
가는 법	동광환승정류장(한림 방면) 783-2번 지선버스 → 이시돌하단지 정류장 → 도보 11분

아치형 구조가 독특한 테쉬폰은 이라크가 기원으로 제주에 온 패트릭 제임스 맥그린치 신부가 목초지를 개간하는 과정에서 지은 건축물이다. 고향 아일랜드에서 배운 건축 기술로 성이시돌목장에 처음 지었으며, 국내여러 곳에 도입되었으나 현재는 제주도에만 남아 있다.

주소	서귀포시 안덕면 산록남로 788
운영시간	10:00~18:00 / 17:30 입장마감 / 화요일 휴관(추석, 설 연휴 제외)
전화번호	064-794-0073
입장요금	성인 10,000원, 청소년 6,000원, 어린이 4,000원
홈페이지	https://www.podomuseum.com/
대표메뉴	아메리카노 5,500원, 새빌라테 7,500원, 당근주스 7,000원, 올리브치아바타 4,500원, 새빌팡도르 7,000원

일반적인 현대미술과는 달리 반전, 난민, 소외 계층 등 평화의 메시지가 있는 전시가 진행 중이다. 그림뿐 아니라 설치 작품, 미디어를 활용한 작품, 참여형 공간까지 있어 다채로운 작품을 감상할 수 있다. 매표를 하면 해설 가이드를 주는데 오디오를 들을 수 있는 큐알 코드가 있으니 이어폰을 준비해오면 좋다.

주소	제주시 애월읍 평화로 1529
운영시간	매일 09:00~19:00 / 18:30 주문 마감
전화번호	064-794-0073
홈페이지	https://www.instagram.com/saebilcafe/
대표메뉴	아메리카노 6,000원, 새빌라테 8,000원, 당근주스 8,000원, 올리브치아바타 4,500원, 새빌팡도르 7,000원

11월 2주 소개(372쪽)

뻔하지 않은 한 바퀴 코스

27 week

SPOT 1

이국적인 장소에서 만나는
감성적인 의류와 일상 용품

푼티노스튜
디오&카페
나를 위한 시간

 북서

주소 제주시 애월읍 상가중길 9-4 · **가는 법** 291 간선버스 → 상가리 동동 정류장 → 서쪽으로 47m → 맞은편 좌측길로 268m (도보 5분) · **운영시간** 11:00~18:00 / 목요일 휴무 · **전화번호** 010-5130-1189 · **홈페이지** https://www.instagram.com/jeju_puntino_studio/

　깔끔한 흰색 건물 앞에 초록 나무와 야자수, 클래식 카가 있다. 시작부터 이국적인 모습에 반하게 되는 푼티노스튜디오는 라이프 스타일 편집숍이자 카페이다. 서울에서 오랫동안 의류 디자이너로 활동한 사장님이 제주로 이주하면서 만든 공간으로, 원단 선택부터 디자인까지 자체 제작한 의류와 소품을 판매하고 있다. 독특하고 세련된 의상과 직접 만든 도자기 제품을 포함해 일상을 더 아름답게 만들어줄 다양한 제품들이 눈길을 끈다. 숍과 카페가 한 공간에 있어 진열된 제품들을 바라보며 차를

주변 볼거리·먹거리

몽캐는 책고팡 할머니가 살던 100년이 훌쩍 넘은 농가를, 전통 방식을 고수해가며 복원해 책방으로 운영하고 있다. 제주 토박이인 사장님은 관광통역사이자 애월 마을 해설사로 제주 방언을 지키는데 힘쓰고 있다. 구수한 사투리로 전하는 제주 이야기를 듣노라면 무척 유쾌해진다.

Ⓐ 제주시 애월읍 고하상로 125-1 Ⓞ 금, 토요일 14:00~21:00 / 사전 예약 Ⓣ 010-6898-8337

연화지 마을 이름을 붙여 하가못이라 불리는 연화지는 규모가 3,300여평의 제주에서 가장 넓고 깊은 연못이다. 한여름 분홍색 연꽃과 수련이 가득 피어나며 연못 주위로 산책로가 잘 조성되어 있다. 연못 한가운데 육각정이 있어 연꽃을 감상하며 천천히 산책하듯 둘러보기에 좋다.

Ⓐ 제주시 애월읍 하가리 1569-2

마실 수도 있다. 야자수가 있는 아담한 정원은 잡지에서나 만날 법한 유니크한 테이블과 의자가 마련되어 있다. 시원한 음료 한 잔과 제주의 햇살을 즐기기에 더없이 좋은 장소. 아이들 놀 거리도 준비되어 있어 아이와 부모 모두가 여유로운 시간을 보낼 수 있다. 푼티노는 '점'을 뜻하는 이탈리아어. 특별한 물건도 작은 점들이 모여 만들어진다는 푼티노스튜디오에서 우리의 일상도 특별해질 수 있길 바란다.

TIP
• 앞에는 좁은 골목길이라 자차 이용시에는 상가리마을회관에 주차 후 이동할 것을 추천한다.

SPOT **2**

국내 최초 무동력 카트와
다양한 액티비티 존
9.81파크

주소 제주시 애월읍 천덕로 880-24 · 가는 법 251, 252, 282번 간선버스 → 제주 안전체험관 정류장 → 북서쪽으로 235m → 좌측 길로 463m 이동 후 좌측 길로 255m → 좌측 길로 85m(도보 15분) · 운영시간 09:00~18:20(시설별로 오픈 시간 상이) / 레이스981 09:00~18:00(체크인 마감 17:40) / 프로아레나 11:00~18:20(체크인 마감 18:00) / 스페이스제로 11:00~18:20(17:50 주문 마감) / 부스터스테이션 10:00~18:20(18:00 주문 마감) · 입장료 981풀패키지 52,500원, 아이와 함께 풀패키지 79,500원, 1인승 레이싱 3회 42,500원 · 전화번호 1833-9810 · 홈페이지 http://www.981park.com

 북서

마치 미래 도시에 도착한 듯 화려하고 세련된 인테리어가 반기는 곳. 다른 카트 체험장과는 확연하게 차별화된 9·81파크는 국내 최초로 선보이는 무동력 카트를 체험할 수 있는 액티비티 파크이다. 중력 가속도를 이용해 연료를 사용하지 않고 최대 60km까지 스릴 넘치는 레이싱을 즐길 수 있다. 신나게 레이싱을 즐기고 나면 도착지인 언덕을 저절로 올라간다. 3가지 타입의 차량과 3개 코스, 10개 트랙을 연령과 인원, 취향, 그리고 실력에 맞게 선택할 수 있다. 탑승 전 앱을 깔아두면 랭킹을 실시

간 확인할 수 있으며, 탑승 대기 광장에서 자신이 탔던 카트 기록과 등수를 확인할 수 있다. 질주 본능을 발산하는 사이에도 아름다운 제주의 서쪽 풍경을 눈에 담을 수 있는 탁 트인 전망을 자랑한다.

TIP
- 공항과 노형오거리, 9.81 파크 간 셔틀버스가 무료 운행된다.(공항 출발 10:00, 11:00, 13:30, 노형오거리 10:05, 11:05, 13:35 / 셔틀버스 승하차 위치 : 제주공항 3F 게이트 3, 노형오거리 대보빌딩)
- 슬리퍼, 하이힐은 착용할 수 없으니 운동화를 준비하자.(현장에서 덧신 구매 후 이용 가능) 모자 및 머플러, 액세서리도 탑승에 방해될 수 있으니 벗어놓도록 하자.

주변 볼거리 · 먹거리

제주안전체험관 재난재해 대비 훈련을 현직 소방관이 직접 설명해준다. 연령에 따라 어린이 안전, 자연재난, 생활안전 3개 코스를 선택하면 된다.

Ⓐ 제주시 평화로 1885 Ⓞ 화~일요일 09:00~18:00 / 월요일, 1월 1일, 설날 및 추석 연휴 휴무(단, 월요일이 공휴일인 경우 그다음 날 휴관) Ⓣ 064-710-4010 Ⓜ 입장료 무료 / 체험 전일 17:00까지 인터넷으로 사전예약(당일 예약 불가) Ⓗ http://www.jeju.go.kr/119safe/

제주당 제주의 농작물을 활용한 빵과 음료를 만날 수 있는 800평 규모의 대형 베이커리 카페이다. 실제 트랙터와 컨테이너 등 농촌 테마의 소품과 푸릇푸릇한 플랜테리어가 특색 있다. 야외에는 새별오름을 비롯한 제주의 서쪽 오름들이 한눈에 들어오는 시원스러운 풍경이 펼쳐진다. 널찍한 인공 연못과 건축물의 조화도 가히 환상적이다. 빵들은 빨리 소진되기 때문에 빵을 좋아하는 이들이라면 일찍 방문하는 것이 좋다.

Ⓐ 제주시 애월읍 월각로 927 Ⓞ 매일 10:00~21:00 / 20:30 주문 마감 Ⓣ 0507-1474-1487 Ⓜ 농부의 건강 주스 7,800원, 껍질째 먹는 사과빵 4,000원, 포슬포슬 햇감자빵 3,000원 등 Ⓗ https://www.instagram.com/jejudang_official/

SPOT 3

넓은 초록의 잔디밭에서 즐기는
평화로운 시간

푸르곤

주소 제주시 애월읍 납읍로 84 · **가는 법** 292번 간선버스 → 납읍리 정류장에서 북동쪽으로 28m 이동 후 맞은편 → 사거리에서 우측 길로 750m(도보 15분) · **운영시간** 10:00~21:00 · **전화번호** 064-799-8485 · **홈페이지** https://www.instagram.com/frugon.official/ · **대표메뉴** 푸르곤에이드 9,000원, 한라봉 착즙주스 7,000원, 베이컨부리또 13,900원, 연어해쉬브라운 13,900원

북서

TIP
• 실내와 실외에 반려견 놀이터가 별도로 마련되어 일반 손님과 반려견 동반 손님의 공간이 구분된다. 잔디 정원 이용 시 반려견을 반드시 안고 있거나 애견 가방을 지참해야 한다.
• 반려견 무게는 제한이 없다.(마킹 심할 경우 매너 벨트 착용)

넓은 잔디밭, 언덕 위 야외공연장, 전시회까지 다양한 볼거리를 담고 있는 카페이자 맛집, 복합문화공간이다. 본관, 별관, 루프탑, 애견놀이터, 넓은 정원이 있으며 반려견 동반 손님들과 아이가 있는 가족 손님들도 즐거운 시간을 보낼 수 있다. 시골마을의 정취를 조망할 수 있는 루프탑과 허브와 계절별 꽃들이 있는 푸르곤 언덕은 초록의 에너지를 채울 수 있는 힐링 장소로 비양도까지 시원스럽게 보인다.

시그니처 메뉴는 푸르곤 에이드와 시즌 별 착즙주스. 샹그리아 시럽과 다양한 과일이 들어가 있는 에이드는 상큼 달달, 맛도 진하고 색도 너무 예쁜 착즙주스는 설탕 및 첨가물이 전혀 들어가지 않은 건강 음료이다. 브런치 메뉴도 다양하게 준비되어 있으며 본관에는 제철 농산물과 함께 굿즈, 펫 용품도 판매하고 있다.

1 COURSE
🚗 자동차 8분
🚌 납읍리 정류장 292번 간선버스 → 하가리연못 정류장

▶ 납읍난대림지대

2 COURSE
🚗 자동차 8분
🚌 더럭초등학교 정류장 793-2번 지선버스 → 당동 정류장 → 도보 6분

▶ 모들한상

3 COURSE

▶ 수산봉

주소	제주시 애월읍 납읍리 1457-1
홈페이지	http://www.gasifarm.com
가는 법	292번 간선버스 → 납읍리 정류장 → 도보 12분

금산공원으로 불리기도 하며 평지에 남아 있는 흔치 않은 상록수림으로 1993년 천연기념물 제375호에 지정되었다. 약 200여 종의 난대림식물이 서식하며 365일 푸르름을 느낄 수 있다. 데크를 따라 바깥쪽으로 걸어도 30분이면 충분해 짧은 시간에 산림욕을 즐기기에 그만이다.

주소	제주시 애월읍 하가로 180
운영시간	매일 11:00~19:00 / 15:00, 18:30 주문마감(2시 이후 재료 소진 및 대기 손님에 따라 조기 마감) / 수요일 휴무
전화번호	070-7576-3503
대표메뉴	모들돈가스 16,000원, 고사리 보말 파스타 17,500원, 모들 해물 가지 커리 13,000원
홈페이지	https://www.instagram.com/modle_hansang/

부드럽고 담백한 등심과 항정살을 사용해 주문 즉시 튀겨내는 돈가스, 그 외 제주산 고사리와 보말을 넣은 고사리보말파스타 등 제철 식재료를 사용한 건강한 한 끼가 준비되어 있다.

주소	제주시 애월읍 수산리 산 1-1

정상에 물이 고여 있어 물메오름이라고도 부른다. 천연기념물 제441호로 지정된 웅장한 곰솔과 잔잔한 그림 같은 수산저수지 너머로 보이는 한라산 등이 어우러진 환상적인 풍경을 만날 수 있다.

7월 셋째 주

돌담, 바닷가 마을을 품다

28week

SPOT **1**

마을을 지키는 든든한 성벽

별방진

주소 제주시 구좌읍 하도리 3354 · **가는 법** 101번 급행버스 → 세화환승정류장(세화리) 711-2번 지선버스 → 하도리서문동 정류장 → 동쪽으로 160m(도보 3분)

 북동

    섬이라는 특성상 예로부터 왜구의 침탈이 많았던 제주는 3성 9진이라는 성을 쌓아 왜구의 침입에 대비했다. 하도의 별방진도 그중 하나이다. 조선시대 중종 5년 김녕의 진을 하도로 옮겼는데, 하도의 옛 지명인 별방이라는 이름을 따서 별방진이라 불렸다. 높이 3.5m, 둘레 1km에 이르는 이곳은 규모가 가장 크며, 성벽이 많이 남아 있는 편으로 역사적 가치가 높아 제주도 기념물 24호에 지정되었다.

    계단을 통해 성벽으로 올라갈 수 있으며, 성벽 위에서 바라보

주변 볼거리·먹거리

하도포구 고즈넉한 작은 어촌마을의 작은 포구. 포구 방파제에는 하도(Hado) 조형물이 있는데, 파란 바다와 등대가 잘 어우러져 제주스러우면서 이국적이다.

Ⓐ 별방진 맞은편

카페속솜 제주어로 '조용하다', '잠잠하다'는 뜻의 속솜은 이름처럼 조용히 즐기다 가기 좋은 카페. 잘 가꿔진 정원과 바다와 오름을 조망할 수 있는 통창이 매력적이다. 제철 과일을 듬뿍 올린 수플레 팬케이크가 맛있다.

Ⓐ 제주시 구좌읍 해맞이해안로 1655 Ⓞ 10:00~20:00 / 목요일 휴무 Ⓜ 수플레 팬케이크 16,500원, 아메리카노 5,500원, 말차라떼 6,500원 Ⓗ https://www.instagram.com/cafe.soksom/

는 풍경이 정말 이색적이다. 하도에는 낮은 지붕의 옛집들이 대부분이라 옹기종기 모여 있는 모습이 참으로 정답게 느껴진다. 지붕 색도 어찌나 알록달록한지 초록의 밭들과 보기만 해도 든든한 성벽과 잘 어울려 성벽 위에 잠시 앉아 아담한 풍경을 한없이 바라보게 된다.

SPOT **2**

아담하고 깨끗한 은빛 모래사장
세화해수욕장

주소 제주시 구좌읍 해녀박물관길 27 · **가는 법** 101번 급행버스 → 세화환승정류장(세화리) → 동쪽 횡단보도까지 50m → 맞은편 우측 길로 130m → 좌측 길로 170m → 좌측 길로 130m(도보 10분)

 북동

　눈부신 은빛 모래사장과 에메랄드빛 바다가 너무나 아름다운 세화해수욕장은 뛰어난 풍경은 기본이며, 편의시설이 잘 갖춰져 비교적 한적하게 해수욕을 즐길 수 있는 곳이다. 물이 맑고 깨끗해 해수욕뿐만 아니라 스노클링 장소로도 인기 만점! 물도 얕고 파도도 잔잔한 편이라 남녀노소 누구나 즐기기에 좋다. 폭 30~40미터, 길이 200미터의 작은 해수욕장에 조석 현상이 나타나는 곳이라 밀물 때는 해수욕장이 어디인지 쉽게 찾을 수 없다. 스노클링을 즐기는 여행객이라면 썰물이든 밀물이든 언제 가도 상관없지만 세화해수욕장은 썰물 때 아름다우니 간조 시간을 미리 알아보는 것이 좋다. 5일에 한 번씩 문을 여는 오일장과 유명 플리마켓인 벨롱장, 주변에 맛집, 카페 등이 많아 즐길 거리와 먹거리도 제법 있는 편이다.

TIP
- 지도에서 봤을 때 맨 서쪽 해변으로는 현무암 없이 모래사장으로 바로 진입할 수 있고, 다른 쪽은 현무암으로 시작되니 아쿠아슈즈나 샌들을 신는 것이 좋다.

주변 볼거리·먹거리

카페공작소 통유리 창으로 바라보는 세화 바다의 풍경이 아름다운 오션뷰 카페. 예쁜 손글씨와 아기자기한 일러스트로 꾸며져 있고 한편에는 제주를 담은 엽서를 판매한다.

Ⓐ 제주시 구좌읍 해맞이해안로 1446 Ⓞ 08:00~20:00 Ⓣ 070-4548-0752 Ⓜ 아메리카노 5,500원, 구좌당근주스 7,500원, 구좌당근케이크 6,000원 Ⓗ https://www.instagram.com/cafegongjakso/

세화씨문방구 작가가 직접 그리고 디자인한 다양한 굿즈를 판매한다. 엽서, 스티커, 메모지, 작은 포스터, 마그넷 등 사랑스러운 제품들이 많이 비치되어 있다.

Ⓐ 제주시 구좌읍 해맞이해안로 1450-1 Ⓞ 11:00~18:00 / 일요일 휴무, 그 외 휴무일 인스타그램 공지 Ⓣ 010-6844-0601 Ⓗ https://www.instagram.com/sehwasea.munbanggu/

SPOT **3**

바삭한 돈가스와 즉석 샌드위치
호자

주소 제주시 구좌읍 세화8길 7 · **가는 법** 101번 급행버스 → 세화환승정류장(세화리) 정류장 → 동쪽으로 20m 이동 → 좌측길로 297m이동 → 좌측길로 40m 이동 · **운영시간** 11:00~19:00 / 18:30 주문 마감(재료 마감 시 조기 마감) / 월요일 휴무 · **전화번호** 0507-1343-0412 · **대표메뉴** 등심돈까스 8,500원, 안심돈까스 9,000원, 치즈돈까스 10,000원, 샌드위치(베이컨, 불고기, 돈까스, 연어) 7,500원

 북동

　조용한 시골 마을의 깔끔한 느낌이 나는 하얀 집으로, 가게 앞 커다란 팽나무와 함께 정겨운 풍경을 담고 있는 곳이다. 또한, 가게 안으로 들어서면 나무 테이블과 나무로 만들어진 천정에서 보여지는 우드톤 인테리어가 따뜻하게 느껴진다. 외부도 내부도 감성적인 분위기라 카페인가 오해하기도 하지만 호자의 주메뉴는 돈가스와 즉석 샌드위치이다. 바삭바삭함과 신선함이 느껴지는 등심·안심·치즈돈가스와 이들을 모아놓은 모둠돈가스를 부담스럽지 않고, 합리적인 가격으로 맛볼 수 있다. 돈가스는

주변 볼거리 · 먹거리

엘프바 위스키 종류만 57종! 맥주, 칵테일, 와인, 위스키, 럼 등 논 알코올부터 헤비한 드링크까지 다양한 주류를 즐길 수 있는 분위기 좋은 바이다. 와인이나 샴페인을 보틀로 주문하면 비치 피크닉 세트를 무료로 대여할 수 있다.(DM 또는 전화 문의)

Ⓐ 제주시 구좌읍 세화1길 39 Ⓞ 18:00~02:00 Ⓣ 064-782-4447 Ⓜ 라구 리가토니 파스타 24,000원, 당근마가리타 15,000원, 핑크 텐저린 15,000원 Ⓗ https://www.instagram.com/el_floridita_kr/

제주산 흑돼지를 사용하며, 소스도 호자에서 직접 만든다. 인기 메뉴는 고기의 풍미가 입안 가득 느껴지고 식감이 좋은 등심돈까스! 튀김옷도 바삭하고 느끼하지 않아 한 그릇 금세 뚝딱 비우게 된다. 돈가스와 함께 즐기기 좋은 생맥주도 보냉컵에 제공되기 때문에 시원한 온도를 유지하며 마실 수 있어 좋다. 주문 즉시 만들어주는 샌드위치도 즐겨 찾는 메뉴 중 하나이다. 모든 샌드위치는 직접 구운 쫄깃한 치아바타에 신선한 채소와 특제 소스를 넣어 만든다. 연어, 불고기, 돈가스, 베이컨 4가지 중 좋아하는 것으로 고르면 된다.

TIP
• 가게 앞 주차 공간이 협소한 편이라 세화초등학교 맞은 편 다모아마트 인근 공영주차장에서 주차 후 도보로 이동하면 편하다.

SPOT 4

느리게 굽는 건강한 빵
가는곳, 세화

주소 제주시 구좌읍 세화14길 3 · 가는 법 260번 간선버스, 711-1번 지선버스 → 세화리구좌농협 정류장 → 동쪽으로 60m → 우측 길로 40m · 운영시간 09:00~22:00, 19:00~22:00(위스키와 와인) / 화, 수요일 휴무 · 전화번호 064-782-9006 · 홈페이지 https://www.instagram.com/whisky_sehwa/ · 대표메뉴 아메리카노 3,500원, 풋귤에이드 6,000원, 에멘탈썬드라이토마토 4,300원, 구운제주감자빵 3,800원

북동

주변 볼거리 · 먹거리

제주해녀박물관 제주 해녀의 삶과 문화를 발굴 및 보존하고자 설립된 박물관. 전시실과 어린이해녀관을 통해 생활 모습, 일터, 공동체 등을 엿볼 수 있다.

Ⓐ 제주시 구좌읍 해녀박물관길 26 ◎ 09:00 ~17:00 / 월요일, 1월 1일, 설날, 추석 휴무 ☎ 064-782-9898 ⓒ 성인(25~64세) 1,100원, 청소년 500원 Ⓗ http://www.jeju.go.kr/haenyeo/index.htm

가는곳은 '가늘게 뻗은 수풀', '작은 수풀'을 뜻하는 세화의 옛 지명이다. 카페 창문으로 단정한 정원과 밭과 돌담, 멀리 지미봉이 보인다. 턴테이블을 통해 들려오는 좋은 음악들은 이곳을 더욱 매력적인 공간으로 만들어준다.

이곳의 빵들은 저온 발효를 하기 때문에 촉촉한 식감과 깊은 풍미가 특징이다. 글루텐 함량을 낮추고자 반죽을 최소화해 느리게 굽지만 달거나 자극적이지 않아 자꾸만 손이 간다. 식빵부터 치아바타, 캄파뉴, 스콘, 파이 등 종류도 다양하다. 감자와 당근, 단호박, 제주 푸른콩, 흑보리 등 로컬 식재료를 이용한 빵과 음료도 준비되어 있다. 세화의 밤을 사색의 시간으로 채우고 싶은 이들을 위해 저녁에는 위스키 세화를 오픈해 일몰 후에 음악과 함께 위스키 또는 글라스와인을 마실 수 있다.

1 COURSE

🚗 자동차 13분
🚌 행원리 정류장 201번 간선버스 → 세화고등학교 정류장 → 도보 14분

2 COURSE

🚗 자동차 9분
🚌 구좌보건지소 정류장 711-2 지선버스 → 하도리 서문동 정류장 → 도보 8분

3 COURSE

▶ 카페 치즈태비

▶ 제주풀무질

▶ 성수미술관 제주특별점

주소	제주시 구좌읍 해맞이해안로 1726
운영시간	11:00~20:00
입장료	1인 23,000원(A0 사이즈 도안 +아크릴물감+붓+파레트 제공)
전화번호	070-7725-1990

누구나 손쉽게 그림을 그릴 수 있는 문화생활 공간으로 국내 최초 드로잉 카페 성수미술관의 제주점이다. 해안도로에 위치해 바다를 바라보며 그림을 그릴 수 있으며, 제주의 특별한 풍경을 담은 도안을 추가로 선택할 수 있다. 그림을 그릴 수 있는 모든 재료가 제공된다. 사전예약 필수!

주소	제주시 구좌읍 행원로7길 18-9
운영시간	11:00~18:00 / 목, 금요일 휴무
전화번호	0507-1324-1464
홈페이지	https://www.instagram.com/cafe_cheesetabby/
대표메뉴	젤리소다 8,500원, 판코라떼 7,500원, 카이막&미니토스트 8,000원
가는 법	천수동 정류장 201번 간선버스 → 행원리 정류장 → 도보 5분

작은 시골 마을의 교회를 리모델링한 카페로 빈티지와 모던, 두 가지 감성을 느낄 수 있다. 간결한 정원은 카페 치즈태비의 핫스팟으로 하얀 모래와 야자수, 선인장, 알로에와 돌들로 디자인되어 이국적인 분위기를 연출한다. 가구를 비롯해 조명, 그릇 등 북유럽 제품들이 멋스러우니 눈여겨보는 재미도 쏠쏠하다.

주소	제주시 구좌읍 세화합전2길 10-2
운영시간	11:00~18:00 / 수요일 휴무
전화번호	064-782-6917
홈페이지	https://www.instagram.com/jejupulmujil/

성균관대 앞 풀무질을 26년간 지켜온 사장님이 제주도로 터전을 옮긴 뒤 제주풀무질로 운영한다. 여행 중 편안하게 읽을 수 있는 에세이와 소설, 제주를 담은 여행책, 어린이책 등 풀무질만의 큐레이션으로 선정된 다양한 책들이 가득하다. 책과 함께 오래도록 머물고 싶을 정도로 따뜻한 분위기로 여행자들의 사랑방 같은 곳이다.

알 듯 말 듯 매력적인

29 week

SPOT 1

선상에서 바라보는 서귀포의
숨겨진 절경

그랑블루요트

주소 서귀포시 대포로 172-7 · 가는 법 600번 공항버스 → 대포항 정류장 → 동
북쪽 방향으로 55m → 우측 길로 95m → 좌측 길로 115m → 그랑블루요트 사무
실 2층(도보 5분) · 운영시간 09:00~18:00 / 12:00~12:30 휴게시간 · 입장료 대
인 60,000원, 소인 40,000원 · 전화번호 064-739-7776 · 홈페이지 http://www.
grandebleuyacht.co.kr

 남

　　뛰어난 풍경! 와인과 생맥주, 각종 간식과 음료가 무제한, 선
상 낚시 체험까지! 이 모든 것을 한곳에서 즐길 수 있는 럭셔리
요트 세일링이다. 세계적인 요트 빌더의 제작 책임하에 국내 최
초로 전 과정이 수작업으로 만들어진 알루미늄 세일요트를 보
유하고 있다. 규모도 크고 넓은 선내 공간에 여러 가지 시설을 갖
추고 있다. 마치 바다 위에 떠 있는 호텔룸을 연상시킨다.

대포항을 출발해 주상절리와 월평동굴, 코끼리바위 등 서귀포의 숨겨진 해안 절경을 바다에서 바라보는 재미도 느낄 수 있다. 요트에서는 모든 곳이 포토존! 선내에 사진 촬영을 위한 간단한 소품이 준비되어 있으니 마음껏 사진을 찍으며 추억을 남길 수 있다. 요트에서 즐기는 낚시만큼 이색적인 체험이 또 있을까? 초보자라도 걱정 없다. 미끼를 끼우거나 잡은 물고기를 빼는 일까지 친절한 직원들이 도와준다. 영화 속 주인공처럼 해먹에 누워 있거나 뱃머리에 서 있는 것도 꿀잼! 럭셔리한 요트 위에서 제주 바다가 주는 낭만과 여유를 마음껏 누릴 수 있다.

TIP
- 사전예약 및 신분증 필수! 사전예약 후 승선 20분 전까지 그랑블루요트 2층 사무실에서 승선신고서를 작성한 후 탑승해야 한다.
- 기상 악화 시 운행이 중단되며, 운행을 해도 낚시 체험은 선장 재량에 따라 생략할 수 있다.

주변 볼거리·먹거리

제주제트 제주점 빠른 속도로 달리며 360도 회전까지! 스릴 만점 해양 스포츠. 임산부 및 허리 환자, 5세 미만은 이용 불가.
Ⓐ 서귀포시 대포로 172-5 Ⓗ 09:00~18:00
Ⓣ 064-739-3939 Ⓒ 성인·소인 1인 25,000원
Ⓗ http://www.jejujet.co.kr/index.php

소소식당 일본 가정식을 맛볼 수 있는 아담하고 작은 가게. 한 그릇 식사를 원한다면 추천. 소소한 소품들도 판매한다.

Ⓐ 서귀포시 대포로 69-12 Ⓗ 11:00~15:00 / 14:00 주문 마감 / 수요일 휴무 / 네이버 예약을 통해 사전 예약 Ⓣ 064-738-2257 Ⓜ 제주해물전골우동 19,000원, 전복영양밥 14,000원, 멍게비빔밥 14,000원 Ⓗ https://blog.naver.com/kjrim81

SPOT **2**

중문관광단지의 전망을 한눈에

베릿내오름

주소 서귀포시 중문동 2314-2 · **가는 법** 600번 공항버스 → 씨에스호텔 정류장 → 서쪽으로 35m → 맞은편 서쪽으로 125m(도보 3분)

 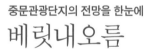

　중문관광단지 내 중문천을 옆에 낀, 높이 100m의 아담한 오름으로 데크길이 잘 정비되어 산책하기 좋다. 오름 초입의 그리 길지는 않은 나무 계단만 올라가면 중문의 푸른 바다와 포구, 이국적인 요트계류장과 중문관광단지가 한눈에 들어온다. 저 멀리 박수기정과 군산, 산방산까지 볼 수 있으니 오름 높이 대비 최고의 뷰를 즐기는 곳 중 하나이다. 나무들도 제법 우거져 있고, 한 바퀴 도는 데 40분 정도면 충분해 여름날의 산책도 부담스럽지 않다.

주변 볼거리·먹거리

더클리프 생기발랄한 에너지가 가득 넘치는 서핑 클럽으로 오션뷰가 기가 막히다. 음료와 식사 외에 포켓볼과 다트게임 등 즐길 거리가 있고, 저녁에는 신나는 음악과 함께 술 한잔하기에도 좋다.

Ⓐ 서귀포시 중문관광로 154-17 Ⓞ 카페&펍 10:00~24:00, 푸드 11:30~22:00 Ⓣ 064-738-8866 Ⓜ 클럽버거 22,000원, 현무암치킨 28,000원, 에이드 9,000원, 칵테일 12,000원부터 Ⓗ https://www.instagram.com/thecliffjeju

중문색달해수욕장 직접 해변으로 나가 봐도 좋고, 인근 호텔 벤치에 앉아 바라만 봐도 좋은 곳! 파도가 센 편이라 윈드서핑을 즐기기 좋은 최적의 장소다.

Ⓐ 서귀포시 색달동 3039

오름 입구 천제교 밑으로 흐르는 맑은 물은 한라산에서 시작해 천제연폭포를 지나 바다로 흘러간다. 베릿내는 이 물이 은하수 같다고 하여 붙여진 제주어로 '별이 내린 내'를 뜻한다. 경치가 좋고 물도 깨끗해 지역 주민들의 숨겨진 물놀이 장소로도 애용되며, 오름 맞은편에는 조용히 산책하며 쉬어 갈 수 있는 베릿내공원도 있다.

TIP
• 입구에서 왼쪽 계단으로 내려가 아치형 다리를 건너면 베릿내공원과 중문천이다.
• 올레 8코스의 한 구간으로 표식을 따라 한 바퀴 돌아보면 된다.

SPOT **3**

조용하게 즐기는 매력적인 공간

소보리당로222

주소 서귀포시 소보리당로 222 · 가는 법 151, 152번 급행버스 → 제주관광대학 정류장 환승 282번 간선버스 → 소보리당입구 정류장 → 동쪽으로 65m → 우측 길로 144m(도보 4분) · 운영시간 12:00~18:00, 17:30 주문 마감 / 금, 토요일 정기휴무, 그 외 휴무일은 인스타그램 공지 · 전화번호 010-3832-7896 · 홈페이지 http://www.instagram.com/choispresso/ · 대표메뉴 소보리라떼 7,000원, 티라미수·팥 인절미 티라미수 7,000원

 남

주변 볼거리·먹거리

그림포레스트 그림 형제의 글에 한국 작가 일러스트레이션을 다양한 기법의 미디어트로 연출했다. 신데렐라, 작은 빨간모자, 엄지동이, 헨젤과 그레텔 등 4개의 동화를 계절의 흐름에 따라 만날 수 있으며 미디어 아트 외에도 포토존과 체험존이 있다.

Ⓐ 서귀포시 중문관광로 110번길 32 Ⓞ 10:00~19:00 / 18:00 입장마감 / 화, 수요일 휴무 Ⓣ 0507-1415-3019 Ⓒ 성인 15,000원, 청소년 13,000원, 어린이 11,000원 Ⓗ http://www.islandjoy.co.kr/

도로명 주소를 카페 이름으로 사용하는 아담하고 다정한 카페. 노키즈, 노펫, 금연, 최대 4인까지만 받는다는 문구는 다소 엄격하게 느껴지지만 카페를 찾는 사람들을 위한 배려임을 금세 깨닫게 된다. 친절한 사장님, 아늑한 공간, 정성 가득한 메뉴는 오롯이 휴식을 취하기에 모자람이 없다. 오히려 머무르는 내내 좋은 에너지로 가득 찬다.

깔끔한 흰색이 돋보이는 외관과 잘 정리된 실내는 모든 곳이 포토존이다. 감귤밭과 돌담이 보이는 창가 자리는 그 자체가 액자이며, 푹신한 흰색 소파와 빈티지 소품 등은 각각의 공간을 빛나게 한다. 시그니처 메뉴는 달콤한 아이스크림 베이스의 소보리라떼! 달콤하고 쫀득한 팥 인절미 티라미수도 별미다.

TIP
· 13세 이하는 입장할 수 없는 노키즈존. 테이블이 많지 않아 팀당 최대 4인까지만 입장 가능하다.

1 COURSE

🚗 자동차 4분
🚌 씨에스호텔 정류장 520, 521번 간선버스 → 중문관광단지 정류장 → 도보 12분

▶ 제주국제평화센터

2 COURSE

🚗 자동차 5분 (도보 27분)
🚌 중문관광단지 정류장 202, 82, 531번 간선버스 → 중문환승정류장(중문우체국) 정류장 → 도보 2분

▶ 런닝맨 제주점

3 COURSE

▶ 중문수두리보말칼국수

주소 서귀포시 중문관광로 227-24
운영시간 09:00~18:00 / 17:30 입장 마감
입장료 성인 1,500원, 청소년 1,000원
전화번호 064-735-6550
홈페이지 http://www.ipcjeju.com
가는 법 600번 공항버스 → 씨에스호텔 정류장 → 도보 8분

제주도가 2005년 세계평화의 섬으로 지정되면서 평화에 대한 전시 관람 및 체험을 제공하는 복합문화공간이다. 3개의 전시실을 운영하고, 지하 1층 베릿내에는 대형 서가가 있어 책과 함께 잠시 휴식을 취하기에 좋다.

주소 서귀포시 중문관광로 42
운영시간 10:00~19:00
입장료 19,000원(대·소 공통)
전화번호 064-760-6331

인기 예능 프로그램 〈런닝맨〉의 멤버가 되어 미션을 수행해 보자. 미션 11개와 8개의 챌린지로 이루어져 있으며 액션부터 두뇌 싸움까지 쉴 새 없이 미션을 수행하며 뿌듯해하는 자신을 발견하게 될 것이다. 박물관은 살아있다와 얼라이브 카트가 한곳에 있어 패키지로 구입하면 좀 더 저렴하게 이용할 수 있다.

주소 서귀포시 천제연로 192
운영시간 08:00~16:30 / 16:00 주문 마감 / 화요일 휴무
전화번호 064-739-1070
홈페이지 https://www.instagram.com/suduribomal_noodle/
대표메뉴 수두리보말칼국수 11,000원, 보말죽 13,000원

톳 면과 보말 중에서도 크기가 큰 수두리 보말을 이용한 보말칼국수 맛집으로, 보말칼국수와 보말죽 2가지 메뉴가 준비되어 있다. 보말을 씹을 때마다 쫀득한 식감이 느껴지며, 보말 내장을 이용한 진한 육수는 들이킬수록 고소하다. 칼국수 국물과 잘 어울리는 보리밥도 무료로 제공된다. 점심에는 대기 시간이 길어 아침 식사로 공략하거나 테이블링 앱을 통해 줄서기를 하는 것도 좋은 방법이다.

오 랜 시 간 자 연 이
만 들 어 낸 풍 경

30 week

SPOT **1**

자연이 만들어낸
아찔한 해안 풍경

황우지해안

주소 서귀포시 서홍동 766-1 · **가는 법** 691번 지선버스 → 외돌개 정류장 → 동쪽으로 40m → 우측 길로 35m → 다시 우측 길로 75m

 남

 외돌개 동쪽에 있는 해안으로 외돌개에서는 도보로 길어야 10분 정도 소요되며, 데크길과 전망대가 있어 산책하기 좋고 걷는 내내 이국적인 풍경으로 눈이 즐겁다. 소나무가 무성한 산책길을 지나면 '동쪽에 있는 넓은 언덕'이라는 뜻의 동너븐덕에 이른다. 거대한 바윗덩어리가 바다를 향해 돌출된 기암괴석으로, 서 있는 위치에 따라 다채로운 풍경이 펼쳐진다. 동쪽으로는 새연교와 함께 새섬, 범섬, 저 멀리 섶섬까지, 서쪽으로는 서너븐덕과 외돌개가 보인다. 언덕 끝에서 바라보는 제주 바다가 너무 아찔해 두 눈을 질끈 감게 될 정도이다. 동너븐덕을 지나면 오래

전 용암이 분출되어 굳어지고 풍화작용으로 인해 형성된 선녀탕을 내려다볼 수 있다. 낙석 위험으로 출입은 통제되었지만, 웅덩이를 둘러싼 거대한 돌기둥 같은 바위들이 이색적이다.

　태평양전쟁 당시 일본군이 어뢰정을 숨기기 위해 주민들을 강제 동원하여 12개의 굴을 만들었는데, 선녀탕을 지나면 이 굴을 볼 수 있는 전망대가 나온다. 원래 황우지는 제주어로 무지개를 뜻하는 황고지에서 유래했으며, 무지개를 타고 선녀들이 목욕하러 왔다는 전설이 있을 만큼 뛰어난 절경을 자랑하고 있다.

TIP
- 황우지해안과 외돌개는 올레길 7코스에 포함된 곳이라 돔베낭길 주차장에서 출발해 외돌개를 지나 황우지해안까지 짧은 도보여행을 즐기기에 좋다.
- 동너븐덕에서는 펜스가 설치되어 있지 않아 안전에 유의해야 한다.

주변 볼거리·먹거리

제주별책부록 사단법인 제주올레의 기념품숍. 먹거리, 옷, 스카프, 책, 세제, 굿즈 등 제주사회경제기업의 상품들을 만날 수 있다.

Ⓐ 서귀포시 중정로 19 Ⓞ 08:00~19:00 / 일요일 휴무 Ⓣ 064-767-2170

하버39 이국적인 인테리어와 함께 서귀포항의 풍경을 품고 있는 브런치카페 & 펍. 음료와 식사부터 간단하게 맥주 한잔을 즐겨도 좋을 음식들이 준비되어 있다.

Ⓐ 서귀포시 천지연로 39 천지연크리스탈호텔 1층 Ⓞ 11:00~21:00(카페), 11:00~20:00(레스토랑) / 일요일 휴무 Ⓣ 064-732-1814 Ⓜ 하버39버거 18,000원, 화이타 28,000원, 마르가리따 피자 16,000원 Ⓗ https://www.instagram.com/harbor.39/

SPOT 2

기암절벽이 눈길을 사로잡는
아름다운 해안산책로

큰엉해안
경승지

주소 서귀포시 남원읍 태위로 522-17 · 가는 법 201, 231, 510번 간선버스 → 동부
보건소 정류장 → 서쪽으로 60m → 맞은편 190m(도보 5분)

남동

오랜 시간 제주의 바람과 파도가 만들어낸 높이 약 30m의 절
벽으로 바다 위에 성벽처럼 둘러싼 듯한 웅장한 모습이 연신 감
탄사를 불러일으킨다. 해안 절벽을 따라 약 1.5km 산책로가 조
성되어 있는데, 검은색 바위들과 짙푸른 바다가 어우러진 풍경
이 몸과 마음을 시원하게 해준다. 옆에서 본 모습이 마치 사냥
을 하는 호랑이를 닮았다고 해서 호두암, 어머니의 가슴을 닮았
다는 유두암, 인디언 추장 얼굴처럼 보이는 바위를 보는 재미도
있다.

숲길 중간에는 나뭇가지가 맞은편 나무와 이어져 마치 한반도 지도처럼 보이는 스팟과 해안 절벽에 뚫린 커다란 구멍도 찾아볼 수 있다. 꾸미지 않은 자연 그대로의 풍경과 파도 소리까지 제주의 자연 속으로 빠져들어 한적하게 걷기에 참 좋다.

TIP
• 인근 금호리조트는 큰엉해안경승지와 이어져 있다. 투숙객이 아니라도 수영장을 이용할 수 있으니, 산책 후 수영장에 들르고 싶다면 일정을 참고하자.

주변 볼거리·먹거리

취향의섬 50년이 넘은 가정집을 부부의 손길로 재탄생시킨 따뜻한 공간. 파스타와 리조또, 반미 샌드위치 등 이국적인 음식들이 준비되어 있지만 고사리, 멜젓, 고등어, 된장, 흑임자 등 한국적인 재료들을 담은 퓨전 음식을 맛볼 수 있다.

Ⓐ 서귀포시 남원읍 태위로495번길 7 Ⓞ 11:00~20:00 / 15:00~17:00 브레이크타임 / 19:00 주문마감 Ⓣ 010-2931-4797 Ⓜ 고사리멜젓파스타 18,000원, 고등어오일파스타 18,000원 된장라구파스타 18,000원 Ⓗ http://www.instagram.com/chwihyang.wimi

남원용암해수풀장 지하 60m의 깨끗한 용암 해수를 끌어 올려 만든 풀장으로 물이 차갑고 깨끗해 여름 더위를 물리치기에 안성맞춤이다. 일반 음식 및 배달 음식을 반입할 수 있으나, 쓰레기는 모두 가져가야 하니 종량제 봉투와 음식물 쓰레기 처리를 위한 교통카드를 미리 준비하면 좋다(종량제 봉투 매표소에서 판매).

Ⓐ 서귀포시 남원읍 남태해안로 140 Ⓞ 평일 10:30~17:30, 주말 10:00~18:00 / 여름 시즌에만 운영 Ⓣ 064-764-8080 Ⓜ 시설이용료 1인 3,000원(평상 및 파라솔 이용 필수)

SPOT **3**

섶섬의 풍경을 바라보며 맛보는
제주식 물회

보목해녀의집

주소 서귀포시 보목포로 46 · **가는 법** 630번 지선버스 → 보목포구 정류장 맞은편 · **운영시간** 매일 10:00~20:00 · **전화번호** 064-732-3959 · **대표메뉴** 자리물회 13,000원, 자리강회 35,000원, 자리구이(소) 25,000원, 활한치물회 18,000원

 남

제주에서 가장 따뜻한 서귀포 해안의 보목 마을은 자리돔이 유명한 곳이다. 모슬포도 유명하지만, 보목 자리돔은 모슬포에 비해 작고 연해 가시까지 썰어 물회나 강회로 먹는다. 살은 보드랍고 가시는 연해 씹을수록 담백하고 고소하다. 된장 베이스의 육수도 제주에서만 맛볼 수 있는 특별함! 고추장 베이스의 물회를 주로 먹는 여행객들에게는 생소할 수 있지만, 날된장을 써서 구수하고 듬뿍 뿌린 고춧가루와 알싸한 제피나무 잎을 사용한 매콤하고 시원한 물회 맛에 금방 익숙해질 것이다. 식초는 취향껏 넣어 간을 맞추자. 자리물회가 부담스럽다면 한치물회도 좋은 선택이다. 한치먹물밥에 찬으로 나온 자리젓을 곁들여도 맛있다.

주변 볼거리·먹거리

구두미포구

Ⓐ 서귀포시 보목동
1351
10월 2주 소개(334쪽)

TIP
• 한치철에는 활한치만 사용하며, 기상 상태가 좋지 않아 조업이 힘든 경우와 한치철이 지나면 냉동한치를 사용하며, 그에 따라 가격도 변동된다.

1 COURSE

🚗 자동차 9분
위미3리 마을회관 정류장 201,
231번 간선버스, 742-1 지선버스 →
위미문화의 집 정류장 → 도보 3분

▶ 태웃개

2 COURSE

🚗 자동차 10분
쇠소깍 입구 정류장 520, 521
번 간선버스 → 하효 대선 선과장
정류장 → 도보 7분

▶ 라바북스

3 COURSE

▶ 테라로사 서귀포점

주소	서귀포시 남원읍 태위로398번 길 57
가는 법	남원생활체육관 정류장 201, 231번 간선버스 → 위미3리 마 을회관 → 도보 10분

작은 포구로 떼배(테우)를 묶어두었
다고 해서 태웃개로 불린다. 차디찬
용천수가 나와 더위를 한 번에 식힐
수 있는 곳으로 인근 주민들이 애정
하는 물놀이 장소이다. 상수도가 보
급되기 전 식수로 썼을 만큼 물이 맑
고 깨끗하다. 밀물 때 방문해야 바닷
물이 많이 들어와 물 온도도 적당히
시원해지고 스노클링 하기에도 좋다.

주소	서귀포시 남원읍 태위로 87
운영시간	12:00~18:00 / 수요일 휴무, 비정기 휴무 인스타그램 공지
전화번호	010-4416-0444
홈페이지	http://www.labas-book.com

20011년 11월 첫 호를 시작으로 세
계 여러 나라의 테마 여행을 소규모
사진집으로 발행하는 독립출판사이
자 서점이다. 당장 어딘가로 떠나고
싶은 충동을 느끼게 될 정도로 감성
충만한 독립출판물과 굿즈들이 큐레
이션되어 있다.

주소	서귀포시 칠십리로 658번길 27-16
운영시간	09:00~21:00 / 20:30 주문마감
대표메뉴	아메리카노 5,300원, 카페라테 6,000원, 핸드드립 6,000원부터

강릉 커피공장을 시작으로 전국적으
로 매장을 보유하고 있는 대형 커피
전문점 테라로사의 여덟 번째 매장.
미로 같은 길을 따라 들어오면 보이
는 널찍한 공간과 창 너머 푸른 풍경
이 이곳에 방문해야 할 첫 번째 이유
다. 오감을 즐겁게 하는 최상급 스페
셜티와 다양한 베이커리는 두 번째
이유.

7월의 건축 여행
제주에 남긴
건축가들의 흔적

아름다운 풍경과 잘 어우러지는 건축물을 제주에서 만난다는 것은 행운이 아닐까? 자연의 요소를 건축물에 반영한 세계적인 건축가 이타미 준과 안도 타다오의 모든 작품이 또 하나의 풍경이 되는 경험을 할 수 있다. 유명 건축가의 작품이 아니라도 제주의 테우를 상징한 새연교와 독특한 아치형 구조의 테쉬폰도 이색 명소! 작가의 의도를 알고 방문한다면 재미도 2배가 될 것이다. 세월이 만든 멋진 자연 명소들도 함께 즐겨보자.

⚑ 2박 3일 코스 한눈에 보기

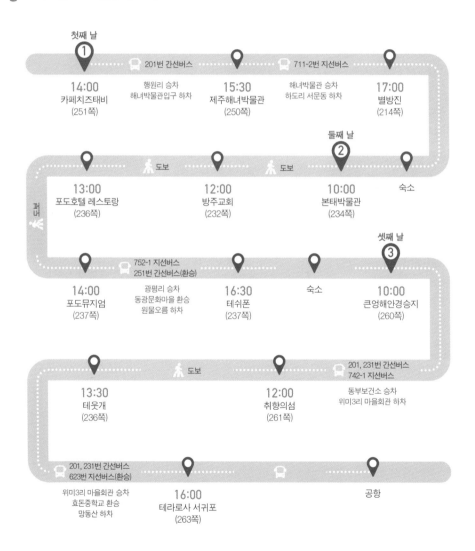

첫째 날

①
14:00
카페치즈태비
(251쪽)

🚌 201번 간선버스
행원리 승차
해녀박물관입구 하차

15:30
제주해녀박물관
(250쪽)

🚌 711-2번 지선버스
해녀박물관 승차
하도리 서문동 하차

17:00
별방진
(214쪽)

둘째 날

②
10:00
본태박물관
(234쪽)

숙소

🚶 도보

12:00
방주교회
(232쪽)

🚶 도보

13:00
포도호텔 레스토랑
(236쪽)

도보

🚌 752-1 지선버스
251번 간선버스(환승)
광평리 승차
동광문화마을 환승
원물오름 하차

14:00
포도뮤지엄
(237쪽)

16:30
테쉬폰
(237쪽)

숙소

셋째 날

③
10:00
큰엉해안경승지
(260쪽)

🚶 도보

13:30
테웃개
(236쪽)

12:00
취향의섬
(261쪽)

🚌 201, 231번 간선버스
742-1 지선버스
동부보건소 승차
위미3리 마을회관 하차

🚌 201, 231번 간선버스
623번 지선버스(환승)
위미3리 마을회관 승차
효돈중학교 환승
망동산 하차

16:00
테라로사 서귀포
(263쪽)

🚌 공항

카페치즈매비

제주해녀박물관

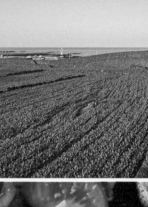
벌방진

본태박물관

방주 교회

포도호텔 레스토랑

포도뮤지엄

테쉬폰

큰엉해안경승지

취향의섬

테웃개

테라로사 서귀포

본격적인 무더위가 기승을 부리는 8월! 잠시 지치기도 하지만 무더위를 이겨낼 수 있는 매력적인 여행지가 제주에는 너무 많다. 눈부시도록 맑고 깨끗한 바닷속으로 풍덩 뛰어들어도 좋고, 얼음보다 더 차가운 계곡물에 발만 담구고 있어도 더위는 저만치 물러난다. 웅장하게 떨어지는 폭포는 보기만 해도 시원하고, 냉장고 속 같은 동굴도 이색 피서지다. 부지런만 떨면 낮에도 밤에도 시원하게 보낼 수 있다.

바다, 계곡, 동굴, 폭포에서
여름 사색 즐기기

에메랄드빛 해변을 만나다

31 week

SPOT 1

푸른 바다, 은빛 모래가 반짝이는

협재해수욕장

북서

주소 제주시 한림읍 협재리 2497-1 · 가는 법 202번 간선버스, 784-1번 지선버스
→ 협재해수욕장 정류장 → 서남쪽으로 135m → 우측 길로 100m

　제주의 서쪽 바다에서는 큰 키의 야자수 행렬과 에메랄드빛 바다, 손에 잡힐 듯한 섬들까지 이국적인 풍경을 마주하게 된다. 제주의 모든 바다가 저마다의 매력으로 아름답지만 협재해수욕장은 계절에 상관없이 많은 이들이 사랑하는 곳이다. 수심도 완만해서 아이들이나 수영을 잘 못하는 여행객들도 편안하게 이용할 수 있다. 샤워장과 탈의장, 근처 야영장을 비롯해 맛집과 카페, 숙소, 편의시설, 가볼 만한 관광지까지 즐비하다. 극성수기에는 늦은 밤까지 야간 개장을 하니, 하루 종일 신나게 놀기에도 좋고, 비양도를 배경으로 펼쳐지는 화려한 일몰도 감상할 만하다.

바로 옆 금능해수욕장은 쌍둥이처럼 아름다운 풍경을 쏙 빼닮았다. 금능해수욕장이 좀 더 한적하고 주차장에서 해수욕장으로 진입하는 거리가 짧다. 두 해수욕장이 가까이 있으니 같이 방문해보자.

TIP
- 성수기에는 피서객 그늘막 설치 구역과 마을회 허가 구역이 구분되어 있으니 위치를 확인해야 한다. 야영장에 그늘막 텐트를 설치하고 해수욕장을 이용하는 방법도 있다.(야영장 무료 이용) 마을회에서 운영하는 파라솔과 평상은 20,000~50,000원에 대여할 수 있다.
- 해수욕장 내 샤워실은 온수도 나온다. 성인 기준 1인 3,000원이며, 수건 및 목욕용품도 구매 가능하다.

주변 볼거리 · 먹거리

협재홀라인 아웃도어, 캠핑 및 여행 용품을 판매하는 라이프 스타일 편집숍. 매장을 들어서면 가슴 설레는 제품으로 가득하다. 라운지가 있어 해수욕장 방문 후 온수 샤워 및 음료를 마시며 쉬어가기 좋다.

Ⓐ 제주시 한림읍 한림로 197 ⓞ 10:00~19:00 ⓣ 070-4257-9563 Ⓜ 협재 홀라인 라운지 이용 15,000원(샤워, 음료 포함) : 네이버 사전 예약 가능, 13세 이상 및 4인 이하만 가능 Ⓗ https://www.instagram.com/hollain_westjeju/

협재온다정 제주 흑돼지와 모자반으로 육수를 낸 맑고 깔끔한 곰탕에 제주 고사리를 넣어 지은 밥이 나온다. 돼지고기도 듬뿍 들어가고 속이 편안해져 국물까지 남김없이 먹게 된다.

Ⓐ 제주시 한림읍 한림로 381-4 ⓞ 08:00~21:00 / 20:30 주문 마감 ⓣ 064-767-4545 Ⓜ 흑돼지 맑은 곰탕 11,000원, 육전 비빔국수 12,000원 Ⓗ http://www.instagram.com/ondajung

SPOT **2**

시원한 용천수가 솟아나는

곽지해수욕장

주소 제주시 애월읍 곽지리 1565 · **가는 법** 202, 202-1번 간선버스 → 곽지해수욕
장 정류장 → 북동쪽 방향으로 40m → 좌측 길로 325m

북서

1년 내내 해수욕장 곳곳에 용천수가 나와 다른 해수욕장보다
물이 차가운 편이다. 비가 땅속으로 바로 스며들어 오랜 시간 바
위와 흙을 거쳐 깨끗한 물로 정화되었다가 해안가에서 용천수
로 솟아난다. 맑고 깨끗한 용천수는 식수로 사용되기 때문에 예
로부터 용천수가 솟는 곳을 중심으로 해안마을이 형성됐다.

해수욕장 내 노천탕은 과거에는 식수로 이용했던 우물이었
지만 1960년대 상수도 시설이 설치되면서 노천탕으로 탈바꿈했
다. 곽지해수욕장의 또 다른 이름은 곽지과물해변으로, 과물은

'바닷가에서 솟는 달콤한 물'이라는 뜻이다. 노천탕은 남탕과 여탕이 돌담으로 구분되어 있지만, 프라이버시를 보장하기는 힘들다. 해수욕을 즐긴 후 잠시 앉아 발을 담그거나 모래와 짠기를 털어내는 정도로 이용하는 게 좋다. 물고기도 왔다 갔다 할 정도로 깨끗한 물은 얼음같이 차가우며, 중간중간 노천탕 벽에서 샤워기처럼 물줄기가 나오기도 한다.

TIP

- 해수욕장 샤워실은 성인 기준 1인 2,000원에 이용 가능하며 온수는 나오지 않는다.
- 무료 그늘막 설치 장소가 별도로 있으며, 마을회에서 운영하는 파라솔은 탁자와 의자를 포함해 2,000원에 대여 가능하다.
- 노천탕은 무료이며, 해수욕장 개장 기간에만 이용할 수 있다.

주변 볼거리 · 먹거리

재주도좋아 바다 환경 문제를 예술과 문화를 통해 꾸준히 알리고 있는 '재주도좋아'가 운영하는 유리 공방. 비치코밍으로 재탄생된 여러 제품들을 판매하고 있으며, 브로치와 액자 만들기 등 원데이클래스도 진행 중이다.

Ⓐ 제주시 한림읍 귀덕6길 192 Ⓞ 10:00~17:00 / 월, 화, 수요일 휴무 Ⓣ 010-2631-0310 Ⓜ 바다유리 샌딩 브로치 만들기 25,000원, 바다유리 액자 만들기 36,000원 Ⓗ https://www.instagram.com/jaejudojoa

카페태희 주문하자마자 튀겨 바삭하고 뜨끈한 피시앤칩스를 맛볼 수 있는 곳. 생선도 부드럽고 싱싱하며, 맥주와 함께 마시기도 좋다.

Ⓐ 제주시 애월읍 곽지3길 27 Ⓞ 10:00~21:00 / 19:30 주문마감 Ⓣ 064-799-5533 Ⓜ 체다버거 9,000원, 블루버거 10,000원, 피쉬&칩스 16,000원, 구운생선 & 칩스 19,000원

SPOT 3

한적한 해안도로에서 즐기는 일본 가정식

료리야

주소 제주시 한림해안로 456 · **가는 법** 202번 간선버스 → 용운동 정류장 → 북동쪽으로 32m 이동 후 좌측 길로 369m → 우측 길로 164m → 좌측 길로 102m · **운영시간** 11:00~16:00 / 수요일 휴무, 15:00 주문 마감 · **전화번호** 064-796-0966, 010-3004-0944 · **홈페이지** https://www.instagram.com/jeju_ryoriya/ · **대표메뉴** 아나고 텐동 정식 17,000원, 료리야 텐동 정식 14,000원, 와규 타다키동 정식 16,000원

북서

료리야는 '요릿집'이라는 뜻. 말 그대로 일본 가정식 요리를 맛볼 수 있는 곳이다. 특제 소스를 뿌린 밥에 바삭한 튀김을 곁들이는 텐동이 시그니처 메뉴. 새우, 가지, 고구마, 단호박, 연근, 반숙 달걀이 들어가며, 튀김옷이 얇고 느끼하지 않다. 남은 밥은 반숙 달걀에 비벼 먹으면 꿀맛! 와규타다키동정식과 카레돈가스정식, 딱새우튀김우동도 있다.

하모(갯장어)샤브샤브와 참복지리도 사전예약으로 판매한다. 하모 뼈로 우려낸 육수에 채소와 함께 잘 손질된 하모를 함께 먹으면 여름철 무더위도 거뜬히 이겨낼 수 있다. 이외에도 와규타다키, 나가사키짬뽕나베, 우삼겹야키소바 등 술 한잔과 즐기기 좋은 안주류도 준비되어 있다.

주변 볼거리·먹거리

복덕개포구 길게 이어진 현무암 돌길과 해안마을을 지켜주는 거북등대의 풍경이 아름답다. 제주 바다의 안전과 풍요를 가져다주는 영등할망을 비롯해 신화에 나오는 조각상들이 곳곳에 세워져 있다.

Ⓐ 제주시 한림읍 귀덕리 976-11, 귀덕1리항 내 위치

TIP
• 한정 수량 판매 메뉴가 있고, 재료 소진 시에는 일찍 문을 닫으니 미리 전화로 문의하자.

1 COURSE
디자인에이비

🚗 자동차 1분(도보 8분)

2 COURSE
판포포구

🚗 자동차 3분(도보 12분)

3 COURSE
울트라마린

주소	제주시 한경면 일주서로 4611
운영시간	11:00~20:00 / 19:30 주문 마감 / 목요일 휴무
전화번호	064-803-0414
홈페이지	http://www.instagram.com/ultramarine_jeju
대표메뉴	아메리카노 6,000원, 카페라테 6,500원, 썬셋아이스티 7,500원
etc	10세 이상 출입 가능, 반려동물 동반 시 캐리어

주소	제주시 한경면 판포4길 22
운영시간	10:00~18:00 / 수요일 휴무
전화번호	064-783-0033
홈페이지	https://blog.naver.com/design_ab
가는 법	202번 간선버스 → 판포리 정류장 → 도보 8분

주소	제주시 한경면 판포리 2877-3

편집 디자이너가 운영하는 소품숍으로 아기자기한 것부터 깔끔한 디자인까지 뛰어난 안목으로 선택된 예쁜 물건과 자체 제작 상품들이 있다. 창문으로 보이는 판포 바다와 해안마을의 정다운 풍경에 더 오래도록 머무르고 싶은 곳이다.

모래가 많고 물빛이 투명해 물고기가 지나가는 게 훤히 보인다는 판포포구는 방파제로 둘러싸여 이색 물놀이 장소이자 스노클링으로 유명하다. 판포리청년회에서 구명조끼, 스노클링 장비, 그늘막 등을 부담 없는 가격으로 대여해주어 장비 없이 방문해도 불편은 없다.

판포 바다를 품은 오션뷰 카페. 기다란 유리창을 통해 바라보는 제주의 푸른 바다는 가슴이 탁 트인다. 외관도 내부도 빈티지한 멋스러움이 가득하지만, 가장 유명한 건 건물과 건물 사이 바다를 배경으로 멋진 사진을 찍을 수 있는 공간! 누르기만 해도 그림이 되는 곳이다. 노을 맛집으로도 유명하니, 해 질 무렵 방문해도 좋다.

8월 둘째 주

아 찔 하 도 록   시 린

32week

SPOT **1**

얼음장같이 시린 계곡에서의
물놀이

돈내코
유원지

남

주소 서귀포시 돈내코로67번길 2 · **가는 법** 611, 612번 지선버스 → 돈내코 정류장
→ 서쪽으로 139m → 맞은편 서쪽으로 116m → 좌측으로 17m

'멧돼지들이 물을 먹었던 냇가'라는 뜻의 돈내코 유원지는 깨
끗하고 맑은 데다 얼음장같이 시린 계곡물 덕분에 오래전부터
뜨거운 여름철 제주도민의 물놀이 장소였다. 육지에서 초복, 중
복, 말복을 챙긴다면 연세가 지긋한 제주 토박이 어르신들은 음
력 7월 15일 백중날 푹 삶은 백숙을 먹으며 폭포물을 맞거나, 돈
내코 시원한 물에 몸을 담가 신경통을 이겨냈다. 무더운 여름 해
수욕장에 가는 건 중수요, 돈내코를 가야 고수라는 우스갯소리
가 있을 정도이니 시원한 계곡 물놀이는 현지인들에게 연례행

사와도 같다.

　사계절 깨끗한 물이 흘러 물놀이를 하고 그냥 숙소로 돌아가도 찝찝함이 전혀 없다. 게다가 계곡을 낀 울창한 상록수림과 각각의 개성 있는 바위들이 아름다운 계곡이라 그저 머물고만 있어도 참 좋은 곳이다.

TIP
- 바위가 많은 곳이라 물에 젖으면 미끄러울 수 있으니 항상 안전에 주의한다.
- 유리병 종류는 안전을 위해 가져가지 말고 쓰레기는 반드시 다시 가져오자.
- 화장실이 따로 없어 돈내코 야영장 입구 화장실을 이용해야 한다.
- 주차장에서 계곡 입구까지 계단이 많은 편으로, 짐이 많다면 백팩을 이용하는 것이 좋다.
- 물이 굉장히 차가우니 비치타월이나 바람막이 옷 등을 준비하면 도움이 된다.

주변 볼거리·먹거리

윈드1947테마파크
한라산 높이와 동일한 1947미터의 최장 레이싱 코스가 있는 카트 체험장이다. 직진 코스부터 S자 곡선, 급커브, 스피드 구간까지 역동적으로 카트를 즐길 수 있다. 카트 외에도 다양한 포토존, 실내에서 즐기는 서바이벌 사격장, 사계절 정원이 있는 다락 정원, 카페가 운영되고 있다.

Ⓐ 서귀포시 토평공단로 78-27 Ⓞ 10:00~18:00 / 17:30 매표 마감 Ⓣ 064-733-3500 Ⓒ 카트 1인용 30,000원(3회전), 서바이벌 종합권 30,000원 Ⓗ http://www.wind1947.com

돈내코순두부 짧은 운영 시간에도 언제나 손님들로 가득한 로컬 맛집. 메뉴는 순두부 하나, 매운맛과 순한 맛이 있다. 부드러운 수육과 손순두부가 찬으로 나온다.

Ⓐ 서귀포시 배낭골로21번길 19 Ⓞ 11:00~14:00 / 일요일 휴무 Ⓣ 064-738-9908 Ⓜ 순두부 8,000원

**남녀노소 누구나 즐기는
얼음장 같은 시원한 물**

솜반천

주소 서귀포시 서홍동 1223번지 일대 · 가는 법 635번 지선버스 → 솜반천 정류장
→ 남쪽으로 125m

남

600여 그루가 넘는 나무와 야생화가 가득해 시민들이 자주 찾는 힐링 장소. 늘 맑고 깨끗한 물이 흐르는 하천으로 토박이들에게는 선반내라는 익숙한 이름으로 불리기도 한다. 자연생태 하천으로 참게, 송사리, 다슬기 등 다양한 수중생물들이 서식하는 곳이다.

사계절 내내 차디찬 용천수가 흐르는 곳이라 얼음장같이 차가운 물을 만날 수 있다. 시원하다 못해 온몸이 얼어붙을 정도라 물속에 들어가면 금방 나올 수밖에 없지만, 솜반천 물에 몸을 담근 날은 시원한 기운이 계속돼 에어컨을 틀지 않고도 푹 잘 수 있다.

주변 볼거리·먹거리

칠십리시공원 천지
연폭포를 끼고 있는
생태공원으로 예술
조형물과 미술관 등
이 있어 예술적 감성을 물씬 느낄 수 있다. 한
라산과 천지연폭포를 한눈에 볼 수 있는 전망
대도 놓치지 말자.

Ⓐ 서귀포시 서홍동 576-9

서홍정원 솜반천을
정원 삼아 계절의 아
름다움을 느낄 수 있
는 분위기 좋은 카페.
시그니처 메뉴는 견과류와 생크림이 들어간
아몬드 비엔나와 카푸치노 위에 설탕을 불로
구워 깨뜨려 먹는 재미가 있는 카푸치노번!

Ⓐ 서귀포시 솜반천로55번길 12-8 ◎
09:30~18:00 / 17:25 주문 마감 ⓣ 064-762-
5858 Ⓜ 아몬드 비엔나 6,500원, 카푸치노번
6,500원, 에이드 7,000원 Ⓗ https://www.
instagram.com/cafe_seojeong

TIP
· 구명조끼는 동네분들이 무상으로 대여해주니 사용 후 반납하면 된다.
· 반려견은 입욕이 제한된다.
· 머무른 자리는 깨끗하게! 쓰레기는 반드시 다시 가져오자.
· 다이빙, 물속에서 취식은 금지된다.
· 깨진 유리가 있을 수 있으니 아쿠아슈즈나 샌들을 신고 물속에 들어가는 것이 좋다.

SPOT **3**

망고향이 은은하게 퍼지는 채광 좋은 카페

카페 볏내린

주소 서귀포시 하신상로 360 · **가는 법** 281, 295, 531 간선버스, 627 지선버스 → 고도농원 정류장 → 남쪽 영천교차로까지 99m → 2개 횡단보도 → 동쪽 법호촌 교차로까지 486m → 맞은편 223m 이동 → 좌측 길로 39m (도보 15분) · **운영시간** 11:00~18:00 / 17:30 주문 마감 / 휴무일 인스타 혹은 네이버플레이스 알림 · **전화번호** 064-767-3360 · **홈페이지** https://www.instagram.com/cafe_vetnerin/ · **대표 메뉴** 애플망고빙수(2~3인용) 48,000원, 애플망고쥬스 19,000원

 남

TIP
- 애플망고 시즌 시작과 종료일과 함께 애플망고 소진 시 조기 마감되면 인스타그램을 통해 공지한다.
- 애플망고는 농장 직송가로 카페에서 판매한다.

제주어로 '볕이 내리쬐는'이라는 뜻의 카페 볏내린은 30년이 다 되어가는 유리 온실을 리모델링한 브런치 카페이다. 빈티지한 매력과 부드러운 햇살이 잘 어우러지는 곳이다. 생연어, 프로슈토, 아보카도를 주재료 한 오픈 샌드위치와 샐러드가 준비되어 있으며, 브런치와 잘 어울리는 와인도 판매한다. 6~9월에는 특별한 메뉴도 만날 수 있는데 달콤한 과육, 입안 가득 풍미가 퍼지는 애플망고가 그 주인공이다! 카페 볏내린은 애플망고 농장 안에 있어 유통과정이 생략된 신선한 애플망고를 만날 수 있다. 애플망고 빙수는 먼저 과육을 어느 정도 먹고 나머지 과육과 우유빙수, 팥과 망고퓌레를 함께 먹으면 망고빙수를 색다르게 즐길 수 있다. 100% 애플망고만 갈아 넣은 주스는 과육으로만 먹을 때보다 달콤함이 배가 되며, 제주산 요구르트에 애플망고를 갈아 넣은 라씨는 건강도 함께 챙길 수 있다.

1 COURSE

🚗 자동차 10분
🚌 서귀포산업과학고등학교 정류장 611, 612번 지선버스 돈내코 정류장 하차 도보 5분

▶ 고살리탐방로

2 COURSE

🚗 자동차 22분
🚌 돈내코 정류장 611번 지선버스 막동산 정류장 도보 1분

▶ 원앙폭포

3 COURSE

▶ 식물집카페

주소　　서귀포시 돈내코로 137

깊은 숲속에서 만나는 소박하고 다정한 폭포. 울창한 나무들이 가득해 무릉도원 같은 느낌이다. 2개로 떨어지는 물줄기가 금실 좋은 원앙을 떠올린다.

주소	서귀포시 남원읍 하례리 산54-2
전화번호	064-733-8009(하례리 생태관광마을협의체)
etc	해설시간 오전 10시, 오후 2시 / 일주일 전 사전 예약 필수
가는 법	281번 간선버스 → 입석동 정류장 → 도보 7분

한적하고 조용하게 자연 그대로의 숲을 즐기기 좋은 편도 2.1km의 트레킹 코스. 효돈천을 끼고 있으며 야자수 매트나 데크가 없는 자연 그대로의 길이기 때문에 반드시 운동화를 신어야 한다. 탐방로 중간에는 사시사철 항상 물이 고여 있는 속괴가 있다. 하례리 생태관광마을에서 해설사와 함께 탐방도 가능하다.

주소	서귀포시 서호로 21-3
운영시간	11:00~18:30 / 금, 토요일 휴무
전화번호	010-8908-8815
홈페이지	https://www.instagram.com/sikmuljip/
대표메뉴	식물집 오렌지, 그린 각 7,500원, 아메리카노 5,000원, 카페라테 5,000원, 바닐라라테 6,000원, 핸드드립 변동

가정집을 개조해 만든 카페로 식물과 화분을 파는 플랜트숍도 같이 운영한다. 한자리에 앉아 편안히 쉬어 가기에도, 소소히 구경하기에도 좋다. 시그니처 메뉴는 식물집 오렌지와 그린, 과즙과 허브를 넣어 시원하고 상큼하다. 반려견 동반 손님은 야외 테이블만 이용 가능하다.

8월 셋째 주

더위 탈출! 자연 냉장고

33week

SPOT **1**

한여름에도 서늘한 세계적인
규모의 용암동굴

만장굴

 북동

주소 제주시 구좌읍 만장굴길 182 · **가는 법** 711-1, 711-2번 지선버스 → 만장굴 정류장 → 매표소까지 남동쪽으로 205m · **운영시간** 09:00~18:00(입장 마감 17:10까지) / 첫째 주 수요일 휴무 · **입장료** 어른 4,000원, 청소년 · 어린이 · 군인 2,000원 · **전화번호** 064-710-7903

    10만~30만여 년 전에 생성된 걸로 추정되는 만장굴은 주 통로의 높이와 폭이 거대해 세계적으로도 큰 규모에 속하며, 형태와 지형이 잘 보존되어 학술적 가치도 크다. 부분적 다층 구조이며, 중간 부분 천장이 붕괴되면서 3개의 입구가 형성되었다. 일반인이 들어갈 수 있는 입구는 제2입구로 총 7.4km 중 약 1km만 관람 가능하다. 내부의 평균온도는 10℃, 한여름에도 천연 냉장고라고 할 만큼 서늘한 한기가 느껴진다.

    중간에 만날 수 있는 거북바위와 탐방로 끝에서 만나는 약

7.6m 높이의 용암석주가 가장 볼 만하다. 거북바위는 천장에서 떨어진 용암 덩어리가 식은 용암기둥으로 거북이 모습 같기도 하고 제주도 같기도 하다. 용암석주 역시 천장에서 흘러내린 용암이 굳은 것으로 세계에서 가장 큰 규모이다. 평평하고 폭이 넓어 걷기는 힘들지 않다. 하지만 어둡고 물이 고여 있는 부분이 많아 미끄러운 편이니 안전에 주의한다.

TIP
- 우천 시 천장에 고인 물방울이 많이 떨어질 수 있으니 우산, 우비 등을 준비하는 것이 좋다.
- 동굴 안과 밖은 기온차가 크므로 카디건이나 재킷 등을 준비하고, 운동화나 걷기 좋은 신발을 착용해야 안전하다.
- 생수 외 음식물 반입, 반려동물 동반도 금지된다.

주변 볼거리·먹거리

월정리 유메이우동
카페 같은 분위기의 우동집으로 소고기와 소고기 카레, 곱창우동이 준비되어 있다. 진한 소고기 육수를 베이스로 건더기가 듬뿍 들어가 있어 보기만 해도 입맛이 돈다. 진하고 깔끔한 맛이 좋다면 소고기우동, 얼큰하고 칼칼한 맛이 좋다면 곱창우동을 선택한다. 소고기 카레 우동은 카레라이스보다 묽지만 후루룩 먹을 수 있어 좋다.
Ⓐ 제주시 구좌읍 월정3길 52 월정리 Ⓞ 10:00~18:00 / 매주 화요일 휴무 Ⓣ 064-783-9877 Ⓜ 소고기우동 10,000원, 소곱창우동 13,000원, 소고기카레우동 13,000원 Ⓗ https://www.instagram.com/umayudon/

SPOT **2**

**총천연색으로 꾸며진
천연 용암동굴**

일출랜드
미천굴

남동

주소 서귀포시 성산읍 중산간동로 4150-30 · **가는 법** 221번 간선버스 → 블루마운
틴커피박물관 정류장 → 맞은편 동남쪽으로 616m → 우측 길로 24m → 좌측 길로
100m · **운영시간** 09:00~18:00, 일몰 1시간 전 입장마감 · **입장료** 성인 12,000원,
경로 10,000원, 청소년 8,000원, 어린이 7,000원 · **전화번호** 064-784-2080 · **홈페
이지** http://www.ilchulland.com

　　5만여 평 황무지를 개간해 만든 수목원이자 테마공원이다. 이
국적인 분위기를 느낄 수 있는 식물원과 현무암 분재, 전통 초가
등이 잘 어우러진 곳으로 부대시설과 조경이 잘되어 있어 쉬엄
쉬엄 걷기 좋다. 총 8개의 테마로 이루어져 있는데, 센터하우스
를 출발해 수변공원, 잔디공원, 미천굴, 제주초가, 분재정원, 아
트센터, 선인장 온실과 아열대식물원 순으로 관람하면 된다.

　　아트센터에서는 공예품 판매뿐 아니라 사전예약을 통해 염색
이나 도자기 체험도 제공한다. 하지만 일출랜드의 하이라이트

는 바로 미천굴! 총길이 약 1,700m의 천연 용암동굴로 365m 구간만 개방하고 있다. 구간이 짧고 바닥이 평평해 짧은 시간 신비로운 동굴 여행을 떠날 수 있다. 동굴 내부에는 2017년 미디어 아티스트 정영훈과 김민선 연출감독의 미디어아트 작품을 곳곳에 설치해 이색적인 분위기가 느껴진다.

TIP
• 물이 떨어져 미끄러운 구간이 있으니 안전에 주의하자.
• 동굴 속 평균기온이 15℃이다. 만장굴보다 높은 편이지만 서늘할 수 있으므로 카디건이나 재킷 등을 준비하면 좋다.

주변 볼거리·먹거리

김영갑갤러리두모악

Ⓐ 서귀포시 성산읍 삼달로 137 Ⓞ 09:30 ~18:00(여름 18:30까지, 겨울 17:00까지, 입장 마감 30분 전) / 수요일 휴무 Ⓣ 064-784-9907 Ⓜ 성인 4,500원, 청소년 3,000원, 어린이 1,500원 Ⓗ http://www.dumoak.com/ 6월 2주 소개(208쪽)

별내리는정원 달짝지근한 안동찜닭과 매콤달달한 해물찜닭을 맛볼 수 있는 곳. 인원수에 따라 반 마리, 1마리, 1마리 반으로 주문 가능하다.

Ⓐ 서귀포시 성산읍 중산간동로 4219 Ⓞ 11:00~20:00 Ⓣ 010-4546-5346 Ⓜ 해물찜닭 한 마리 45,000원, 안동찜닭 한 마리 32,000원, 갈치조림 1인 16,000원

SPOT **3**
초지에서 자유롭게 지낸 건강한
소에서 난 정직한 우유

어니스트
밀크

남동

주소 서귀포시 성산읍 중산간동로 3147-7 · **가는 법** 211, 212 간선버스 → 수산1리 큰동네 정류장 → 서쪽으로 708m (도보 11분)· **운영시간** 10:00~18:00· **전화번호** 070-7722-1886 · **대표메뉴** 아포가토 5,500원, 순수 밀크아이스크림 4,500원, 무무 우유 롤케이크 6,500원

TIP
- 송아지 우유 주기 체험은 무료로 진행된다. 11:00, 14:00, 16:00 각 타임 당 선착순으로 3팀씩, 하루 총 9팀만 가능하다.
- 간혹 힘이 센 송아지들이 우유병을 빼앗아 가는 경우도 있으니 놓치지 말고 꼭 붙들고 있자.

제주한아름 목장의 원유로 만든 유제품을 맛볼 수 있는 카페로 자율 방목으로 소를 키우고자 제주로 이주한 세 자매의 땀과 노력이 담긴 곳이다. 카페에서 2km 떨어진 곳에 목장이 있으며, 2만 평에 달하는 넓은 초지에서 150여 마리의 소들이 평화롭게 풀을 뜯으며 지낸다. 14시간 이상 초지 방목을 원칙으로 하며 스트레스 없는 환경에서 지내기 때문에 매일 짜는 원유 또한 신선하고 건강하다. 어니스트밀크 1층에는 HACCP 인증이 완료된 유가공 공장이 운영되고 있으며 살균 및 제품 가공을 한다. 귀여운 젖소 캐릭터가 돋보이는 2층은 카페로, 테라스에서 보는 성산일출봉과 우도까지 한눈에 들어오는 목가적인 풍경이 아름답다. 목장 우유를 비롯해 요구르트, 아이스크림, 치즈, 쿠키 등 정직하게 만든 제품들을 맛볼 수 있다. 인기 메뉴는 요구르트와 아이스크림! 요구르트는 무가당 외에도 신선한 과일청을 넣어 새콤달콤한 맛을 풍부하게 즐길 수 있는 다양한 종류가 준비되어 있으며, 그래놀라와 함께 먹으면 한 끼 식사로도 손색이 없다.

1 COURSE
청굴물

🚗 자동차 3분(도보 15분)
🚌 김녕환승정류장(김녕초등학교) 201번 간선버스, 711-1, 711-2 지선버스 김녕해수욕장 정류장 도보 4분

2 COURSE
김녕해수욕장

🚶 도보 1분(도보 8분)

3 COURSE
빗소리

주소	제주시 구좌읍 김녕로1길 75-1(카페청굴물 북쪽 위치)
가는 법	101번 급행버스 → 김녕환승정류장(김녕초등학교) → 도보 7분

얼음처럼 차갑고 깨끗한 용천수가 솟아나는 곳으로 김녕 청수동의 옛 지명인 청굴동의 이름을 따 청굴물이라 부른다. 밀물 때는 바닷물에 잠겨 있다가 썰물 때 그 모습을 드러내는 이색적인 장소로 인근 주민들은 식수와 빨래터, 노천탕으로 이용했다. 김녕지질트레일 A코스와 김녕금속공예 벽화마을을 지나는 곳에 위치해 있어 김녕 바다와 마을길을 걸으며 함께 들러보기 좋다.

주소	제주시 구좌읍 해맞이해안로 7-6

거대한 용암 빌레 위에 모래가 쌓여 만들어진 해수욕장으로 널찍한 현무암 위로 눈부시게 흰 모래와 에메랄드빛 푸른 바다가 잘 어우러지는 곳이다. 빨간 등대와 김녕풍력발전단지가 쏙 들어오는 이국적인 풍경도 매력적이다.

주소	제주시 구좌읍 김녕로 151
운영시간	11:30~17:30 / 17:20 주문마감 / 화요일 휴무
전화번호	010-8508-7081
홈페이지	https://www.instagram.com/amaoto151
대표메뉴	튀김 1인 9,000원, 바당세트(튀김+유부초밥+메밀냉소바, 2인) 39,000원, 메밀소바 7,000원

제철 채소와 새우, 한치 등 튀김을 튀길 때 나는 소리가 빗소리와 비슷하다고 해서 붙여진 이름으로 튀김 맛집이다. 주문하자마자 튀겨 바삭바삭하다. 튀김과 메밀국수, 유부초밥 등 골고루 맛볼 수 있는 세트 메뉴도 판매한다. 매장이 작은 편이라, 대기 손님이 많으면 추가 주문이 어렵다.

시 원 하 게 ! 장 엄 하 게 !

34week

SPOT **1**
바다로 떨어지는 웅장한 폭포
정방폭포

 남

주소 서귀포시 동홍동 299-3 · **가는 법** 651, 652번 지선버스 → 서복전시관 정류장 → 맞은편 동쪽으로 310m · **운영시간** 09:00~17:20 · **입장료** 성인 2,000원, 청소년 · 어린이 · 군인 1,000원 · **전화번호** 064-733-1530

　천제연폭포, 천지연폭포와 함께 제주 3대 폭포인 정방폭포는 폭포수가 절벽에서 바다로 떨어지는 아시아 유일의 폭포다. 전망대에서 멀찍이 바라봐도 푸른 바다와 기암절벽, 절벽 위 노송들이 어우러진 모습이 정말 환상적이다. 하지만 폭포는 가까이 봐야 제맛! 130개의 계단을 내려가면 정방폭포를 눈앞에서 볼 수 있다. 너비 10m, 높이 23m의 폭포수는 시원하게 떨어져 마땅히 더위를 피할 곳이 없어도 한여름의 무더위가 저만큼 물러가는 기분이다. 제주의 아름다움을 담은 영주 10경 중 하나인 정방하폭은 여름 정방폭포를 이르는 말이다. 풍경과 더불어 파도와 폭포가 함께 만들어낸 자연의 소리도 무척 인상적이다. 진시

황 때 불로초를 찾아 나선 서복 일행이 정방폭포의 아름다움에 반해 잠시 가던 길을 멈추고, 정방폭포 절벽에 서불과지(徐市過之)라는 마애명을 남겼다는 전설도 있다.

제주곶 서귀포 해물 라면 라면은 문어, 크림 해물, 조개 3종류로 크림 해물라면을 제외하고는 매운맛을 조절할 수 있다. 라면 스프를 넣지 않고 된장 베이스의 육수에 해산물이 듬뿍 들어있어 구수하면서 시원 칼칼하다. 말육회, 딱새우, 전복장 등 제주스러운 재료로 만든 유부밥도 별미로 라면과 무척 잘 어울린다.

Ⓐ 서귀포시 칠십리로214번길 36 Ⓞ 10:00 ~18:00 / 17:00 주문마감 Ⓣ 010-5713-0736 Ⓜ 조개라면 9,900, 문어라면 15,900원, 딱새우장 유부밥 4,500원, 말육회 유부밥 4,500원 Ⓗ https://www.instagram.com/jejugot/

다정이네 달걀지단이 듬뿍 들어가 폭신하며 김밥 크기도 꽤 두껍다. 매콤한 멸치고추김밥, 든든한 불고기김밥이나 제육김밥 등 다양한 김밥을 맛볼 수 있다. 전화로 예약하고 가야 많이 기다리지 않는다.

Ⓐ 서귀포시 동문로 59-1 Ⓞ 08:00~20:00 / 브레이크타임 15:00~16:00, 월요일 휴무 Ⓣ 070-8900-8070 Ⓜ 다정이네 김밥 4,000원, 매운멸치고추김밥 5,000원, 오겹살 김밥 6,000원

TIP
• 계단 아래 폭포 주변에는 크고 작은 돌들이 깔려 있으니 편한 신발을 신는 것이 좋다. 우천 시나 폭포 가까이 있는 바위들은 미끄러울 수 있으니 안전에 유의하자.

SPOT 2
시원하게 폭포수를 맞아보자!
소정방폭포

주소 서귀포시 토평동, 파라다이스 호텔 주차장에서 남쪽 약 330m 지점 · 가는 법 600번 공항버스 → 파라다이스호텔입구 정류장 → 서쪽으로 43m → 좌측 길로 191m → 우측 길로 187m

 남

　　정방폭포에서 동쪽으로 500m 위치에 자그마한 폭포가 있다. 정방폭포와 닮았다고 해서 소정방폭포라 부르며, 서귀포의 숨은 비경지 중 하나로 정방폭포와 함께 바다를 향해 떨어지는 해안폭포이다. 높이 5m의 소정방폭포를 마주하면 아담하다고 느껴지지만 시원함과 상쾌함에 있어서는 둘째가라면 서럽다. 폭포의 기암절벽에서 떨어지는 10여 개의 물줄기를 바로 눈앞에서 확인할 수 있다. 게다가 폭포 앞으로는 제주의 시원스런 바다가 펼쳐지니 그 풍경이 가히 환상적이다.

낮은 높이 덕분에 소정방폭포는 예로부터 어르신들의 물맞이 폭포로 이용되었다. 폭포수를 맞으면 신경통에 좋다고 해서 비료포대를 쓰고 적당한 곳에 자리를 잡아 물을 맞곤 했다. 다른 폭포와는 달리 요즘도 여름이면 물맞이 장소로 폭포를 애용하는 사람들이 많으니, 이색적인 체험을 하고 싶다면 도전해보자.

TIP
- 파라다이스 호텔 제1주차장 갈림길에서 우측 길로 이동해야 한다.
- 태풍, 호우주의보, 풍랑주의보 등 기상 악화 시에는 절대 들어가서는 안 된다.
- 낙반 사고가 우려되는 지역으로 통행 시 안전에 주의해야 한다.
- 폭포에서 물맞이를 하고 싶다면 모자와 겉옷을 준비하는 게 좋다. 폭포수와 인접한 바위는 미끄러운 편이니 조심히 들어가야 한다.

주변 볼거리 · 먹거리

검은여닭도가니 드넓은 바위들이 펼쳐져 지형이 독특한 검은여 바다를 바라보며 닭백숙을 먹을 수 있는 곳이다. 닭백숙 외에도 생선구이, 해물파전 등 안주 위주로 준비되어 있다.

Ⓐ 서귀포시 검은여로 4 Ⓗ 11:00~21:00 / 화요일 휴무, 닭백숙은 사전 예약 Ⓣ 064-733-3030 Ⓜ 닭도가니 60,000원, 백숙 60,000원, 파전 18,000원

SPOT 3
울창한 숲과 폭포의 만남
천지연폭포

주소 서귀포시 천지동 667-7 · **가는 법** 612, 642, 692번 지선버스 → 천지연폭포 정류장(종점) → 주차장을 따라 북쪽으로 140m · **운영시간** 09:00~22:00 / 21:20 입장마감 · **입장료** 성인 2,000원, 청소년 · 어린이 · 군인 1,000원 · **전화번호** 064-760-6304

 남

22미터 높이에서 떨어지는 물이 마치 하늘에서 떨어지는 듯하며 폭포 주위가 깊은 연못을 이루고 있다. 울창한 숲과 기암절벽이 어우러지는 절경이 천지연폭포의 매력이다. 각종 상록수와 양치식물이 만나 숲을 이루고, 난대림지대에서만 만날 수 있는 담팔수나무 자생지는 천연기념물 제163호로 지정되었다. 가시딸기, 송엽란 등 희귀식물들이 곳곳에 분포해 계곡 전체가 천연기념물 제379호로 지정 보호되고 있다. 폭포 아래 살고 있는

무태장어도 천연기념물 제27호로 지정되었다.

야간 개장을 하므로 밤에 방문하면 더욱 이색적이다. 입구에서 폭포로 가는 길이 잘 조성되어 전혀 힘들지 않고 신선한 공기를 맡으며 가로등을 지나 폭포까지 가는 내내 풀 냄새, 물 냄새가 더욱 진하게 느껴진다.

TIP
- 폭포를 배경으로 사진을 찍을 때는 연못 앞에 있는 바위나 주변 벤치에 앉아야 하는데, 연못 깊이가 20m나 되므로 미끄러지지 않게 조심해야 한다.

주변 볼거리·먹거리

서귀포잠수함 스쿠버다이빙으로도 유명한 세계 최대 연산호 군락지 문섬의 바닷속 풍경을 볼 수 있는 해저 45m 탐험여행.

Ⓐ 서귀포시 남성중로 40 ◎ 여름 성수기(7~8월) 및 연휴, 주말 07:45 첫 출항, 18:50 마지막 출항, 35분 간격으로 출항 ⓣ 064-732-6060 ⓒ 여름성수기(7~8월) 및 연휴, 주말 운항 07:45 첫 출항, 18:50 마지막 출항 / 35분 간격으로 출항 ⓗ https://submarine.co.kr

사방팔방횟집 싱싱한 활어회를 합리적인 가격으로 맛볼 수 있는 서귀포 아랑조을거리에 위치한 횟집. 생선구이, 튀김, 초밥, 매운탕 사이드 메뉴도 넉넉하다.

Ⓐ 서귀포시 천지로 4 ◎ 18:00~01:30 / 첫째, 셋째 일요일 휴무 ⓣ 064-732-6156 Ⓜ 제철 모둠회 (대) 70,000원, (소) 50,000원

SPOT **4**

머무르는 모든 공간이
작품이 되는 곳
UDA

주소 서귀포시 속골로 13-7 · **가는 법** 202, 282 간선버스, 633 지선버스 → 서귀포
여자고등학교 정류장 → 서쪽으로 161m 좌측길로 → 420m 우측 길로 27m (도보
9분) · **운영시간** 10:30~19:00 / 18:30 주문 마감(15:30 브런치 메뉴 마감) / 목요
일 휴무 · **전화번호** 070-7757-0000 · **홈페이지** https://www.instagram.com/uda_
jeju/ · **대표메뉴** UDA브런치 19,000원, 몬테크리스토 샌드위치 17,000원, UDA라테
9,000원, 흑임자라테 8,500원

 남

TIP
• 예스 키즈존, 노 펫존

    서귀포의 푸른 바다와 범 섬이 파노라마처럼 펼쳐지는 오션
뷰 카페. UDA는 '우다'로 읽으며, 제주에서는 '~입니다', '~예요'
를 '~우다'라고 한다. 카페 UDA는 '카페우다!' '카페입니다'를 뜻
한다. 동글동글한 로고 속에 귀여운 제주어가 숨어있는 카페 이
름부터 매력적이다. 입구에 시시각각 오묘한 빛으로 변하는 스
크린을 시작으로 카페 자체가 갤러리처럼 느껴진다. 모던한 회
색빛 벽면과 잘 어우러지는 오브제, 그린을 포인트 컬러로 사용
한 공간은 감각적이고 세련된 느낌을 준다. 큰 창문이 그림 액자
로 보일 정도로 풍경과 조경이 뛰어나다. 총 2층 건물로 전 층에
서 차를 마실 수 있으며 1층에는 갤러리, 2층에는 넓은 테라스,
3층은 루프톱으로 구성되어 있다. 갤러리에는 전시회나 연주회
가 열린다. 인스타그램을 통해 매월의 행사 소식을 전하고 있으
니 관심 있다면 눈여겨보도록 하자. 약 400여 평의 넓은 잔디 정
원에도 빈백과 테이블이 있어 여유로운 시간을 보내기에 부족
함이 없다. 멋진 공간과 함께 즐길 수 있는 다양한 음료와 디저
트, 브런치 메뉴들이 준비되어 있다.

1 COURSE
속골

🚗 자동차 15분
🚏 서귀포여자고등학교 정류장
651, 652번 지선버스 → 서복전시
관 정류장 → 도보 6분

2 COURSE
왈종미술관

🚗 자동차 2분(도보 9분)

3 COURSE
허니문하우스

주소	서귀포시 서호동 85
가는 법	202, 282, 510번 간선버스 → 서귀포여자고등학교 정류장 → 도보 16분

시원한 계곡물이 바다까지 이어지는 곳으로 사시사철 풍부한 물이 솟아난다. 키 큰 야자수들과 제주의 바다가 어우러져 이국적인 풍경을 선사한다. 올레 7코스의 한 구간으로 도보여행을 즐기기에도 좋다. 인근에는 파도 소리를 들으며 컵라면과 해산물 모둠을 파는 속골할망라면이 있어 간단히 끼니를 해결하기에 좋다.

주소	서귀포시 칠십리로214번길 30
운영시간	10:00~18:00 / 17:30 입장마감, 카페&아트숍 16:00까지 / 월요일 휴관
입장료	성인 10,000원, 청소년·어린이·제주도민 6,000원
전화번호	064-763-3600
홈페이지	http://walartmuseum.or.kr/

3월 2주 소개(112쪽)

주소	서귀포시 칠십리로 228-13
운영시간	10:00~18:30 / 18:00 주문 마감
전화번호	070-4277-9922
대표메뉴	아메리카노 7,000원, 카페라테 8,500원, 제주당근주스 10,000원, 버섯피자 30,000원
홈페이지	https://www.instagram.com/honeymoonhouse_official/

과거 파라다이스 호텔을 칼 호텔이 인수해 허니문하우스만 카페로 다시 문을 열었다. 소나무 사이사이 섶섬, 문섬 등 서귀포 앞바다가 펼쳐지는 테라스에 앉아 마시는 커피 맛은 일품! 시즌별로 베이킹, 와인 등 원데이 클래스를 진행해 여행의 또 다른 재미를 느낄 수 있다.

동굴과 바다에서 즐기는 여름

뜨거운 여름에도 즐겁게 다녀올 수 있는 자연 명소가 제주에는 참 많다. 에메랄드빛 바닷속으로 풍덩 뛰어들 수도 있고, 웅장하게 쏟아지는 폭포는 구경만 해도 시원하다. 천연 냉장고 동굴 탐방, 우거진 나무들 사이에서 느껴지는 상쾌함으로 즐겁다. 바다, 동굴, 숲, 폭포를 골고루 즐겼다면 김창열미술관도 빼놓을 수 없다. 물방울 화가로 유명한 김창열 화백의 영롱한 물빛을 담은 작품을 감상할 수 있다.

⚑ 2박 3일 코스 한눈에 보기

첫째 날

①

14:00
만장굴
(280쪽)

711-1, 711-2번
지선버스
만장굴 승차
김녕해수욕장 하차

15:30
김녕해수욕장
(285쪽)

도보

17:00
청굴물
(285쪽)

둘째 날

②

612번 지선버스
법호촌/서귀포 온성학교 승차
번개과학체험관 하차

12:00
돈내코순두부
(275쪽)

611, 612번 지선버스
돈내코 승차
법호촌/서귀포 온성학교 하차

10:00
돈내코유원지
(274쪽)

숙소

13:30
윈드1947카트테마파크
(275쪽)

612번 지선버스
번개과학체험관 승차
서귀포중학교 하차

16:00
정방폭포
(286쪽)

도보

17:00
소정방폭포
(288쪽)

셋째 날

③

202번 간선버스
784-1 지선버스
협재리 승차
협재해수욕장 하차

12:00
협재온다정
(269쪽)

784-1 지선버스
방림원 승차
협재리 하차

10:00
김창열도립미술관
(413쪽)

숙소

13:30
협재해수욕장
(268쪽)

도보

16:00
협재홀라인
(269쪽)

공항

만장굴

김녕해수욕장

청굴물

돈내코유원지

돈내코순두부

윈드1947카트테마파크

정방폭포

소정방폭포

김창열도립미술관

협재온다정

협재해수욕장

협재소리아

제주도는 1시간에서 2시간이면 내가 원하는 곳으로 떠나기
참 좋은 곳이다. 이국적인 느낌으로 영화와 드라마, CF 촬영
지로 각광받고 있다. 주인공들에 견주어도 될 만큼 제주의 풍
경은 또 다른 주인공이 된다. 9월에는 내가 좋아하는 영화나
드라마 속 배경을 찾아 제주로 떠나보자. 포스터 같은 인생
샷은 덤! 주옥같은 풍경 속에서 나도 영화의 주인공이 된다.

촬영지로 떠나는
제주 여행

로맨스 주인공처럼

35week

SPOT 1

영화 〈늑대소년〉 촬영지

물영아리오름

남동

주소 서귀포시 남원읍 수망리 산 188 · 가는 법 231번 간선버스 → 남원읍 충혼묘지, 물영아리 정류장 → 서북쪽으로 353m → 우측 길로 340m

습지를 뜻하는 '물'과 신령스런 산을 뜻하는 '영아리'가 만나 물의 수호신이 산다는 곳. 오름 분화구의 습지는 2006년 람사르습지로 지정되었다. 람사르협약은 보존 가치가 높은 습지를 보호하기 위한 국제적인 협약이다. 물장군과 맹꽁이, 긴꼬리딱새, 팔색조 등 멸종위기종이 서식하며, 습지 안에는 안쪽부터 바깥쪽으로 송이고랭이, 물고추나물과 보풀, 고마리 등의 습지식물들이 군락을 이루고 있다.

사시사철 물이 가득한 것은 아니다. 비가 오지 않는 날이 오래

주변 볼거리·먹거리

머체왓숲길 자연 그대로 원시림을 접할 수 있지만 코스 중간부터 핸드폰이 터지지 않는 곳이 있으니 여럿이 함께 방문하는 것이 좋다. 잣성과 화전터 등 옛사람들의 생활 흔적도 발견할 수 있다.

Ⓐ 서귀포시 남원읍 서성로 755 Ⓞ 하절기 09:00~17:00, 동절기 09:00~16:00 Ⓣ 064-805-3113(머체왓숲길 방문객지원센터)

수망다원 고즈넉한 돌담을 지나 초록이 가득한 녹차밭을 만날 수 있다. 규모는 아담한 편이지만 한적하게 즐길 수 있다. 녹차밭 뷰의 카페도 운영되고 있으며, 녹차를 이용한 양갱, 떡, 녹차라테 등의 음식 체험과 염색, 비누 등 만들기 체험이 준비되어 있다.

Ⓐ 서귀포시 남원읍 수망리 535-5 Ⓞ 10:00~18:00, 하절기 17:00까지 / 마감 30분 전까지 주문 마감 Ⓣ 064-739-8033 Ⓜ 녹차 5,500원, 홍차 5,500원, 말차 8,000원 Ⓗ http://www.sumang.kr

이어지면 풀이 말라 있기도 해 이왕이면 비가 온 다음 날 방문해야 습지 특유의 아름다운 모습을 감상할 수 있다. 안개까지 껴 있다면 몽환적인 운치가 더해진다.

TIP
- 계단길은 왕복 2.5km, 1시간 30분, 능선길-계단길은 왕복 3.4km, 2시간 소요된다. 계단길은 거리는 가깝지만 경사가 꽤 가파른 편이다.
- 중잣성 생태탐방로와 연결되어 있으니 습지를 지나 전망대를 통해 내려올 때 이정표를 확인하자.

SPOT 2
드라마 〈공항 가는 길〉 촬영지
오조포구

주소 서귀포시 성산읍 오조리 · 가는 법 201번 간선버스, 721-2번 지선버스 → 오조
해녀의집 정류장 → 맞은편 서쪽으로 60m → 좌측 길로 460m → 좌측 길로 125m

 남동

    하루의 햇살이 먼저 닿는 마을, '나를 비춘다'는 뜻의 오조마을
은 따뜻한 아침 햇살처럼 포근하고 잔잔하다. 자그마한 오조포
구는 성산일출봉을 바라볼 수 있는 바다 풍경과 소박한 해안 마
을의 정취를 느낄 수 있는 곳으로 여느 포구와 달리 이색적인 풍
경을 감상할 수 있다.

    포구에 서 있으면 이곳이 호수인지 바다인지 좀처럼 분간이
가지 않는다. 한때 바다였지만 물이 가둬지면서 광활한 호수가
된 내수면이기 때문이다. 내수면을 가로지르는 둑방길과 곳곳
에서 만날 수 있는 튜물러스라고 불리는 암석들, 그리고 호수 위

또 다른 섬처럼 보이는 식산봉의 조화가 무척이나 절묘하다. 성산일출봉을 배경으로 일출과 일몰 풍경이 무척 아름답고, 내수면에 해와 달이 비치는 풍경은 쉽게 만날 수 없어 사진작가들이 많이 찾는다.

주변 볼거리·먹거리

식산봉 성산일출봉 인근에 위치한 오름으로, 높지 않아 산책하듯 올라갈 수 있다. 우도가 매우 가깝게 보이고 아기자기한 오조 마을이 펼쳐진다.

Ⓐ 서귀포시 성산읍 오조리 313

오조해녀의집 해녀들이 채취한 싱싱한 해산물을 합리적인 가격에 맛볼 수 있는 맛집. 내장까지 갈아 진하고 고소한 전복죽이 맛있고 양도 푸짐하다. 아침 일찍부터 영업하기 때문에 아침 식사로도 안성맞춤이다.

Ⓐ 서귀포시 성산읍 한도로 141-13 Ⓗ 07:00~19:00 Ⓣ 064-784-7789 Ⓜ 전복죽 12,000원, 한접시회 10,000원, 모둠회 35,000원, 전복구이 22,000원

SPOT 3
예능 환승연애 2 촬영지

아녜스의 앞치마

주소 제주시 구좌읍 행원로5길 25· 가는 법 201번 간선버스 → 금산목 정류장 → 동쪽으로 49m → 횡단보도 좌측 골목길로 258m (도보 5분) · 운영시간 11:00~17:00 / 수요일 휴무 · 전화번호 0507-1362-0226 · 홈페이지 https://www.instagram.com/agnes_apron_cafe/ · 대표메뉴 아녜스라테 6,900원, 우도땅콩크림라테 6,900원, 여름비자림 6,900원

북동

제주 돌집을 리모델링한 카페로 울퉁불퉁한 돌벽과 우드 천장, 빈티지한 가구가 이색적이면서 제주스러운 매력이 있다. 층고는 높지 않고 테이블은 5~6개 정도로 아담한 규모지만 구석구석 신경 써서 배치한 예쁜 소품들, 손뜨개 식탁보, 레이스와 잔잔한 꽃무늬 커튼, 리넨에서 전해지는 포근하고 따뜻한 분위기가 동화 속 세상을 만나는 것 같다. 마을이 보이는 커다란 창문이 있는데 나지막한 지붕, 초록의 밭과 돌담, 저 멀리 풍력발전소까지 그림 같은 풍경은 하염없이 바라볼 수 있다. 라테 종류가 굉장히 다양하며 로컬 재료와 제주의 이미지를 연상케 하는 라테도 맛볼 수 있다. 시그니처는 달달하면서 고소한 맛이 전해지는 아녜스라테! 카페라테에 콩가루와 달콤한 크림이 들어가 있다. 가짓수는 많지 않지만 음료와 잘 어울리는 디저트도 준비되어 있다.

주변 볼거리·먹거리

세모 포장만 가능한 작은 주먹밥 가게. 흑돼지, 소라, 톳, 참치, 크래미를 재료로 만든 6개의 주먹밥 중 2개 이상을 고르면 된다. 귀엽고 깜찍한 모양만큼 맛도 좋다. 당일 예약은 오래 걸릴 수 있어 하루 전에 예약하는 게 좋다.(인스타그램 DM으로 예약)

Ⓐ 제주시 구좌읍 행원로 121 Ⓞ 10:00~16:30 / 2, 4째주 수요일 및 매주 목요일 휴무, 재료 소진 시 조기 마감 인스타그램 공지 Ⓣ 0507-1340-2197 Ⓜ 흑돼지 고추장, 소라 데리아끼, 톳 참치마요 주먹밥 2개 6,000원, 3개 9,000원 Ⓗ http://www.sumang.kr

TIP
· 작은 마을 안에 있어 주차 공간이 여유롭지 못하다. 카페 옆 주차 공간은 펜션 손님을 위한 주차장으로 사용되기 때문에 해안도로 인근에 주차하고 이동할 것을 추천한다.
· 노키즈,노펫존이며 중학생 이상 입장 가능하다.

1 COURSE
제주민속촌

- 🚗 자동차 26분
- 🚌 제주민속촌 정류장 221번 간선버스 → 하천하동 정류장 환승 201번 간선버스 → 광치기해변 정류장 → 도보 15분

➡ **드르쿰다in성산**

2 COURSE
- 🚗 자동차 6분
- 🚌 동모루왓 정류장 295번 간선버스 → 성산리입구 정류장 → 도보 4분

➡ **경미네집**

3 COURSE

주소	서귀포시 표선면 민속해안로 631-34
운영시간	4-7월 15일, 9월 08:30~19:00, 7월 16일~8월 08:30~19:30, 10-2월 08:30~18:00, 3월 08:00~18:30 / 야간 벨섬 도채비 불꽃 운영 허절기 19:00~24:00, 동절기 18:30~24:00
전화번호	064-787-4501
입장료	성인 15,000원, 경로 13,000원, 청소년 12,000원, 어린이 11,000원 / 야간 : 성인 29,000원, 청소년 20,000원, 어린이 15,000원
홈페이지	https://jejufolk.com
가는 법	121번 급행버스 → 제주민속촌 정류장 → 도보 6분

옛 제주의 모습과 생활상, 문화 등을 살펴볼 수 있는 야외박물관으로 약 4만 7,500평에 이르는 면적에 다양한 테마로 구분되어 있다. 전통공예인들의 작품도 감상할 수 있고, 풍물패의 신나는 민속공연도 열린다. 〈대장금〉, 〈마의〉, 〈추노〉, 〈거상 김만덕〉 등의 촬영지로도 유명한데, 그중 〈대장금〉 관련 소품들이 전시된 대장금 미니테마파크가 따로 있다. 야간에는 도채비불을 주제로 한 미디어아트를 제주민속촌 곳곳에서 감상할 수 있다.

주소	서귀포시 성산읍 고성리 372-1
운영시간	09:00~21:00
전화번호	064-901-2197
홈페이지	https://delekoomdainsungsan.modoo.at/
대표메뉴	1인 10,000원(입장권+음료), 카라반 대여 1시간당 10,000원(4인 기준), 파티룸 셋팅 15,000원(3가지 컨셉), 피자 22,000원

드라마 〈나를 사랑한 스파이〉 촬영지. 각종 포토존과 쉬어 가기 좋은 카라반, 각각 다르게 꾸며진 야외공간까지 마련되어 있는 대형 스튜디오 카페. 음료부터 간단한 안주와 맥주까지 즐길 수 있다. 카라반 예약 시 추가 비용을 내면 노래방 마이크와 보드게임도 대여해주고, 3가지 컨셉의 파티룸 셋팅도 가능하다.

주소	서귀포시 성산읍 일출로 259
운영시간	08:30~16:00 / 매주 일요일, 매월 마지막 주 화요일 휴무
전화번호	064-782-2671
홈페이지	https://www.instagram.com/gyeongminejib/
대표메뉴	해물라면 8,000원, 성게밥 15,000원, 전복죽 13,000원 등

싱싱한 해산물이 들어간 다양한 음식들을 맛볼 수 있다. 같은 메뉴라도 향토음식점보다 저렴하며 집밥을 먹는 것처럼 소박하고 푸근하다. 달달한 성게밥과 얼큰한 해물라면이 인기 메뉴!

제주스러운 곳에서

36week

SPOT 1
드라마 〈구가의서〉 촬영지
안덕계곡

주소 서귀포시 안덕면 감산리 1946 · **가는 법** 202, 532번 간선버스, 752-2번 지선버스 → 안덕계곡 정류장 맞은편

 남서

　병풍처럼 둘러싼 기암절벽과 바위틈을 비집고 자라나는 울창한 나무들이 신비로움을 넘어 경이로움을 자아내는 비경지다. 안덕면을 따라 흐르는 창고천 하류에 있으며, 총 300여 종의 식물이 분포되어 늘 싱그러운 에너지를 가득 담고 있다. 구실잣밤나무, 참식나무, 후박나무 등 오래된 나무와 더불어 희귀식물 솔잎란, 소사나무, 지네발란 등이 자생하고 있어 안덕계곡의 상록수림은 천연기념물 제377호로 지정 보호되고 있다.

주변 볼거리 · 먹거리

형제해안도로 드라마 〈인생은 아름다워〉 촬영지. 올레길 10코스 구간으로 사계포구에서 시작해 사계해안을 지나 송악산 입구까지 이어진다. 송악산 입구에서 출발해 산방산 전경을 감상하기를 추천한다.

Ⓐ 서귀포시 안덕면 사계리

바람이풀에그림그린날 100% 자연 치즈에 싱싱한 토핑을 얹고 화덕에 구워 쫄깃한 피자를 맛볼 수 있다. 특히 한라봉청 소스에 귤과 블루베리 토핑이 올라간 바람풀피자는 달달하며 상큼한 맛이 이색적이다.

Ⓐ 서귀포시 안덕면 감산서로 59 Ⓞ 11:30~ 19:00 / 18:00 주문 마감 Ⓣ 064-792-3657 Ⓜ 바람풀(한라봉)피자 22,000원, 고르곤졸라 22,000원, 카프리쵸사 27,000원 Ⓗ https:// thewindpool.modoo.at/

　　계곡 입구부터 안쪽까지 산책길을 따라 걷다 보면 새소리와 함께 청량한 계곡물 소리가 들려 걷는 내내 상쾌하다. 탐방로 중간중간 계곡으로 내려가는 계단이 있다. 원시림을 품고 있는 계곡의 풍경은 태고의 자연을 마주하듯 오랜 시간 제주의 불과 물, 바람이 만들어낸 웅장한 풍경을 자랑한다.

TIP
- 평소 물이 잔잔하게 흐르지만 비가 많이 오면 계곡물이 갑자기 불어날 수 있으니 호우주의보나 태풍이 올 경우에는 출입이 금지된다.
- 계곡으로 내려갈 때 바위가 미끄러울 수 있으니 안전에 주의한다.
- 천연기념물로 지정 보호되고 자생식물 복원 구역이기 때문에 탐방로 외에 계곡을 따라 상류로 이동하거나 자생식물을 채취하는 행동은 하지 말아야 한다.

SPOT 2
예능 〈효리네민박〉 촬영지
수월봉

주소 제주시 한경면 노을해안로 1013-70 · **가는 법** 761-1, 761-2번 지선버스 → 한
장동 정류장 → 서북쪽 방향으로 800m · **전화번호** 064-772-3334(수월봉 탐방안내소)

 북서

제주의 서쪽 끝, 아름다운 바다를 품고 있는 수월봉은 높이
77m의 그리 높지 않은 오름이지만 전망만큼은 황홀함 그 자체
이다. 도로가 워낙 잘되어 있어 차량은 물론 누구나 쉽게 올라갈
수 있다. 가까이 차귀도부터 당산봉을 감싸고 있는 해안길과 저
멀리 신창풍력발전단지까지 한눈에 들어온다. 특히 해 질 무렵
환상적인 일몰 풍경도 감상할 수 있다.

약 1만 8천 년 전 수성화산 분출로 형성된 응회환의 일부인 수
월봉은 한라산과 산방산을 비롯해 수성화산체 연구지로 지정되

었다. 해안 절벽을 따라 드러난 화산쇄설암층은 워낙 장관이므로 수월봉에 왔다면 꼭 엉알길을 걸어보자. 수월봉 지질트레일은 총 3개 코스가 있다. 그중 A코스인 수월봉 엉알길 코스는 차귀도 선착장에서 출발해 해안길을 따라 화산재 지층과 화산탄을 살펴보고, 수월봉 정상과 고산기상대를 거쳐 다시 돌아온다.

TIP
• 수월봉 지질트레일 해설은 무료로 진행되니 사전에 탐방안내소에 문의해보자.
• 고산기상대가 수월봉 정상에 있을 정도로 바람이 센 곳이므로 날씨가 덥다 하더라도 일몰을 보기 위해 느지막이 오른다면 바람막이 옷을 준비하는 것이 좋다. 모자가 날아가지 않도록 주의할 것!

수월봉 엉알길

주변 볼거리 · 먹거리

차귀도유람선 현재는 무인도이지만 1970년대 말까지 7가구가 농사를 지으며 살아서 집터와 빗물 저장시설 등이 남아 있다. 1시간이면 충분히 돌아볼 수 있고 그늘이 없으니 양산이나 모자를 준비하는 것이 좋다.

Ⓐ 제주시 한경면 고산리 3592-1 Ⓞ 09:00~18:00 수시 운항 / 사전예약 필수, 기상악화나 업체 사정 시 변경 가능 Ⓣ 064-738-5355 Ⓒ 성인 18,000원, 소인 13,000원 Ⓗ https://chagwido.modoo.at

제주돔베막국수 채소와 고기를 듬뿍 올려 아삭한 식감을 더욱 돋우는 막국수와 두툼한 육전 고명을 올린 온국수가 있다. 담백하고 자극적이지 않아 술술 들어간다. 입에서 사르르 녹는 돔베고기도 곁들여보자.

Ⓐ 제주시 한경면 고산로 35 Ⓞ 11:00~16:00 / 월요일 휴무 Ⓣ 010-6372-3764 Ⓜ 돔베막국수 10,000원, 비빔막국수 10,000원, 돔베고기(소) 8,000원 (대) 15,000원

예능 〈더 짠내투어〉 촬영지
별돈별

주소 제주시 한경면 고산로8길 21-15(정원본점) · **가는 법** 202번 간선버스 → 고산1리(구 출장소) 정류장 → 북쪽으로 78m 이동 후 횡단보도 맞은편 → 남쪽으로 21m → 좌측 길로 214m → 삼거리에서 좌측 길로 132m · **운영시간** 16:30~22:00 / 21:00 주문 마감 · **전화번호** 064-772-5895 · **홈페이지** https://www.instagram.com/byuldonbyul/ · **대표메뉴** 물결 흑돼지 오겹살 (2인분) 500g 55,000원, 흑돼지 목살 (2인분) 540g 55,000원

 북서

청정 환경에서 자란 제주도 돼지가 육지보다 훨씬 맛있게 느껴진다면 거짓말일까? 화력이 센 연탄이지만 워낙 두툼한 오겹살과 목살이기에 잘 굽기가 쉽지만은 않다. 별돈별의 모든 고기는 직원들이 구워주기 때문에 육즙이 철철 넘치는 고기를 맛있게 먹기만 하면 된다.

별돈별은 서민적인 요리도 낭만적인 요리로 변신시키는 특별한 매력이 있다. 조명과 함께 넓은 잔디밭에서 즐기는 여유 있는 식사는 캠핑을 온 듯 낭만적인 시간을 선사한다. 일몰이 아름다

운 고산에 위치해 어둑어둑해질 무렵 환상적인 일몰 속에 그대로 스며든다. 특히 돼지고기 구이와 함께 마시는 와인 한잔도 낭만적인 식사의 일등공신이다. 상추나 깻잎도 좋지만 토르티야에 흑돼지와 파채를 싸 먹는 것도 이색적이다.

주변 볼거리·먹거리

당산봉 제주 남서쪽의 오름으로 경사가 있지만 수월봉과 넓게 펼쳐진 고산평야, 차귀도가 한눈에 내려다보인다. 중간 전망대와 정상 전망대 2개 다 꼭 올라가 보자.

Ⓐ 제주시 한경면 고산리 산 15

TIP
• 웨이팅이 있는 편. 예약은 따로 받지 않지만 '테이블링' 앱을 통해 원격 대기가 가능하다.

SPOT **4**

바닷가와 마주한
옛 방앗간의 변신
인스밀

주소 서귀포시 대정읍 일과대수로27번길 22 · **가는 법** 254번 간선버스 → 대수동 정류장 → 북쪽 대수동 교차로까지 55m → 좌측 길로 260m → 우측 길로 18m → 좌측 길로 80m · **운영시간** 10:00~20:00 / 19:00 주문 마감 · **전화번호** 010-6844-5661 · **홈페이지** http://insmill.com/ · **대표메뉴** 보리개역 7,000원, 보리 아이스크림 7,000원, 보리과즐 4,000원

 남서

방앗간 창고를 개조한 카페로 전통 방앗간을 현대적으로 재해석한 공간이다. 제주를 사랑하는 제주 토박이 친구들이 운영하는데, 초가지붕, 제주 화산송이가 깔린 정원, 제주의 흙으로 직접 만든 그릇 등 제주 느낌으로 가득하다. 공간 자체가 가장 큰 매력이라면, 두 번째 매력은 큰 창에서 보이는 다양한 풍경이다. 한쪽 창은 바다 풍경, 또 다른 창은 야자수가 있는 정원의 모습으로 마치 큰 그림 액자를 걸어둔 것 같다.

메뉴 자체는 단출한 편이며 시그니처 메뉴는 다른 곡물을 넣지 않고 직접 수확한 보리만을 사용한 보리개역. 개역은 곡식을 볶은 가루, 즉 보리 미숫가루를 말하는 제주어이다. 보리녹차와 보리홍차, 보리아이스크림, 보리스콘 등 보리가 들어간 음료와 디저트를 맛볼 수 있다.

1 COURSE
🚗 자동차 3분(도보 17분)

주상절리

2 COURSE
🚗 자동차 3분(도보 21분)
🚌 씨에스호텔 정류장 510, 520번 간선버스 → 플레이케이팝박물관 정류장 → 도보 12분

씨에스호텔 카노푸스 카페

3 COURSE

여미지식물원

주소	서귀포시 이어도로 36-30
운영시간	매일 09:00~17:40(일몰 및 기상 상황에 따라 변동 있음)
입장료	성인 2,000원, 어린이·청소년 1,000원 / 주차요금 경차 1,000원, 승용차 15인승 미만 2,000원, 15인승 이상 3,000원
전화번호	064-738-1521
가는 법	600번 공항버스 → 제주국제컨벤션센터 중문대포해안주상절리대 정류장 → 도보 11분

용암이 식으면서 형성된 독특한 해안 절벽 주상절리대는 육각형 돌기둥이 겹겹이 쌓여 파도가 철썩 칠 때면 단순히 멋짐을 넘어 자연의 위대함과 경이로움을 느낀다. 국내 최대 규모를 자랑하며 천연기념물 제433호에 지정되어 있다.

주소	서귀포시 중문관광로 198
운영시간	09:00~21:00 / 20:30 주문 마감
전화번호	064-735-3000
대표메뉴	하귤크림커피 15,000원, 유기농 귤피차 13,000원, 제주레몬 요거트 스무디 13,000원
홈페이지	https://www.seaes.co.kr

제주의 전통 초가를 모티브로 설계되어 전통과 현대가 잘 어우러져 고즈넉한 분위기를 느낄 수 있다. 〈시크릿 가든〉, 〈미안하다 사랑한다〉, 〈꽃보다 남자〉, 〈궁〉 등의 촬영지로 바다 풍경을 마주할 수 있는 호텔 정원에는 시크릿가든 키스 벤치가 있다.

주소	서귀포시 중문관광로 93
운영시간	09:00~18:00(17:30 매표 마감) / 온실식물원 관람은 오후 6시까지, 옥외식물원 관람은 일몰까지
전화번호	064-735-1100
입장료	성인 12,000원, 청소년 및 군경 8,000원, 경로 8,000원, 어린이 6,000원
홈페이지	http://www.yeomiji.or.kr

드라마 〈미남이시네요〉 촬영지. 총 7개의 테마로 이루어진 온실식물원, 계절별로 다른 꽃들과 여러 나라의 정원이 있는 옥외식물원으로 이루어진 약 3만 8천 평에 이르는 식물원이다. 중앙 홀에는 예술과 디자인을 식물에 접목해 싱그럽고 아름다운 정원을 선사한다.

해변에서 즐기는 여유로움

37 week

SPOT 1

드라마 〈맨도롱 또똣〉 촬영지

한담해안
산책로

북서

주소 제주시 애월읍 곽지리 1359 · **가는 법** 202, 202-1번 간선버스 → 한담동 정류
장 → 서남쪽으로 327m → 우측 길로 80m → 좌측 길로 145m(한담해변 기준)

　애월항에서 시작해 곽지해수욕장까지 이어지는 총 1.2km 도
보 코스. 길지 않고 어려운 구간이 없어 누구나 쉽게 걸을 수 있
고, 주변 풍경에 풍덩 빠져 여행자가 풍경이 되는 아름다운 산책
로다. 해안가를 따라 구불구불 이어진 산책길 양옆으로 올록볼
록한 현무암부터 고양이바위, 악어바위, 아기공룡바위, 거울바
위 등 이름을 쏙 빼닮은 바위들이 많다. 곽금팔경(곽지리와 금성
리의 아름다운 8가지 풍경) 중 3경인 날개를 펴고 날아오르는 솔개
모양 바위라는 뜻의 치소기암이 가장 압권이다.

바다색도 맑고 투명해 눈이 시릴 정도다. 계단도 있으니 청량한 파도 소리를 들으며 잠시 힐링의 시간을 가져보자. 조선시대 ≪표해록(漂海錄)≫을 쓴 장한철이 한담에 살았다고 해서 장한철 산책로라고도 부르며, 애월 카페거리가 따로 있을 정도로 바다 전망 카페가 굉장히 많아 여유 있는 시간을 보내기에 좋다.

TIP
- 애월항에서 시작하지만 대부분 한담해변 초입부터 곽지해수욕장까지 이용한다. 한담해변 인근은 주차가 불편하니 곽지해수욕장에 주차 후 한담해변으로 이동하는 것도 좋은 방법이다.
- 편도 코스라 다시 출발점으로 돌아와야 하지만 길지 않으니 큰 부담은 없다.
- 제주의 서쪽 바다 풍광을 한눈에 만날 수 있는 올레 15-B코스의 일부 구간이다.

주변 볼거리·먹거리

명자 비법 간장으로 맛을 낸 신선한 새우장과 연어장, 불향 가득한 매콤한 흑돼지 등을 밥 위에 올려 먹는 덮밥집이다. 덮밥도 반찬들도 정갈함이 돋보인다. 2층에는 창문을 향해 바가 배치되어 있어 바다를 바라보며 식사할 수 있다.

Ⓐ 제주시 애월읍 애월로1길 22 ⓞ 10:30~18:00 / 금요일, 설날 연휴 휴무 ⓣ 064-799-3335 Ⓜ 새우장 덮밥 정식 14,000원, 연어장 덮밥 정식 16,000원, 매콤 불고기 덮밥 정식 13,000원

봄날 한담해변에 맨 처음 자리 잡은 1호 카페로 드라마 〈맨도롱 또똣〉 촬영지. 여러 채의 건물이 옹기종기 모여 있어 드라마 세트장 같다. 가슴이 시릴 정도로 푸른 한담만의 바다 풍경이 펼쳐지는 아름다운 뷰를 담고 있다.

Ⓐ 제주시 애월읍 애월로1길 25 ⓞ 매일 09:00~21:30 / 주문마감 21:00 Ⓜ 아메리카노 5,500원, 카페라테 6,000원, 아인슈페너 7,000원, 한라봉차 6,500원 Ⓗ https://www.jejubomnal.com

SPOT **2**

드라마 〈봄날〉 촬영지
비양도

주소 제주시 한림읍 협재리 · **가는 법** 102번 급행버스 → 한수리 정류장 → 남쪽으로 145m → 우측 길로 210m → 좌측 길로 118m → 한림항도선대합실에서 매표 · **운영시간** 천년호 : 한림항 출발 09:00, 12:00, 14:00, 16:00 비양도 출발 09:15, 12:15, 14:15, 16:15 / 비양도호 : 한림항 출발 09:20, 11:20, 13:20, 15:20 비양도 출발 09:30, 11:35, 13:35, 15:35 · **입장료** 왕복 성인 9,000원, 소인 5,000원 · **전화번호** 064-796-7522(한림항도선대합실), 064-796-3515(비양도호)

 북서

섬 모양이 마치 ≪어린왕자≫에 나오는 보아뱀 같아 신비로운 일들이 생길 것만 같다. 제주도의 여러 부속 섬 중에 외형이 제주도 본섬을 가장 많이 닮았다. 한림항에서 10분이면 도착하고 빠르면 1시간, 넉넉하게 2~3시간이면 돌아볼 수 있다.

섬 곳곳에 화산활동 흔적이 있어 세계지질공원 명소로 등재되었으며, 해안가를 둘러보기만 해도 이색적인 풍경을 감상할 수 있다. 무게 10톤의 초대형 화산탄과 파호이호이 용암해안, 용암이 만든 대지 위에 형성된 펄렁못 습지, 용암이 솟구쳐 만들어진 용암굴뚝 호니토 등 섬 전체가 살아 있는 지질 박물관이다.

비양봉으로 올라가는 길은 경사가 있는 편이지만, 계단과 야자수 매트가 깔려 있어 그리 힘들지 않다. 대나무가 많아 대섬이라고 불리기도 했다는 비양도의 대나무는 화살 재료로 쓸 정도로 얇은 게 특징이다. 정상에는 비양도 등대와 분화구가 있고, 비양도와 제주의 서부를 한눈에 조망할 수 있어 가슴까지 탁 트인다.

TIP
- 주말이나 성수기에는 조기 마감될 수 있으니 미리 전화 문의를 하고 예약한다.
- 자전거를 대여해서 섬을 한 바퀴 돌아볼 수 있다. 비양도항에서 내려 서쪽으로 이동하면 올레카페에서 자전거를 대여해준다.(1인용 5,000원, 2인용 10,000원, 카드 가능)

주변 볼거리·먹거리

호돌이식당 비양도에서 잡은 해산물 요리를 맛볼 수 있다. 뿔소라무침이 밑반찬으로 나오는데 계속 리필할 수 있다는 것도 매력!

Ⓐ 제주시 한림읍 비양도길 284 ⓞ 09:00~15:20 ⓣ 064-796-8475 Ⓜ 보말죽 15,000원, 호돌이물회 15,000원, 호돌이덮밥, 보말해물칼국수 13,000원

협재포구 섬에 방문하지 않아도 비양도를 가깝게 마주하고 싶다면 협재포구에 가보자. 포구에서 바다 쪽으로 긴 방파제가 있는데 비양도를 품은 탁 트인 바다와 아기자기한 어촌 풍경을 만끽할 수 있다. 낚시 포인트 중 한 곳으로 낚시를 즐기기에도 좋다.

Ⓐ 제주시 한림읍 협재리

드라마 〈웰컴투 삼달리〉 촬영지
명월국민학교

주소 제주시 한림읍 명월로 48 · 가는 법 102번 급행버스 → 한림고등학교(서) 정류장 → 동남쪽 방향으로 도보 1.4km · 운영시간 매일 11:00~18:30 / 18:00 주문마감 / 전체 대관이나 휴무 시 인스타그램, 네이버 플레이스 공지 · 전화번호 070-8803-1955 · 홈페이지 https://www.instagram.com/_lightmoon.official · 대표메뉴 버터크림 라테 6,500원, 흑임자 라테 6,500원, 제주 보리 개역 6,500원, 플레인 바스크 치즈케이크 4,000원

북서

주변 볼거리·먹거리

한림공원

Ⓐ 제주시 한림읍 한림로 300 Ⓞ 3-5월, 9-10월 09:00~17:30, 6-8월 09:00~18:00, 11-2월 09:00~16:30(매표 개시 및 마감 시간 기준) ⓒ 성인 15,000원, 청소년 10,000원, 어린이 9,000원 Ⓣ 064-796-0001 Ⓗ https://www.hallimpark.com
2월 1주 소개(68쪽 참고)

1955년 개교 후 학생 수의 감소로 1993년 폐교되었다. 20년이 넘는 기간 동안 아이들의 추억을 꾹꾹 담아둔 채 외로이 서 있다가 열정 가득한 마을 주민들의 노력으로 카페와 갤러리로 재탄생되었다.

학교를 들어서자마자 만나는 이순신 동상부터 뛰어놀기 좋은 잔디 운동장, 학교의 외관을 바라보고 있노라면 어른이 되어버린 많은 이들의 국민학교 혹은 초등학교 시절이 떠오른다. 옛 추억을 소환하다 보면 때론 뭉클해지기도 때론 수다스러워지기도 하면서 말이다. 학교였던 본건물에는 카페반·소품반·갤러리반이 있고, 명월 구멍가게라고 쓰여 있는 별관에는 오락실이 구비되어 있다. 카페 이용은 필수이니 선주문 후 자리를 잡고 시설을 이용하자. 오래된 학교의 흔적이 곳곳에 남아있고, 카페 내부와 외부에 포토존들이 있으니 구석구석 살펴보면서 추억을 가득 담고 가기 좋다. 옛날 과자, 제주 기념품, 운동장에서 즐기기 좋은 장난감도 판매하며 고무줄놀이, 굴렁쇠 굴리기, 투호 던지기 등 추억의 놀이를 무료로 대여해주고 있다. 어린 시절 문구사나 상점에서 종종 하곤 했던 뽑기도 있다. 갤러리반은 드라마 〈웰컴 투 삼달리〉에서 삼달리 갤러리로 쓰였던 공간으로 제주 풍경을 담은 작가의 작품들이 전시 중이다.

1 COURSE
👣 도보 4분(자동차 1분)

신창풍차해안도로

2 COURSE
🚗 자동차 10분
🚌 구 한경의원 앞 정류장 승차 202번 간선버스 → 판포리 정류장 하차 → 도보 13분

클랭블루

3 COURSE

세컨드찬스공방

주소 제주시 한경면 신창리 1322-1
가는 법 애월환승정류장(애월리) 202번 간선버스 → (구)한경의원 정류장 도보 11분

예능 〈효리네민박〉 촬영지. 신창리에서 용수리까지 6km에 이르는 해안도로로 풍력발전단지가 이국적인 느낌을 더한다. 노을 맛집으로 불릴 정도로 어떤 날은 은은하게, 또 어떤 날은 불타는 듯한 노을을 만날 수 있다. 싱계물공원과 함께 둘러보기 좋다.

주소 제주시 한경면 한경해안로 552-22
운영시간 10:00~19:00
전화번호 010-8720-5338
대표메뉴 클랭블루 제철주스 9,000원, 우도땅콩라테 8,000원
홈페이지 https://www.instagram.com/kleinblue_jeju/

프랑스 화가 이브 클랭이 만든 인터내셔널 클랭블루(IKB)라는 고유의 청색에서 따온 이름처럼 모던한 공간 속에 파란색이 포인트다. 카페 자체가 하나의 미술관으로 여유 있게 차 한잔을 마시면서 미술 작품을 감상할 수 있다. 신창해안도로가 한눈에 보이는 2층에 마련된 정사각형 창문은 포토존! 누구나 앉기만 하면 한 폭의 그림이 된다.

주소 제주시 한경면 판포중2길 7-3
운영시간 11:00~19:00 / 월요일 휴무
전화번호 0507-1332-9450
체험가격 도자기 클래스 성인 6만원(마블링접시, 도트플레이트, 토분), 도자기 키즈 클래스(마블링접시, 동물접시, 토분) 5만원, 리모컷 그림 도장 5만원(성인만 가능)
홈페이지 https://www.instagram.com/second_chance_jeju/

부부가 운영하는 체험 공방으로 도자기 그릇과 그림 도장을 만들 수 있으며, 직접 만든 제품들을 구입할 수 있다. 좋아하는 색상의 흙을 골라 나만의 접시를 꾸며보는 '패턴 마블링 접시'는 누구나 좋아하는 인기 클래스이다. 캐릭터 도장을 만드는 리놀컷 그림 도장 클래스도 재미 있다.

섬 속 의 섬 , 우 도

38 week

SPOT **1**

영화 〈화엄경〉, 〈연리지〉 촬영지

우도봉

주소 제주시 우도면 연평리 산 23 · **가는 법** 천진항에서 165m 이동 후 우도해녀 항일기념비를 돌아 기념비 앞에서 우측 길로 300m → 우측 길로 284m → 우측 길로 490m(천진항에서 차량 5분, 도보 20분) · **운영시간** *성산항 출발 08:00부터 30분 간격으로 운항 / 우도 출발 07:30부터 30분 간격으로 운항 / 마지막 배 11-2월 17:00, 3·10월 17:30, 4·9월 18:00, 5-8월 18:30 *종달항 출발(4-9월 기준) 09:00부터 17:00까지 1시간 간격으로 운항 / 하우목동항 출발 마지막 배 16:00 *계절 및 기상 사항에 따라 운항 시각이 변경될 수 있다. · **입장료** 왕복 성인 10,500원, 중·고등학생 10,100원, 초등학생 3,800원(성산항 기준) · **전화번호** 064-782-8425(우도해운), 064-782-5671(성산항여객터미널), 064-782-7719(우도종달대합실) · **홈페이지** http://www.udoship.com

북동

소가 머리를 들고 누워 있는 모습을 닮은 우도는 제주도의 부속섬 중 가장 큰 섬이며, 제주 본섬의 아름다움만 압축해놨다고 해도 과언이 아니다. 우도 내에서 가장 높은 우도봉은 소의 머리에 해당하는 곳이라 쇠머리오름 또는 섬머리라고 부른다. 우도봉 정상에 오르기 전 만나는 넓게 펼쳐진 언덕만 봐도 가슴이 탁

트일 정도로 시간이 멈춘 듯 평화로운 분위기를 느낄 수 있다.

언덕을 지나 해안절벽을 끼고 구불구불한 산책로를 오르다 보면 한가로이 풀을 뜯고 있는 말들과 푸른 바다, 우도 마을을 한눈에 담을 수 있다. 우도8경 중 제4경의 지두청사가 바로 우도 봉에서 바라본 풍경을 말한다. 우도 여행의 하이라이트라고도 할 수 있다. 우도봉 정상 인근에는 우도 등대와 세계의 등대들을 전시해놓은 등대공원도 있다.

TIP
- 성산항, 종달항에서 우도 가는 배를 탈 수 있으며, 우도에서 나올 때는 천진항과 하우목동항을 이용한다. 시간과 요금, 주차요금 등이 항마다 다르니 사전에 확인하자.
- 우도등대공원은 우도봉 정상에서 바로 진입할 수 없다. 언덕에서 두 갈래로 나뉘지는데, 좌측으로 올라가야 등대공원으로 갈 수 있다.

주변 볼거리·먹거리

검멀레해변 영화 〈인어공주〉 촬영지. 검은 모래라는 뜻의 검멀레해변은 길이가 100m 정도로 아담하지만 깎아지른 듯한 절벽과 해변 끝 동굴이 있어 신비로운 기운이 가득한 곳이다.

Ⓐ 제주시 우도면 연평리

우도동굴보트관광 바다에서 우도의 또 다른 풍경을 볼 수 있는 이색 체험. 해식동굴의 신비로움과 롤러코스터를 타는 듯한 스릴, 2가지 재미를 동시에 느낄 수 있다. 우도 8경 중 제1경 주간명월, 제5경 전포망도, 제6경 후해석벽, 제7경 동안경굴을 만날 수 있다.

Ⓐ 제주시 우도면 연평리 검멀레해변 입구
Ⓣ 064-783-9999 Ⓒ 대인 20,000원, 소인 15,000원, 미취학 10,000원

SPOT **2**

영화 〈시월애〉 촬영지

산호해수욕장

 북동

주소 제주시 우도면 연평리 · **가는 법** 하우목동항 남쪽으로 1km(차량 4분, 도보 19분)

눈부시게 빛나는 하얀 해변, 맑고 투명한 바다가 보석처럼 반짝거리는 산호해수욕장은 수심과 햇빛에 따라 바다의 색도 다채롭게 변한다. 우도8경 중 제8경이 서빈백사인데, 우도 서쪽에 위치한 빛나는 모래사장이라는 뜻이다. 산호해수욕장, 서빈백사, 홍조단괴 해빈으로 불리는 이곳은 모래나 산호가 아닌 홍조단괴라는 홍조류로 이루어졌다.

1mm의 작은 크기부터 10cm 넘는 것도 있는 홍조단괴는 오돌토돌하면서 동그란 모양이 팝콘을 닮았다. 세포나 세포 사이의 벽에 탄산칼슘이 침전되어 만들어지는데 해안가를 따라 홍조류의 퇴적물이 쌓여 형성된 것! 홍조단괴 해빈은 우리나라에서 유

주변 볼거리·먹거리

우도봉수대 좌측에는 4·3항쟁 당시 초소 역할을 했던 커다란 답다니탑망대, 우측에는 망루등대가 있다. 검은색 돌들과 우도의 파란 바다가 어우러진 이색적인 풍경을 만날 수 있다. 썰물에 보이는 등대 옆 하트 모양 원담도 인기 포토존!

Ⓐ 제주시 우도면 연평리 / 하우목동항 동쪽 끝 위치

밤수지맨드라미책방 우도의 유일한 서점이자 카페. 밤수지맨드라미는 멸종위기 야생생물 2급으로 지정되어 보호받고 있는 산호를 일컫는다. 부정기로 전시회와 심야책방이 열린다.

Ⓐ 제주시 우도면 우도해안길 530 Ⓞ 10:00~17:00 / 부정기 휴무, 인스타그램 공지 Ⓣ 010-7405-2324 Ⓗ https://www.instagram.com/bamsuzymandramy.bookstore

일하게 우도에서만 볼 수 있으며 전 세계적으로도 찾아보기 힘들다. 천연기념물 제438호로 지정되어 있으니 예쁘다고 함부로 가져와서는 안 된다. 하우목동항이나 천진항과 같은 방향에 위치해 성산일출봉과 종달 지미봉, 그 뒤로 펼쳐지는 오름과 해안마을이 파노라마처럼 펼쳐진다.

TIP
• 일몰이 아름다운 곳이다. 이곳에서 일몰을 보기 위해 1박을 하는 마니아들도 있을 정도! 우도에서 1박을 한다면 일몰 시간에 꼭 들러보자.

SPOT **3**

쫀득한 활어회와
푸짐한 해산물의 향연
회양과국수군

주소 제주시 우도면 연평리 2473-9 · **가는 법** 하우목동항 남쪽으로 225m → 우측 길로 685m(차량 3분, 도보 14분) · **운영시간** 10:30~21:00 / 해양주의보 시 휴무 · **전화번호** 064-782-0150 · **대표메뉴** 자연산 잡어 모둠 60,000원(소), 우도황제물회 (4~5인분) 89,000원, 영의정물회(2~3인분) 69,000원, 회국수 12,000원(2인 이상)

 북동

산호해수욕장 앞에 있어 시원한 바다 풍경과 함께 싱싱한 회와 해산물이 듬뿍 들어간 음식을 맛볼 수 있는 노포 맛집이다. 회국수와 모둠물회 등 간단히 식사하기 좋은 메뉴부터 양이 푸짐한 물회와 회까지 회 마니아라면 놓칠 수 없는 곳이다. 여러 명이 와야 먹을 수 있다는 우도황제물회와 영의정물회가 대표 메뉴이다. 제철 회 2종과 문어, 뿔소라, 멍게, 전복 등 해산물을 담은 접시와 정갈한 채소가 듬뿍 담긴 접시가 각각 나온다. 채소에 물회 육수를 넣고 취향껏 해산물을 넣어 입맛대로 먹을 수 있다. 재료가 신선하고 육수가 새콤달콤해 식사로도 술안주로도 안성맞춤이다. 물회와 함께 먹을 수 있는 국수사리는 추가이며, 주문 즉시 삶기 때문에 필요하다면 물회를 주문하면서 추가하는 게 좋다. 자연산 참돔과 잡어들을 합리적인 가격으로 만날 수 있는데, 자연산이라 이름 붙은 메뉴는 사장님이 직접 낚시로 잡아 오기 때문! 활어를 두툼하게 썰어 씹는 식감이 예술이며, 회와 함께 생선구이, 회국수, 생선전, 매운탕이 함께 나온다.

TIP
• 한치회나 한치물회는 여름 시즌에만 맛볼 수 있다.

1 COURSE
🚗 자동차 7분(도보 30분)

훈데르트바서파크

2 COURSE
🚗 자동차 7분(도보 30분)

우도정원

3 COURSE

하고수동해수욕장

주소	제주시 우도면 우도해안길 32-12
운영시간	전시관 및 굿즈숍 09:30~18:00 / 카페 훈데르트윈즈 17:30 주문 마감
전화번호	0507-1329-2329
홈페이지	http://www.hundertwasserpark. co.kr
입장료	성인 및 청소년 15,000원 초등학생 7,500원

오스트리아 대표 화가이자 건축가인 훈데르트바서를 기념하는 테마파크. 전시관외에도 우도미술관, 굿즈숍, 카페, 전망대 등 다양한 부대시설이 모여있다. 색채 마술사라는 찬사답게 테마파크도 아기자기하게 꾸며져 있다. 훈데르트바서 전시관에서는 습작부터 걸작까지 오리지널 판화를 포함한 46점의 작품들을 감상할 수 있다.

주소	제주시 우도면 천진길 105
운영시간	09:00~18:00 / 동절기 17:00 까지
전화번호	064-782-0150
홈페이지	https://www.instagram.com/ udo.garden/
입장료	성인 5,000원, 7세~13세 4,000원

카나리아 야자와 와싱토니아 야자수가 펼쳐지는 이국적인 정원을 만날 수 있다. 마편초, 수국, 팜파스, 핑크뮬리, 동백 등 계절별로 피어나는 식물들도 함께 한다. 특히 9월 말부터 피기 시작하는 핑크뮬리 정원 뒤로 제주 본섬과 바다가 펼쳐지는 풍경은 정말 환상적이다.

주소	제주시 우도면 연평리, 하고수동해수욕장

우도 서쪽에 홍조단괴 해빈이 있다면 동쪽은 하고수동 해수욕장이다. 실크처럼 부드럽고 새하얀 모래사장과 에메랄드빛 바다는 해외의 유명한 해변도 저리 가라 할 정도! 수심이 얕아 아이들도 물놀이하기에 좋다.

9월의 해안 절경 여행
가슴이 탁 트이는 제주 풍경

수백만 년 전 화산활동으로 만들어진 지형은 오랜 기간 바람과 파도에 깎여 독특한 모습으로 남아 있다. 특히 보기만 해도 신비로운 용암의 흔적과 눈이 시리도록 푸른 바다의 만남은 환상의 콜라보! 깎아지른 듯한 절벽 위에서 바라보는 바다는 언제나 가슴이 탁 트인다. 현무암을 쌓아 해안마을을 든든히 지키는 풍경은 제주스러운 모습 중 하나이다. 9월은 뛰어난 해안 절경을 가진 아름다운 제주 속으로 초대해 본다.

🚩 2박 3일 코스 한눈에 보기

첫째 날

① **14:00** 한담해안산책로 (312쪽)
🚶 도보
15:00 곽지해수욕장 (270쪽)
🚌 202번 간선버스 / 곽지해수욕장 승차 협재리 하차
16:30 협재포구 (315쪽)

둘째 날

🚌 202번 간선버스 / 고산1리(구 출장소) 승차 판포리 하차
13:00 별돈별 (308쪽)
🚶 도보
11:00 당산봉 (309쪽)
🚕 택시
② **10:00** 수월봉 (306쪽)
숙소

셋째 날

15:00 세컨드찬스공방 (317쪽)
🚌 202번 간선버스 / 판포리 승차 구 한경의원 앞 하차
18:00 신창풍차해안도로 (317쪽)
숙소
③ **10:00** 오조포구 (301쪽)

13:00 우도봉 (319쪽)
🚢 우도 배 탑승
🚌 211, 212 간선버스 / 고성리제주은행 승차 성산항 하차
11:30 지은이네밥상 (419쪽)
🚌 721-2, 721-3번 지선버스 / 오조해녀의집 승차 고성오일시장 하차

14:00 훈데르트바서파크 (323쪽)
🚶 도보
15:30 산호해수욕장 (320쪽)
🚶 도보
16:00 우도정원 (323쪽)
공항

한담해안산책로

곽지해수욕장

협재포구

수월봉

당산봉

별돈댁

세컨드찬스공방

신창풍차해안도로

오조포구

지은이네밥상

우도봉

산호해수욕장

훈데르트바서파크

우도장환

도심을 조금만 벗어나면 낮은 지붕과 아담한 담장들이 한적한 시골길을 조용히 걸어볼 수도 있는 것이 제주 여행의 매력이다. 제주는 바다면 바다, 오름이면 오름 등 다양함이 넘치는 곳이다. 동쪽 끝자락 마을부터 중산간을 거쳐 서남쪽에 위치한 마을, 그리고 옛 제주를 만날 수 있는 마을까지! 자연을 느끼며 걷고, 소소한 체험을 할 수 있는 제주 마을 속으로 함께 떠나보자.

마을 여행을 떠나자

39 week

SPOT **1**

제주의 동쪽 끝자락에
위치한 오름

지미봉

북동

주소 제주시 구좌읍 종달리 산 3-1 · **가는 법** 711-2번 지선버스 → 지미봉입구 정류
장 → 동쪽으로 126m → 좌측 길로 159m → 좌측 길로 54m

　'땅의 꼬리'라는 뜻의 지미봉은 제주의 동쪽 끝자락에 위치
한 오름으로 꼬리오름, 지미오름이라고도 불린다. 표고가 약
165m로 그리 높지 않지만 올라가는 길이 가팔라 초보자들에게
는 살짝 버거울 수 있다. 숨이 턱까지 차서 헉헉거리며 정상에
도착하면 숨 돌릴 새도 없이 기가 막힌 경관에 감탄사가 먼저
나온다. 푸른 바다와 성산일출봉, 우도가 한눈에 들어오는 동쪽
바다 풍경은 눈이 시릴 정도. 어느 하나 막히는 구간 없이 파노
라마처럼 펼쳐져 찬찬히 풍경에 빠져 있노라면 가쁜 숨도 어느

새 진정된다.

오래된 농가주택의 파란색, 청록색, 연두색, 주황색 지붕의 아기자기한 해안마을이 정겹다. 정성껏 만든 조각보처럼 돌담으로 나뉜 밭담은 이색적인 풍경 중 하나! 2014년 세계중요농업유산에 등재될 정도로 중요한 유산이다.

TIP
• 경사가 있으니 운동화나 트레킹화를 신는 것이 좋다.

주변 볼거리·먹거리

제주종달리전망대 종달리수국길의 끝, 종달해안도로 중간쯤 위치한 전망대. 해안길 옆 언덕에 위치해 지나치기 쉽다. 우도와 성산일출봉을 나란히 볼 수 있고, 데크 산책로가 500m가량 이어져 산책하기에도 좋다.

Ⓐ 제주시 구좌읍 해맞이해안로 2196

달리센트 세월의 흔적이 가득 담긴 감귤창고를 개조한 공간으로 다양한 종류의 인센스 제품을 판매하는 편집숍이다. 빈티지 스타일의 테이블웨어, 일상 용품과 함께 사장님의 애장품들도 함께 전시되어 있어 보물 창고를 둘러보는 느낌이다.

Ⓐ 제주시 구좌읍 종달리 1991 Ⓞ 13:00~17:00(영업일 인스타 공지) Ⓣ 010-3268-5247 Ⓗ https://www.instagram.com/dalriscent_official/

SPOT **2**

구석구석 사랑스러움이
가득 담긴 책방

소심한책방

북동

주소 제주시 구좌읍 종달동길 36-10 · **가는 법** 111번 급행버스 → 고성환승정류장
환승 201번 간선버스 → 종달초등학교 정류장 → 맞은편 이동 후 남쪽으로 100m
이동 → 좌측길로 500m 이동 → 우측길로 230m 이동(도보 10분) · **운영시간** 매
일 10:00~18:00 / 휴무일 인스타그램 공지 · **전화번호** 070-8147-0848 · **홈페이지**
https://www.instagram.com/sosimbook/

    시골 마을의 소박한 정취가 느껴지는 주변 풍경과 돌담 안 예
사롭지 않은 외관이 돋보이는 이곳은 게스트하우스 '수상한소금
밭'과 제주 독립서점의 시작이라고 할 수 있는 '소심한책방'이 있
는 공간이다. '소심한'이란 이름만 듣고 방문하면 대부분은 놀라
곤 한다. 10년 전 작은 창고에서 알차게 시작했지만, 지금은 전
혀 소심하지 않은 공간으로 책을 사랑하는 이들과 함께하기 때
문이다.

    독립출판물뿐만 아니라 문학, 그림책, 청소년, 여행, 인문, 예
술 서적 등 어떤 연령층이 방문하더라도 부담 없이 책을 꺼낼 수

주변 볼거리·먹거리

종달블랑 와인과 함께 곁들이기 좋은 안주, 해외 식료품, 소품 등을 판매하는 와인 보틀숍으로 가게 안부터 마당까지 아기자기한 매력으로 가득하다. 영업시간 외 방문할 예정이라면 네이버플레이스에서 '와인보틀' 예약 신청 후 이용하면 된다.

Ⓐ 제주시 구좌읍 종달논길 60 안쪽건물 ⓞ 13:00~19:00 / 일요일 정기 휴무 ⓣ 010-4272-0988 Ⓗ https://www.instagram.com/jongdal_blanc/

구좌지앵 분위기 깡패라는 말이 딱일 정도로 빈티지 인테리어와 비밀스러운 정원을 가진 파스타 맛집. 네덜란드산 고급 휠치즈를 사용한 휠치즈파스타가 시그니처 메뉴.

Ⓐ 제주시 구좌읍 종달로1길 102 ⓞ 11:30~15:00 / 14:00 주문 마감 / 휴무일 인스타그램 공지 Ⓜ 휠치즈 크림 파스타 16,900원, 새우 로제 파스타 16,900원, 엔초비 오일 파스타 15,900원 Ⓗ https://www.instagram.com/guzasien_jeju

있을 정도로 다양한 장르의 책들이 구비되어 있다.

또한 책방 나들이의 즐거움이 배가 될 몇 가지 포인트를 만날 수 있다. 첫 번째, Staff Pick이 있어 스태프들이 실제 읽고 느낀 점을 예쁜 손글씨로 담아 책을 소개하는 코너로 짧은 글을 읽는 것만으로도 위로가 된다. 둘째, 같은 책이라도 책 커버를 아름다운 드로잉으로 재탄생시킨 리커버 종달리 에디션을 만날 수 있다. 세 번째, 숨겨둔 책은 자체 베스트셀러에도 순위가 올라갈 만큼 인기가 있다. 힌트와 책의 한 페이지를 옮겨 둔 종이가 있으니 꼼꼼히 본 후 운명처럼 책이 다가온다면 바로 구매하자. 네 번째, 다른 독립서점과 달리 책방 여러 곳에 책을 읽을 수 있는 소파와 의자가 비치되어 있어 편하게 이용할 수 있다. 테마별로 작은 방들이 있어 아기자기한 느낌을 더하며, 독특한 굿즈들도 판매하고 있다.

TIP
- 오롯이 나만의 시간을 보내고 싶다면 책방의 숨겨둔 방도 좋은 선택이다. 성산일출봉이 보이는 다락방으로 최대 2인까지 이용할 수 있다. (사전 예약, 2시간 기준 1인 25,000원)

SPOT 3

혼술 여행객도 방문하기 좋은
로컬 재료를 이용한 요리 주점

종달리엔
심야식당

북동

TIP
• 예약자 우선이며 예약 없이 방문하게
  된다면 출발 전에 가능 여부를 확인하
  는 게 좋다. (예약은 방문일 기준 일주일
  전부터 인스타그램 DM, 문자로 가능)
• 1인 1 음료 또는 주류 필수

주변 볼거리·먹거리

목화휴게소 종달해
안도로 끝에 위치한
편의점이자 휴게소.
우도를 배경으로 준
치를 말리는 이색적인 풍경이 눈길을 끄는 곳
이다. 직접 말린 준치를 구워 바다를 보며 마시
는 맥주 맛도 좋다.

Ⓐ 서귀포시 성산읍 해맞이해안로 2526 Ⓞ
11:30~18:00 / 수요일 휴무 ⓣ 064-782-2077

종달고망난돌쉼터
고망난 돌은 '구멍이
뚫린 돌'이라는 뜻의
제주어로, 커다란 바
위에 자연적으로 구멍이 나 있어 바다를 배경
으로 예쁜 사진을 남길 수 있다. 쉼터에서 바다
방향으로 가면 만날 수 있으며, 돌이 많으니, 운
동화를 착용하는 게 좋다.

Ⓐ 제주시 구좌읍 종달리 10

주소 제주시 구좌읍 세화8길 7 1층 · **가는 법** 111번 급행버스 → 고성환승정류장
(고성리 회전교차로) 정류장 201번 간선버스 → 종달초등학교 정류장 → 남쪽으로
102m 좌측길로 153m · **운영시간** 18:00~23:00 / 화요일 휴무, 비정기적 휴무는 인
스타그램 프로필 혹은 네이버플레이스 공지 · **전화번호** 010-4470-5768(당일 예약
외에는 문자 상담) · **대표메뉴** 제주달고기 튀김 변동, 야끼소바 18,000원, 한라파 제
주돼지튀김 19,000원, 오징어참나물무침 19,000원

어스름해지는 저녁, 붉게 물들어가는 하늘을 보며 여행의 아
쉬움이 느껴진다면 종달리엔심야식당의 문을 두드려보자. 농가
주택을 개조한 아담한 식당으로 화이트와 우드의 조합이 멋스
러운 마을 안 요리 주점이다.

가짓수는 많지 않지만, 제주 식자재를 이용한 로컬 메뉴가 대
부분이라 맛있는 안주와 함께 가볍게 술 한 잔 마시기 좋다.

대표 메뉴는 제주달고기튀김. 달고기는 제주에서 잡히는 자
연산 생선으로, 한 마리를 통째로 튀겨 종달리엔심야식당만의
특제 소스를 올린다. 살도 오동통하고 잔가시가 없어 큰 가시를
빼고 모두 먹을 수 있는 메뉴로 식감이 바삭하고 짭조름해 밥과
함께 먹는다면 한 그릇은 뚝딱 해치울 수 있다.

종달리엔심야식당은 혼밥과 혼술 여행객을 위한 식당으로 시
작해 혼자와도 편안한 식사가 될 수 있도록 1인 테이블과 함께
읽을거리, 방명록 등이 준비되어 있다. 단품 메뉴 외에 1인 혼술
객 메뉴도 준비되어 있으니, 필요에 따라 이용해 보자.

1 COURSE
🚗 자동차 2분(도보 10분)

책약방

2 COURSE
🚗 자동차 11분

종달리746

3 COURSE

말미오름&알오름

주소 제주시 구좌읍 종달로5길 11
운영시간 24시간 운영
홈페이지 https://www.instagram.com/
chaekyakbang/
가는 법 201번 간선버스 → 종달초등학
교 정류장 → 도보 3분

제주 관련 책, 어린이책, 문구류 등을
판매하는 서점으로 주인이 상주하지
는 않고 틈틈히 다녀간다. 대신 책들
과 다녀간 이들의 흔적, 주인장의 메
모가 공간을 지키고 있다. 카드체크
기와 입금계좌가 안내되어 있으니 마
음에 드는 책을 골라 셀프로 계산하
면 된다.

주소 제주시 구좌읍 종달동길 29-9
운영시간 10:30~18:00 / 17:30 주문 마감
/ 토요일 휴무, 임시 휴무 인스타
확인
전화번호 010-8578-2347
홈페이지 https://www.instagram.com/
jongdalri_746
대표메뉴 복숭아홍차 7,000원, 746커피
7,500원, 한라봉차 6,500원

조용히 책을 읽으며 소소한 시간을
보낼 수 있는 종달리의 북카페. 책 외
에 손님들이 남기고 간 버킷리스트와
방명록도 꼭 챙겨 봐야 하는 아이템
이다.

주소 제주시 구좌읍 종달리 산 13-1

1월 1주 소개(32쪽)

따뜻한 남쪽 마을, 보목

40week

SPOT **1**

**섶섬을 눈 앞에서 만날 수 있는
아담하고 한적한 포구**

구두미포구

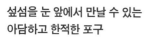 북동

주소 제주 서귀포시 보목동 1351 · **가는 법** 630 지선버스 → 보목포구 정류장 →
해안도로에서 서쪽으로 1.3km(도보 20분)

    보목은 보목포구와 구두미포구라는 2개의 포구를 안고 있는
어촌 마을이다. 구두미포구는 보목포구에 비해 규모가 작아 소
형배 몇 대 정도만 정박할 수 있는 아담한 규모지만 섶섬과 함께
펼쳐진 바다 풍경은 어느 바다 못지않다. 구두미포구에서 섶섬
까지 거리가 짧고 방파제가 섬 방향으로 길게 나 있어 끝에 서서
보면 금방이라도 섬에 닿을 것 같다. 섶섬은 천연기념물 제18호
로 지정된 무인도로 섬 전체가 숲으로 우거져 숲섬이라고 불리
며 기암괴석들이 함께 어우러져 웅장한 분위기도 전해진다. 그

뿐만 아니라 동쪽으로는 지귀도, 서쪽으로는 범섬과 문섬까지 조망할 수 있으며 일출과 일몰 시간에는 섶섬을 배경으로 한 환상적인 풍경도 만날 수 있다.

포구에는 마을에서 운영하는 '섶섬지기카페'가 있는데, 마을에서 생산하는 재료로 만든 수제차를 맛볼 수 있고 음료 가격도 저렴해 부담 없이 쉬어가기 좋다. 올레 6코스가 지나가는 길이라 보목포구에서 구두미포구까지 올레 표시를 보며 해안 길을 걸어도 좋다.

TIP
• 보목해안도로는 버스가 다니지 않는 곳이다. 대중 교통을 이용한다면 마을 정류장보다 보목포구 정류장에서 하차 후 해안도로를 따라 구두미포구로 이동하는 게 가깝다.

주변 볼거리·먹거리

 카페숲숲 섶섬과 함께 서귀포 앞바다가 펼쳐지는 오션뷰 카페. 실내뿐 아니라 테라스와 루프톱에 테이블이 비치되어 시원한 풍경을 즐기며 시간을 보내기 좋다. 루프톱에는 섶섬과 함께 구두미포구를 내려다볼 수도 있고 주변 섬들도 한눈에 들어온다.

Ⓐ 서귀포시 보목로64번길 80 Ⓞ 09:30~18:30 / 18:00 주문 마감 Ⓣ 010-3092-8411 Ⓜ 라떼슈페너 6,500원, 아인슈페너 6,500원, 말차슈페너 7,000원, 청귤에이드 6,500원

 섶섬한그릇 해녀 어머니와 삼촌이 직접 채취하는 보말을 주재료로 이용한 보말 요리를 판매한다. 주메뉴인 보말칼국수와 보말전복죽은 바다 내음이 가득하다. 보말육수가 부담스럽다면 보말비빔밥을 먹어 보자. 톳을 비롯한 채소들과 양념된 보말이 들어가 있어 상큼하게 먹을 수 있다.

Ⓐ 서귀포시 보목로64번길 60 Ⓞ 09:00~15:00 / 14:30 주문 마감 / 화요일 휴무 Ⓣ 010-8660-0498 Ⓜ 보말칼국수 12,000원, 보말비빔밥 12,000원, 보말전복죽 15,000원, 보말해물전 12,000원 Ⓗ https://instagram.com/subseomnoodles

SPOT **2**

**보목 마을이 한눈에
들어오는 오름**

제지기오름

 북동

주소 서귀포시 보목동 275-1 · **가는 법** 630번 지선버스 → 보목포구 정류장 → 맞은편 이동 후 우측길로 190m

　　마을 끝자락에 자리 잡은 오름으로 올레 6코스 중에 있으며 동네 주민들이 운동 삼아 올라가는 곳이다. 이전에 굴사와 절지기가 있어 절오름, 절지기오름으로 부르다 제지기오름이 되었다는 설이 있지만 아쉽게도 굴사의 흔적은 전혀 찾아볼 수 없다. 표고 94.8m, 남쪽 입구에서 정상까지 산책로 길이가 400m로 계단이 놓여 가볍게 올라갈 수 있고 정상을 제외하고는 오름 대부분이 나무로 가득해 숲길을 걷는 느낌이다. 산책로를 따라 몇 미터 지점인지 알려주는 표지석이 50m 간격으로 있기 때문에 남

은 거리를 짐작할 수 있다. 정상 주변에는 나무가 많아 파노라마처럼 탁 트인 전경은 살펴볼 수는 없으나 나무가 액자 테두리가 되어주는 그림 같은 풍경을 연출하기도 한다. 섶섬과 보목포구와 함께 펼쳐지는 소박한 해안 마을의 풍경은 보기만 해도 평화롭다. 동쪽으로는 지귀도, 서쪽으로는 범섬, 문섬, 새섬 등 서귀포의 유명한 섬과 서귀포 일대를 다 볼 수 있다. 날씨가 좋다면 산방산과 송악산에 이어 마라도까지 조망 가능하다. 물론 날씨가 좋지 않더라도 아쉬움은 잠시 접어두자. 눈앞에서 내려다보이는 섶섬의 풍경은 그 어느 때보다 신비롭게 느껴질 것이다.

주변 볼거리 · 먹거리

올레6코스 쇠소깍부터 보목마을과 서귀포 시내를 지나는 올레코스. 전체 올레코스 중에는 짧은 편이며 크게 어렵지 않아 누구나 쉽게 도전할 수 있다. 보목 마을의 숨겨진 해안 길과 검은여, 소정방폭포 인근 해안 절벽 등 아름답고 이색적인 제주 바다를 감상할 수 있다.

Ⓐ 쇠소깍부터 제주올레여행자센터까지 총 11km

TIP
- 입구는 2개로 남쪽 입구는 오르바카페 맞은편, 북쪽 입구는 제지기오름 정류장(하효고막곶 방면)에서 동남쪽으로 255m 지점이다. 남쪽 입구는 산책로가 길지만 완만한 편이고 북쪽 입구는 거리는 짧지만 경사가 있다. 올레 6코스에 있으니 올레 표시를 보면서 정방향 혹은 역방향으로 이동하면 된다.
- 숲길이 울창하기 때문에 너무 늦은 오후에 방문하는 것은 자제하자. 남서면은 매우 가파르니 탐방로를 절대 벗어나서는 안된다.

SPOT **3**

**연탄에 구워 불맛 가득,
육즙 가득한 돼지고기 구이**

구두미
연탄구이

북동

주소 서귀포시 문필로 71 · 가는 법 520 간선버스, 630 지선버스 → 장안 그랜드 빌라 정류장 → 동쪽으로 28m → 우측길로 124m · 운영시간 16:00~21:30 / 20:30 주문 마감 / 화요일 휴무 · 전화번호 064-762-7004 · 메뉴 제주흑돼지(600g) 62,000원, 제주백돼지(600g) 48,000원, 흑돼지 김치찌개 8,000원, 김치말이국수 5,000원

화력 좋은 연탄불에 구운 돼지고기를 맛볼 수 있다. 보기만 해도 와! 소리가 날 정도로 고기가 상당히 두툼하다. 어떻게 구워야 할지 고민은 그만! 직원들이 직접 구워주기 때문에 그저 맛있게 먹기만 하면 된다. 두꺼운 고기를 굽기 좋게 자를 때와 기름이 떨어질 때 솟아나는 불길에 민첩하게 뒤집는 모습은 맛있는 고기에 대한 기대감을 증폭시킨다. 불 맛 가득, 육즙 가득한 고기는 연탄구이의 매력. 전체적으로 부드럽지만 기름기 있는 부분은 무척 쫀득쫀득해 순식간에 한판 구워진 고기가 사라진다. 보통 제주인들은 고기를 먹을 때 멜젓을 찍어 먹는데 구두미연탄구이는 이것을 연탄 위에 바로 끓여내 잡내 없이 감칠맛 도는 소스를 제공한다. 돼지고기는 600g이 기본으로 오겹살과 목살이 적당한 비율로 나온다. 추가 주문 시 오겹살과 목살을 지정해 주문할 수 있으니 그때 입맛에 맞는 고기로 골라도 된다. 돼지고기구이와 함께 곁들여 먹기 좋은 흑돼지 김치찌개는 얼큰하고 칼칼한 맛이 일품이다. 아삭한 김치말이 국수도 인기!

1 COURSE
🚗 자동차 2분(도보 15분)

➡️ **소천지**

2 COURSE
🚗 자동차 5분.(도보 31분)
🚌 장안그랜드빌라 정류장 520, 521번 간선버스 → 제지기오름 정류장 → 도보 11분

➡️ **백주산보**

3 COURSE

➡️ **볼레낭개다이브 스쿠버다이빙**

주소	제주 서귀포시 보목동 1400
가는 법	효성빌라 정류장 520번 간선버스 → 보목하수처리장입구 정류장 → 도보 14분

백두산 천지를 닮았다고 해 소천지라 부른다. 한라산과 소천지를 둘러싸고 있는 기암괴석들이 투영된 모습을 감상할 수 있다. 정자가 있어 내려다보기 좋지만 직접 내려가서 즐기는 것도 좋다. 물고기가 많아 스노클링을 즐기기도 한다.

주소	서귀포시 칠십리로 406
운영시간	11:30~18:00 / 월, 화요일, 매월 마지막주 일요일 휴무
전화번호	010-3674-8947
홈페이지	https://www.instagram.com/khushikhushikhushi/
대표메뉴	드립커피 5,000원, 허브티 6,000원, 자몽에이드 5,000원

책과 영화 포스터로 채워진 북 카페이자 로스터리 카페. 초록과 레드, 회색이 잘 어우러지는 빈티지한 공간에는 예술에 조예가 깊은 사장님의 취향이 고스란히 묻어난다. 책들은 주로 영화와 사진, 예술 관련 책이며, 영화 포스터나 사진집을 판매하기도 한다. 카페 옆 건물인 시네마틱 살롱 앤 갤러리에서는 사진 전시와 영화 상영을 한다.

주소	서귀포시 보목포로 115
전화번호	010-9414-7058
이용료	체험다이빙 1인 10만원(약 3시간 소요)
홈페이지	https://bolrenanggaedive.modoo.at/

제주의 바다를 직접 경험하는 스쿠버다이빙은 모두의 버킷 리스트 중 하나로 특별한 추억을 만들 수 있는 이색 체험이다. 볼레낭개다이브의 체험 다이빙은 섶섬 주변의 다이빙 포인트를 전문 자격자와 함께 탐험한다. 오픈워터 스쿠버 다이버 자격을 갖춘 이들을 위해 펀다이빙도 운영 중이다.

10월 셋째 주

산 좋고 물 좋은 사계

41 week

SPOT **1**

바닷길을 따라 만나는 오랜
세월이 담긴 기암절벽

용머리해안

주소 서귀포시 안덕면 사계리 112-3 · **가는 법** 202, 752-2번 지선버스 → 산방
산 정류장 → 맞은편으로 이동 후 동쪽으로 96m →· 우측 길로 419m · 운영시간
09:00~17:00 / 만조 및 기상 악화 시 통제 · **입장료** 성인 2,000원, 청소년 및 어린이
1,000원 · **전화번호** 064-760-6321

남서

　용의 머리가 바닷속으로 들어가는 모습을 닮은 응회암층으
로, 180만 년 전 수성화산 활동 때문에 생겨났다. 1백만 년 동안
파도와 바람에 깎여 이색적이다 못해 신비스럽기까지 한 용머
리해안은 볼수록 웅장 그 자체다. 높이 20m에 이르는 절벽을 올
려다보고 있으면 경이로운 풍경에 입이 다물어지지 않는다.

　탐방로 중간에서 만나는 산방산과 용머리해안이 어우러지는
풍경은 너무나 독특하고 이국적이라 연신 셔터를 누르게 된다.
이렇게 아름다운 용머리해안이지만 언제나 방문이 허락되지는

않는다. 만조 시간에는 탐방로가 물에 잠기며, 간조라 할지라도 파도가 센 날은 파도에 휩쓸릴 수 있어 입장이 금지되니 여행 일정을 잘 고려해야 한다. 용머리해안 관람 후 시간이 된다면 산방산 용머리 전망대에 들러보자. 용이 바다로 들어갈 때의 등 모습을 확인할 수 있다.

TIP
- 만조 시간에는 입장할 수 없으며, 간조 시간에도 파도가 세면 입장 불가. 방문 전 입장 여부를 매표소에 물어봐야 한다.
- 바다물때표 홈페이지를 통해 간조와 만조 시간을 알 수 있으니 참고하자. (https://www.badatime.com/j-73.html)
- 바다와 인접하고 별도의 난간이 없으니 안전에 주의한다.
- 기념사진을 찍는다고 돌출된 암석에 올라가는 경우가 종종 있는데 위험할 수 있으니 매달리거나 올라가지 않는다.
- 울퉁불퉁한 길도 많고 미끄러운 부분도 있으니 운동화를 신는 게 좋다.
- 매표소에서 우측 500m 거리에 용머리해안 기후변화홍보관이 있다. 용머리해안과 제주 자연환경에 관한 유익한 정보를 제공하며, 상시 해설도 진행하고 있다.

주변 볼거리 · 먹거리

소색채본 북쪽으로는 산방산, 남쪽으로는 용머리해안에 인접한 뷰 좋은 카페로, 기다란 통창과 루프톱을 통해 시원스레 펼쳐진 제주 풍경을 감상할 수 있다. 크루아상과 파운드케이크, 카눌레 등 다양한 디저트들이 준비된 대형 베이커리 카페이다.

Ⓐ 서귀포시 안덕면 사계남로216번길 24-61 Ⓞ 09:00~20:00 / 19:30 주문 마감 Ⓣ 010-6502-1686 Ⓜ 소색채본 크루아상 변동, 소색채본에이드 8,500원, 제주보리개역라떼 8,000원

지금 사계 아름다운 푸른빛의 레진 공예 작품들을 만날 수 있는 체험 공방 카페. 원데이클래스도 운영하고 있어 나만의 작품을 만들 수 있다. 키링, 티코스터, 오프너, 책갈피 등 종류도 다양하다.

Ⓐ 서귀포시 안덕면 사계남로 227-12 Ⓞ 10:00~18:00, 1시간 간격 Ⓣ 010-8007-1280 Ⓜ 2인 이상 예약시 1인 4만원(바다액자+서핑보드키링, 미니마그넷 선택가능) Ⓗ http://www.instagram.com/sagye_now/

SPOT **2**
시간이 만들어낸 웅장한
종 모양의 산
산방산

 남서

주소 서귀포시 안덕면 사계리 산 16 · **가는 법** 202번 간선버스, 752-2번 지선버스 → 산방산 정류장 → 서쪽으로 43m → 북쪽으로 주차장 지나 20m 이동 후 계단으로 올라가면 매표소 · **운영시간** 09:00~18:00 · **입장료** 산방굴사 성인 1,000원, 청소년·군인·어린이 500원 · **전화번호** 064-794-2940

　　제주 남서쪽의 랜드마크로 우뚝 서 있는 모습이 웅장한 산방산은 제주도 유일의 종상화산이다. 화산 폭발 당시 분출된 용암이 흐르지 못한 채 쌓이고 쌓여 종 모양으로 굳어졌는데, 유심히 살펴보면 잘게 쪼개진 듯 길쭉한 암석들이 병풍처럼 둘러싼 신기한 모습이다. 산방산 정상은 오름 자연휴식년제로 인해 탐방이 불가능하지만, 총 4개의 사찰은 연중 개방하고 있다. 그중 자연적으로 생긴 해발 130m에 위치한 산방굴사가 가장 이색적이다.

산방굴사에서 바라보는 풍경은 오래된 소나무와 함께 용머리 해안을 비롯해 마라도와 가파도, 서남부 해안마을이 펼쳐져 가슴이 탁 트일 정도로 시원하다. 산방굴사로 올라가는 산책로 주변에는 사업이나 시험을 위한 '명예 기원의 장소', 아이를 가지기 위한 '생명 기원의 장소', 사랑하는 이를 만날 수 있는 '사랑 기원의 장소'가 있으니 재미 반, 진심 반으로 기도해보자.

TIP
- 산방산 정상은 훼손을 방지하기 위해 출입을 금하고 있으니, 산방굴사까지 정해진 탐방로로만 다니자.
- 산방굴사는 불공을 드리는 장소로, 촬영은 계단 아래에서만 가능하다.

주변 볼거리 · 먹거리

더리트리브 카페 더리트리브, 책방 부키니스트북스, 셀프 스튜디오 에타블루가 함께하는 공간이다. 큰 창문으로 계절의 푸르름을 잘 느낄 수 있고 여유롭고 자연스러운 공간이 쉬어가기 좋다. 책들과 함께 제주가 담긴 다양한 아트 포스터, 굿즈 등을 판매한다. 반려동물 동반 가능하며 스튜디오 촬영도 함께 할 수 있다.

Ⓐ 서귀포시 안덕면 화순로 67 Ⓣ 11:00~19:00 / 18:30 주문 마감 / 임시 휴무 인스타그램 공지, 셀프 스튜디오 사전 예약 및 월요일 휴무 Ⓣ 010-2172-6345 Ⓜ 아몬드크림라테 7,000원, 핸드드립 7,000원 Ⓗ https://www.instagram.com/theretrieve.crew/

SPOT **3**

영양 듬뿍, 바다향 가득한
전복칼국수
제주선채향

주소 서귀포시 안덕면 사계남로84번길 6 · **가는 법** 752-2번 지선버스 → 화순 파출소 사계출장소 정류장 → 남서쪽으로 73m → 우측 길로 114m · **운영시간** 11:00~16:00 / 월요일 휴무 · **전화번호** 064-794-7177 · **대표메뉴** 전복칼국수 11,000원, 전복죽 17,000원(1일 한정 판매), 전복회 45,000원

남서

TIP
- 전복물회는 4~11월에만 맛볼 수 있는데 시기에 따라 조기 종료될 수 있다.
- 재료 소진 시 조기 마감될 수 있다.
- 테이블링 앱 예약은 오전 11시부터 오후 2시까지 가능하며, 현장 대기 접수는 오전 7시부터 가능하다.

몸에 좋은 전복을 부담 없는 가격으로 다양하게 맛볼 수 있는 곳이다. 전복물회나 전복죽, 전복회는 제주 여행 중 먹고자 마음만 먹으면 쉽게 만날 수 있지만, 전복칼국수는 도내에서도 만나기가 쉽지 않은 메뉴다. 전복 내장을 곱게 갈아 미역과 끓여낸 전복칼국수는 진한 국물 색이 더욱 눈길을 끈다.

전복죽을 만들 때도 전복 내장을 듬뿍 사용하고 칼국수나 전복죽 위에 올려진 전복 또한 식감을 충분히 느낄 수 있는 정도의 도톰한 크기다. 먹을 때도 만족스럽지만 먹고 난 후에도 계속 생각나며 영양까지 듬뿍 챙길 수 있다.

주변 볼거리·먹거리

미카의 달콤한 작업실
화산송이, 현무암, 나무 등 제주의 자연을 초콜릿으로 재현해 선물로 구입하기에 딱이다. 시식 코너에서 맛볼 수도 있고, 2인 이상 10인까지 사전예약을 통해 초콜릿 만들기 체험도 할 수 있다.

Ⓐ 서귀포시 안덕면 사계남로84번길 4 Ⓞ 월 ~토요일 11:00~18:00, 일요일 12:30~18:00 Ⓣ 010-2723-0508 Ⓜ 다크쇼콜라쇼 5,000원, 제주섬초콜릿 15,000원, 제주화산이 초콜릿 10,000원, 초콜릿체험 30,000원 Ⓗ https://www.instagram.com/mica_sweet_studio

1 COURSE
🚗 자동차 6분
🚌 덕수초등학교 정류장 202, 251번 간선버스 → 사계리사무소 정류장 → 도보 3분

산방산탄산온천

2 COURSE
🚶 도보 1분

춘미향식당

3 COURSE

어떤바람

주소	서귀포시 안덕면 사계북로41번길 192
운영시간	실내온천 06:00~23:00, 찜질방 06:00~22:00, 노천탕 10:00~22:00
입장요금	성인 13,000원, 소인 6,000원, 노천탕 5,000원, 찜질방 2,000원, 수영복 대여 2,000원
전화번호	064-792-8300
홈페이지	http://www.tansanhot.com/
가는 법	252번 간선버스 → 탄산온천 정류장 → 도보 5분

물이 깨끗하기로 유명해 지친 여행의 피로를 풀기에 안성맞춤이다. 후끈한 일반 온천과는 달리 물이 뜨겁지 않아 부담 없이 들어갈 수 있으며, 보글보글 탄산 기포들이 건강에 좋다. 산방산이 보이는 노천탕에는 야자수가 곳곳에 있어 이국적인 느낌도 물씬 전해진다.

주소	서귀포시 안덕면 산방로 378
운영시간	11:30~21:00 / 14:00~17:30 브레이크타임 / 20:00 주문 마감 / 수요일 휴무
전화번호	064-794-5558
홈페이지	https://www.instagram.com/sagyelife/
대표메뉴	춘미향정식 22,000원, 갈치조림 소(2인) 40,000원, 흑돼지 두루치기(2인 이상) 12,000원

돼지고기도 먹고 싶고, 생선도 먹고 싶다면 춘미향에서 합리적인 가격으로 만날 수 있다. 목살구이와 함께 통째로 튀겨 달달한 소스가 뿌려진 옥돔, 딱새우장, 보말미역국이 제철 반찬들과 함께 나오는데 말 그대로 밥도둑이다. 8,000원의 행복인 점심 한정 고기정식에도 생고기 구이와 제철 생선구이까지 나온다.

주소	서귀포시 안덕면 산방로 374
운영시간	화, 수, 금, 토요일 10:00~16:00, 목요일 13:00~19:00 / 일, 월요일 휴무
전화번호	064-792-2830
홈페이지	https://www.instagram.com/jeju.windybooks/
대표메뉴	제주풋귤에이드 6,500원, 구좌하면 당근이지 쥬-스 6,500원, 드립커피 6,000원

나지막한 건물을 뒤덮은 담쟁이덩굴이 인상적인 마을 안 작은 책방. 계절별로 다르게 물들어가는 외관 덕에 사계절 내내 방문하고 싶은 책방이기도 하다. 책방 안에는 작은 카페가 있어 쉬어가기 좋다. 전시와 낭독회 등의 행사가 비정기적으로 진행된다.

전통이 살아 숨 쉬는 성읍

42week

SPOT 1

한곳에서 즐기는 다양한 액티비티

목장카페
드르쿰다

 남동

주소 서귀포시 표선면 번영로 2454 · **가는 법** 221번 간선버스 → 성읍2리 정류장 → 동쪽으로 102m · **운영시간** 09:10~18:00 / 16:50 레저 발권 마감, 17:50 카페 마감 · **이용료** 승마~코스A(1.9km) 45,000원, 코스B(1.2km) 35,000원, 코스C(500m) 18,000원, 카트 1인 18,000원 · **전화번호** 064-787-5220 · **홈페이지** https://delekoomda.modoo.at

    드르는 '넓은 초원'이나 '들판', 쿰다는 '품다'는 뜻의 제주어로, 3만여 평 넓은 초원에 카페, 카트, 승마, 동물 먹이 주기 등 재미있는 즐길 거리가 모여 있는 복합레저타운이다. 넓은 초원을 감싼 듯 길쭉한 구조로 되어 있어 카페에 앉아 목장을 바라보며 맛있는 차와 함께 멍타임을 보내기에 최고다. 카페만 이용하기에는 심심하다고 생각하는 열정적인 여행객이라면 스릴 만점 카트레이싱과 코스별로 즐기는 승마 체험에 도전해보자. 체험 승마부터 구간별 승마 코스가 있어 연령과 선호도에 맞게 선택하면 된다. 체험 승마는 36개월 이상도 가능하니 유아들이 가볍게 승마를 시작하기에도 안성맞춤이다.

카페와 레포츠 이용과는 상관없이 입장료가 무료라 부담 없이 둘러볼 수 있다는 것도 장점! 목장 중간중간 포토존이 마련되어 사진 찍기에도 좋고, 동물 먹이 체험도 가능하며, 이색 자전거를 탈 수 있는 공간도 있다.

TIP
- 카트는 키 150cm 이상, 초등학교 5학년부터 1인 단독 탑승이 가능하다. 조건에 맞지 않으면 보호자와 함께 탑승해야 한다.
- 승마는 A, B의 경우 7세 이상, C의 경우 36개월 이상 단독 탑승만 가능하며, 몸무게 85kg 미만만 이용 가능하다.
- 동물 먹이는 카페에서 현금으로 구입한다.(1통 2,000원)
- 점심시간(11:50~13:00)에는 승마와 카트 체험을 이용할 수 없다.
- 자전거 체험장은 안전요원이 없는 자율 탑승장이므로, 어린이 동반 가족들은 꼭 부모님과 함께 체험하자.

주변 볼거리·먹거리

성읍민속마을 옛 정의현의 소재지로 조선시대 제주 산간마을 읍성의 기본 형태가 잘 보존되어 있다. 마을 안에 있는 오래된 고택들, 느티나무 및 팽나무, 민요와 제주의 술까지 국가 민속문화재와 천연기념물, 중요 무형문화재로 지정된 살아 있는 민속박물관이다.

Ⓐ 서귀포시 표선면 성읍정의현로 19 성읍마을 Ⓣ 064-710-6797 Ⓗ http://www.jeju.go.kr/seongeup/index.htm

초가헌 제주의 전통 초가집에서 만나는 이색적인 카페. 제주에서 명절이나 특별한 날에만 먹을 수 있는 기름떡을 맛볼 수 있다. 달콤 쫀득한 기름떡은 커피뿐 아니라 음료와도 잘 어울리는 디저트다.

Ⓐ 서귀포시 표선면 중산간동로 4628 Ⓞ 09:30~18:00 / 격주 화요일 휴무 Ⓣ 010-5172-0666 Ⓜ 아메리카노 4,500원, 한라봉에이드 6,500원, 기름떡 3조각 5,500원 Ⓗ http://www.instagram.com/chogaheon_jeju_/

제주인의 삶과 자연을 모티브로 한
감성 아웃도어 스테이

어라운드폴리

남동

주소 서귀포시 성산읍 서성일로 433 · **가는 법** 721-3 지선버스 → 유건이오름 정류장 → 서남쪽으로 514m · **이용안내** 체크인 16:00, 체크아웃 11:00 / 캠핑 체크인 15:00, 체크아웃 12:00 / 카페 이용 시간 08:00~19:00, 18:30 주문 마감, 수요일 휴무 · **부대시설** 편집숍, 에이그라운드(카페&펍), 수영장(6~9월 운영), 공용 키친, 공용 샤워실 · **전화번호** 064-783-6226(숙소), 070-4221-7098(에이그라운드) · **홈페이지** https://aroundfollie.com/

　어라운드폴리는 독채 스테이, 카라반, 캠핑장, 카페&펍을 함께 운영하는 곳이다. 모구리오름, 나시리오름, 우건에오름, 뒷굽으니오름 등 높고 낮은 오름들과 푸른 밭들이 주변에 펼쳐져 있어 중산간의 아름다운 풍경을 만날 수 있다. 제주의 방사탑과 연대를 모티브로 한 7개의 롯지, 1960년대 빈티지 에어스트림을 개조한 4개의 카라반, 미니멀 라이프를 경험할 수 있는 2개의 캐빈이 마련되어 있다. 독채 숙소는 내추럴하고 따뜻한 분위기로 감성적인 캠핑 용품들을 비치해 캠핑에 온 듯한 기분을 선사한

TIP
- 그릴, 파이어핏, 스토브패키지는 랜탈 캠핑의 경우 날씨에 따라 안전 문제로 사용이 불가할 수 있다.(전액 환불)
- 그릴대여 20,000원, 파이어핏 대여 35,000원(화목스토브, 장작, 캠핑테이블, 체어)
- BBQ 그릴 세트는 온라인으로 사전 예약만 가능하며 웨버그릴 이용료가 포함된 금액이다.(BBQ 그릴 세트 : 웨버 그릴, 숄더렉 400g, 오겹살 300g, 구이용 채소, 소금, 후추 / 68,000원)

다. 캠핑에 관심이 많다면 어라운드폴리의 캠핑장도 놓치지 말자. 잔디, 데크, 선세이드, 카디날, 오토 홈 등 다양한 사이트가 마련되어 있고, 여유를 느낄 수 있는 넓은 잔디밭과 공용 주방 공간, 샤워장이 깨끗하게 잘 관리 되어 있다. 어라운드폴리 캠핑 매니아들이 많으니 서둘러 예약하는 게 좋다. 객실 손님 중 캠핑 감성이 더 필요하거나 추가 캠핑 용품이 필요할 때 렌털 캠핑 프로그램을 이용할 수 있다. 카페 & 펍 에이그라운드는 투숙객이 아니라도 방문할 수 있으며, 루프톱도 있어 주변 풍경과 어라운드폴리를 한눈에 살펴볼 수 있다.

SPOT **3**

**매일매일 바뀌는
정성 가득한 한 끼**

서문식당

주소 서귀포시 표선면 성읍민속로 101 · **가는 법** 121번 급행버스 → 성읍환승정류장(성읍1리사무소) 정류장 → 남쪽으로 393m · **운영시간** 10:30~16:00 / 15:30 주문 마감(재료 소진 시 조기 마감) / 일요일 휴무 · **전화번호** 064-787-3479 · **대표메뉴** 정식 10,000원(8세 이상), 미취학 아동 6,000원 · **홈페이지** https://www.instagram.com/seo__mun/

 남동

감자탕, 닭볶음탕, 김치찌개, 제육볶음 등 메인요리와 반찬이 매일 바뀌는 가정식 백반집이다. 직접 재배한 채소와 시장에서 사 오는 신선한 재료, 집에서 만든 된장 등을 사용해 정성 가득한 요리를 만든다. 그날의 메인 요리는 인스타그램에 공지되며, 식당 앞에도 적어놓는다. 운이 좋다면 2개의 메인 요리 중 1개를 선택할 수도 있다. 반찬은 5~6가지 정도로 집에서 만든 반찬처럼 정갈하고 건강한 맛이다. 매운 음식을 잘 먹지 못하는 어린이 손님이 방문한다면 국을 바꿔 주거나 생선구이를 따로 준비해 주기도 한다. 밥도 무한 리필! 반찬도 무한 리필! 넉넉한 인심과 함께 합리적인 가격으로 든든한 한 끼를 먹을 수 있다.

1 COURSE

자동차 5분
성읍119지역센터 정류장 222
번 간선버스 → 섯동네 정류장 →
도보 11분

▶ 성읍녹차마을동굴

2 COURSE

자동차 15분

▶ 사또야

3 COURSE

▶ 성읍저수지

주소	서귀포시 표선면 중산간동로 4778, 성읍녹차마을 내
운영시간	09:00~17:00
가는 법	222번 간선버스 → 성읍119지역센터 정류장 → 서남쪽 방향으로 성읍 교차로까지 290m → 횡단보도 건너 서남쪽 방향으로 155m → 오늘은녹차한잔 주차장에서 서쪽 오늘은카트레이싱 방향으로 90m → 좌측 길로 302m → 좌측 길 93m → 우측 길로 65m

성읍녹차마을에서 운영하는 녹차밭 내 숨겨진 동굴. 푸른 녹차밭과 더불어 이색 사진 명소로 알음알음 소문난 곳이다. 규모는 아담한 편이지만 동굴 안이나 밖에서 사진을 찍으면 인생샷을 건질 수 있다. 녹차밭 내에는 오늘은녹차한잔이라는 카페가 있어 녹차밭을 바라보며 쉬어 가기에도 좋다.

주소	서귀포시 표선면 성읍정의현로 22번길 8-1
운영시간	09:30~22:00
전화번호	064-787-4355
대표메뉴	제주산 흑돼지 오겹살 고사리 구이 22,000원, 전복 흑돼지 주물럭 20,000원

고소하고 쫄깃한 흑돼지 오겹살과 흑돼지 주물럭 맛집. 오동통한 제주도 고사리를 고기와 함께 구워 먹으면 느끼함이 사라져 더욱 맛있다. 고사리 인심도 넉넉 그 자체. 매콤한 것을 좋아한다면 주물럭도 추천! 주물럭은 활전복이 있느냐 없느냐에 따라 가격이 달라진다.

주소	서귀포시 표선면 성읍리, 영주산 서쪽

제주도 최대의 저수지. 가을이면 피어나는 억새와 함께 저수지의 잔잔한 풍경이 어우러져 고즈넉한 분위기를 자아낸다. 저수지 주변으로 차도가 잘되어 있어 드라이브하거나 트레킹하기 좋다.

힐링 가득한 생태마을, 선흘

43week

SPOT 1

습지를 품은 곶자왈

동백동산

주소 제주시 조천읍 선흘리 산 12 · **가는 법** 704-4번 지선버스 → 동백동산습지센터 정류장 → 동쪽으로 50m 이동 후 맞은편 → 동백동산습지센터 방향으로 50m 이동 후 동쪽의 동백동산입구로 진입 · **전화번호** 064-784-9445(동백동산습지센터)

북동

    동백동산은 20여 년생 동백나무가 10만여 그루 이상 모여 숲을 이룬 선흘 곶자왈 지대이다. 하지만 이름과는 달리 동백 시즌에 방문해도 동백꽃을 쉽게 찾아볼 수 없다. 동백나무보다 빨리 성장하는 나무들이 동백나무들을 가리고 있어 꽃을 피우기보다는 햇빛을 보기 위해 위로만 자라기 때문이다. 대신 다양한 상록수가 있어 연평균 기온이 18~20℃로 사계절 내내 쾌적한 숲의 향기를 느낄 수 있다.

다른 곳자왈과는 달리 파호이호이 용암이 흘러 넓은 암반이 형성되면서 그 위로 습지가 만들어졌다. 탐방로 중간에 만날 수 있는 '먼물깍'이 동백동산 내 가장 크고 대표적인 습지로 지형적 가치와 생태적 가치가 인정되어 1971년 문화재보호구역, 2011년 람사르보호습지구역, 2012년과 2014년에 국가지질공원명소와 세계지질공원명소로 지정되었다.

TIP
- 진입로는 선흘분교 정류장 인근과 동백동산습지센터 2곳이 있다. 표시가 잘되어 있어 어느 곳으로 들어가도 크게 상관없지만 탐방로를 벗어나면 길을 잃을 수도 있으니 꼭 정해진 곳으로만 다녀야 한다.
- 3인 이상은 오전 10시, 오후 2시에 진행되는 해설 예약 프로그램을 신청할 수 있다.(당일 예약 불가, 사전예약 필수)

주변 볼거리·먹거리

카페 동백 동백동산 맞은편에 위치해 커다란 창문 너머로 바라보는 목가적인 풍경은 사계절 다른 매력을 보여준다. 6인 이상 단체는 입장을 금하고, 반려동물 동반 시 최소 30분 전에 연락 후 방문해야 한다.

Ⓐ 제주시 조천읍 동백로 68 Ⓞ 10:00~17:00 / 매주 월, 일요일 휴무 Ⓣ 070-4232-3054 Ⓜ 아메리카노 5,000원, 카페봉봉 5,500원, 에이드 7,000원, 케이크 6,000원

선흘곶 신선한 제주산 식재료로 건강한 한 끼를 낸다. 돼지고기 수육과 고등어구이, 쌈채소를 제외한 모든 밑반찬은 계절에 따라 바뀌며, 메인 반찬인 돼지고기와 고등어를 제외하고는 밥을 포함해 리필이 가능하다.

Ⓐ 제주시 조천읍 동백로 102 Ⓞ 10:00~18:00 / 16:00 주문 마감 / 화요일 휴무 Ⓣ 064-783-5753 Ⓜ 쌈밥정식 17,000원

제주 유일 유네스코
세계자연유산에 등재된 오름
거문오름

주소 제주시 조천읍 선흘리 산 102-1 · **가는 법** 211, 221번 간선버스 → 거문오름입구 정류장 → 북서쪽 방향으로 126m → 북동쪽 방향으로 횡단보도 건넌 후 307m → 우측 길로 486m 이동 후 거문오름탐방안내소 도착 · **운영시간** 09:00~13:00 / 화요일, 설날 및 추석 휴무 · **입장료** 성인 2,000원, 청소년·군인·어린이 1,000원 · **전화번호** 064-710-8981 · **홈페이지** https://www.jeju.go.kr/wnhcenter/black/reserve.htm

 북동

　　2007년 '제주 화산섬과 용암동굴'이라는 이름으로 세계자연유산에 등재된 제주도는 한라산, 성산일출봉, 거문오름 용암동굴계가 그 주인공이다. 거문오름에서 분출된 용암이 바다까지 흘러가 형성된 용암동굴만 해도 만장굴과 김녕굴, 뱅뒤굴을 비롯해 총 10개에 이른다. 길이 약 2km의 용암 협곡을 비롯해 용암 함몰구와 수직동굴, 화산탄 등의 화산활동 흔적과 지층의 변화로 생긴 풍혈, 일본군 갱도 진지가 곳곳에 남아 있어 생태학적으로, 역사적으로 가치 있는 곳이다.

주변 볼거리·먹거리

세계자연유산센터 한라산과 거문오름, 성산일출봉, 용암동굴 등 7개의 테마로 이루어진 상설전시관과 4D 영상관을 통해 유익한 정보를 제공한다.

Ⓐ 제주시 조천읍 선교로 569-36 Ⓞ 09:00~18:00 / 첫째 주 화요일, 설날 및 추석 휴무 Ⓣ 064-710-8980 Ⓒ 성인 3,000원, 청소년·군인·어린이 2,000원 Ⓗ http://wnhcenter. jeju.go.kr/

올티스 거문오름이 포근하게 감싸 안은 숨겨진 녹차밭. 아직까지 사람들에게 덜 알려져 한적하다. 올티스에서 생산된 녹차를 구매할 수 있고, 1일 4회 진행되는 티클래스를 통해 다양한 종류의 차도 맛볼 수 있다.

Ⓐ 제주시 조천읍 거문오름길 23-58 Ⓞ 10:00~18:00(12:00~13:00 점심시간) Ⓣ 064-783-9700 Ⓒ 입장료 무료, 티 마인드 1인 참가비 20,000원(사전 예약) Ⓗ https://www.orteas. co.kr

1일 등반 인원이 제한된 덕분에 오름이 잘 보존되어 자연 그대로의 아름다운 풍경을 만날 수 있다. 탐방로는 총 3개! 1.8km 정상 코스, 5.5km 분화구 코스, 10km 전체 코스인데, 정상 코스와 분화구 코스만 해설가와 동행하며 두 코스를 포함한 전체 코스는 부분적으로 자율 탐방이 가능하다. 두 코스가 각각 1시간~2시간 30분 소요되며, 전체 코스는 3시간 30분 정도 소요되니 체력과 일정에 맞게 선택하면 된다.

TIP
- 1일 450명까지만 등반할 수 있기 때문에 사전예약 필수. 최소 하루 전 예약해야 하며, 당일 예약은 불가하다. 09:00~17:00 홈페이지나 전화로 선착순 접수를 받는다.
- 등산용 샌들을 포함해 앞이 트인 샌들과 키높이 운동화 착용 시 탐방이 금지된다.
- 양산과 우산, 아이젠과 스틱, 물 이외의 음식은 반입을 금지한다. 비가 오면 우의를 준비해야 한다.(한시적으로 눈이 많이 오는 날씨에는 아이젠, 스틱을 허가하니, 방문 전 센터로 문의해야 한다.)

SPOT 3

숲 속에 숨겨진 동화 같은 카페
자드부팡

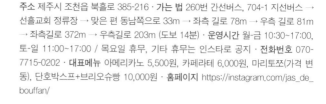

주소 제주시 조천읍 북흘로 385-216 · 가는 법 260번 간선버스, 704-1 지선버스 → 선흘교회 정류장 → 맞은 편 동남쪽으로 33m → 좌측 길로 78m → 우측 길로 81m → 좌측길로 372m → 우측길로 203m (도보 14분) · 운영시간 월~금 10:30~17:00, 토·일 11:00~17:00 / 목요일 휴무, 기타 휴무는 인스타로 공지 · 전화번호 070-7715-0202 · 대표메뉴 아메리카노 5,500원, 카페라테 6,000원, 마리토쪼(가격 변동), 단호박스프+브리오슈빵 10,000원 · 홈페이지 https://instagram.com/jas_de_bouffan/

 남

TIP
• 스몰 웨딩 및 촬영 장소로 대관도 가능하다.
• 동백동산 인근에 위치해 있어 카페로 가는 길이 좁고 도로 상태가 매끄럽지 않다. 운전에 능숙하지 않다면 동백동산 습지센터나 도로변에 주차 후 도보로 이동하는 것이 좋다.

자드부팡은 동백동산 가장 자리에 위치해 있어 주변이 온통 나무로 둘러싸인 아늑한 요새 같은 곳이다. 가는 길은 친절하지 않지만 산책하듯 나무가 우거진 길을 따라가다 보면 동화 속에서만 만날 것 같은 예쁜 풍경을 만나게 된다. 디자이너 출신의 부부가 설계부터 건축, 조경까지 직접 참여해 정성 들여 지은 곳으로 엑상프로방스에 위치한 화가 폴 세잔의 가족 별장 Jas de Bouffan에서 영감을 얻었다. 카페는 총 2동으로 차분한 붉은색 벽돌이 눈에 띈다. 한동은 카페 정면이 통유리, 나머지 한 동은 3분의 2가 썬룸으로 시공되어 외관만 살펴봐도 독특한 매력을 발견할 수 있다. 카페 내부는 곳곳이 포토존이라고 해도 과언이 아닐 정도. 숲 뷰와 함께 내추럴한 토분에 담긴 식물들이 있는 곳은 이국적인 느낌으로, 또 다른 쪽은 프로방스 풍의 아기자기한 소품들과 따뜻한 색감으로 여심을 사로잡는다. 다양한 음료와 디저트가 준비되어 있는데 이탈리아 크림빵인 마리토쪼가 인기 메뉴로 커피와 함께 즐기면 더욱 맛있다.

1 COURSE
🚗 자동차 2분(도보 10분)

제주그리미

2 COURSE
🚗 자동차 9분(도보 18분)

귤의 정원 바령

3 COURSE

오브젝트 제주점

주소 제주시 조천읍 선흘남3길 87
운영시간 10:00~17:30 / 16:30 입장 마감 / 3~6월, 10월 귤밭피크닉, 8~9월 청귤 따기 체험, 10월말~1월 귤따기 체험
전화번호 010-2400-8784
이용요금 입장료 5,000원, 무농약 감귤 따기 체험 8,000원, 팜피크닉 16,000원 / 날씨로 인한 조기 마감은 블로그 혹은 인스타그램 공지
홈페이지 https://blog.naver.com/aneesuk

친환경 유기농법으로 감귤을 재배하는 농원으로 여름과 겨울에는 감귤 따기 체험을 나머지 계절은 팜 피크닉을 진행한다. 예쁘게 꾸며진 창고에서 구운 귤도 맛보고 잠시 쉬어갈 수 있으며, 아이들은 레일 차와 그네, 흙 놀이터에서 시간을 보낼 수 있다. 농장 곳곳의 포토존은 업사이클링을 통해 만들어졌다. 체험비에는 시식과 따기 체험이 포함되어 있으며 1.5~2kg 정도의 귤을 가져갈 수 있다.

주소 제주시 조천읍 중산간동로 1364
운영시간 09:00~15:00 / 14:10 주문 마감 / 휴무일 네이버플레이스와 인스타그램 공지
전화번호 070-8900-0768
대표메뉴 제주 참돔구이 정식, 수제 떡갈비 정식, 제주 흑돼지 제육 정식 15,000원
홈페이지 https://instagram.com/grimi.jipbab_jeju/
가는 법 봉개동 정류장 260번 간선버스 → 선흘1리운동장 정류장 → 도보 1분

카페 같은 맛집으로 정갈하게 차려진 가정식 백반을 맛볼 수 있다. 참돔, 떡갈비, 흑돼지 제육볶음 3가지 종류의 정식이 있으며 메인 요리와 함께 제철 식재료로 만들어진 6~7가지의 반찬이 예쁘게 플레이팅 되어 나온다.

주소 제주시 조천읍 중산간동로 1175-1
운영시간 10:00~18:00
전화번호 064-783-0745
홈페이지 https://www.instagram.com/object_jeju

문구류부터 인테리어 용품, 패브릭까지! 위트 있는 작가들의 다양한 작품이 담긴 일상용품을 판매하는 오브젝트생활연구소의 제주점이다. 꼭 갖고 싶을 정도로 매력적인 제품들이 많다. 독립출판물도 만날 수 있다.

10월의 · 치유 여행
자연과 예술을 즐기다

오랜 세월이 만들어낸 자연의 흔적 앞에서는 겸손함을, 오름에서 바라보는 제주의 풍경에는 감사함을, 곶자왈 속으로 들어가면 신비로움을 절로 느낀다. 이렇듯 제주의 자연을 만나는 일은 몸도 마음도 절로 치유되는 마법과 같은 일! 진짜 제주 속으로 들어가 천천히 걷고, 편하게 쉬며 휴식 같은 시간을 보내자.

🚩 2박 3일 **코스 한눈에 보기**

첫째 날

① **14:00** 제지기오름 (337쪽) ··· 🚶 도보

15:00 올레6코스 보목 구간 (337쪽) 🚶 도보

15:30 소천지 (339쪽) 🚶 도보

16:30 백주산보 (339쪽)

둘째 날

🚶 도보 **12:00** 제주선채향 (344쪽)

🚌 752-2번 지선버스 산방산 승차 화순파출소 사계출장소 하차

② **10:00** 용머리해안 (340쪽)

숙소

13:30 사계생활 (345쪽) 🚌 202, 251번 간선버스 사계리사무소 승차 사계리동동 하차

15:00 지금 사계 (241쪽) 🚶 도보

16:00 산방산 (342쪽)

숙소

셋째 날

🚌 810-1 순환버스 동백동산 습지센터 승차 제주세계자연유산센터 거문오름 하차

12:00 선흘곶 (353쪽)

🚌 704-4 지선버스 북촌리해동 승차 동백동산 습지센터 하차

③ **10:00** 돌하르방미술관 (405쪽)

13:00 거문오름 (355쪽) 🚶 도보

16:00 세계자연유산센터 (355쪽) 🚌

공항

제지기오름

레6코스 보목 구간

소천지

백주산부

용머리해안

제주선채항

사계생활

지금 사계

산방산

돌하르방미술관

선흘곶

세계자연유산센터

거문오름

여름에 바다에서 파도멍을 즐겼다면, 가을에는 오름에서 억새멍을 즐길 시간! 가을이 깊어질수록 제주도 곳곳이 은빛 물결로 출렁인다. 중산간과 오름 전역에 펼쳐진 억새들은 빛을 받으면 빛을 받는 대로, 바람이 불면 바람이 부는 대로 다양한 빛과 소리를 내며 춤춘다. 그 안에 가만히 서 있으면 힐링은 기본! 한라산에서 즐기는 단풍도 매력적이다. 오색 찬란한 단풍을 보기 위해 주저 없이 발걸음을 할 정도로 계곡에서 바라보는 단풍은 너무나 아름답다. 최남단 섬 마라도와 아름다운 정원에도 가을빛이 가득하다.

가을이
곱게 물들다

오 색 단 풍 에 물 들 다

44week

SPOT **1**

형형색색 아름다운
가을빛으로 물든

천아계곡

 북

주소 제주시 애월읍 광령리 · **가는 법** 240번 간선버스 → 한라산둘레길(천아숲길입구) 정류장 → 서남쪽 방향으로 2.4km 도보 이동(도보 37분)

　빨강, 주황, 노랑 등 따뜻하고 알록달록한 빛깔의 단풍들이 계곡을 가득 채우는 제주의 독보적인 단풍 명소. 한라산 Y계곡에서 발원해 바다로 길게 이어지는 광령천이 천아오름을 지난다고 해서 천아계곡이라 불린다. 평상시 물이 흐르지 않는 건천이기 때문에 계곡 안으로 들어가 단풍놀이를 즐길 수 있다. 마치 팔레트에서 물감이 뚝뚝 떨어지는 듯한 다양한 가을빛 향연에 매년 사람들로 북적거린다. 천아계곡만 보고 가기 아쉽다면 천아숲길을 추천한다.

한라산 둘레길은 동쪽의 절물오름부터 서쪽의 천아수원지까지 해발 600~800m를 연결하며, 7개 테마로 이루어진 80km의 명품 숲길이다. 그중 한 구간이 천아숲길의 시작점으로, 보림농장삼거리까지 약 8.7km 구간을 계절의 빛을 그대로 눈에 담으며 걸어볼 수 있다. 숲길을 걷는 내내 알록달록 단풍과 푸르른 조릿대의 조화가 무척 아름답다.

TIP
- 초입에 주차 후 걸어가는 게 좋다. 점점 진입로가 좁아지기 때문에 단풍 시즌에는 한번 들어가면 빠져나오기 쉽지 않다.
- 평상시에는 물이 없는 건천이지만 비가 많이 오면 계곡물이 불어나 넘칠 수 있으니 우천 시와 비가 온 후 2일간은 통제된다.
- 천아숲길의 시작점으로 한라산 둘레길을 걷는 이들도 많다.(한라산 둘레길 안내센터 064-738-4280, https://www.hallatrail.or.kr)
- 숲길은 안전을 위해 하절기 14:00, 동절기 12:00 이후 통제된다.

SPOT 2
사찰에서 누리는 단풍 구경
관음사

주소 제주시 산록북로 660 · **가는 법** 475번 지선버스 → 관음사 정류장 맞은
편 · **이용시간** 04:00~20:00 · **전화번호** 064-724-6830 · **홈페이지** https://www.
jejugwaneumsa.or.kr

 북

조선시대 지리서 ≪동국여지승람(東國輿地勝覽)≫의 12개 사
찰 중 마지막에 기록되어 있을 정도로 오랜 역사를 가진 사찰이
다. 4·3항쟁 당시 모든 전각이 전소되었지만 1969년부터 대웅
전을 시작으로 복원이 이루어져 현재의 모습을 만날 수 있다.
　한라산 650m쯤에 자리 잡고 있어 산세가 더없이 훌륭하다.
조경이 잘되어 있어 불교 신자가 아니더라도 사찰을 돌아보며
천천히 산책하기에 좋다. 언제 와도 잔잔한 음악과 함께 바람에
흔들리는 풍경 소리가 더없이 마음의 위안을 준다. 대웅전 옆에

주변 볼거리·먹거리

 관음사 탐방로 성판악 코스와 함께 한라산 백록담을 올라갈 수 있는 탐방로(편도 5시간)이다. 단풍이 가장 아름다워 구린굴이나 탐라계곡까지만 가도 가을의 정취를 느끼기에 충분하다. 1일 탐방 인원은 500명으로 제한되며, 탐방월 기준 전월 1일 오전 9시부터 예약 가능하다.

Ⓐ 제주시 오라2동 산 107-20 Ⓞ 동절기(11-12월) 입산 시간 06:00부터, 관음사 탐방로 입구 12:00부터 Ⓣ 064-756-9950 Ⓒ 입장료 무료 / 주차요금 이륜차 500원, 경형 1,000원, 승용차 1,800원

 아미헌 관음사 입구에 있는 사찰음식점. 솥밥과 제철 재료로 만든 반찬이 나오며 자극적이지 않은 건강한 맛이 좋다. 통유리로 된 카페에서 산속 풍경을 바라보며 여유롭게 시간을 보낼 수 있다.

Ⓐ 제주시 산록북로 690-1 Ⓞ 10:00~17:00 / 식사는 15:00까지 / 화요일 휴무 Ⓣ 064-724-6820 Ⓜ 사찰음식 한상차림 10,000원, 제주곡물라떼 6,000원, 유기농 과일청차 5,000원

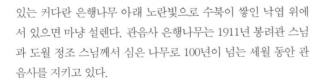

있는 커다란 은행나무 아래 노란빛으로 수북이 쌓인 낙엽 위에 서 있으면 마냥 설렌다. 관음사 은행나무는 1911년 봉려관 스님과 도월 정조 스님께서 심은 나무로 100년이 넘는 세월 동안 관음사를 지키고 있다.

TIP
- 한라산 중턱에 있어 11월에는 시내보다 훨씬 추우니 따뜻한 옷을 준비하는 게 좋다.
- 108배와 명상, 타종 체험, 예불 등 불교문화를 접하는 템플스테이도 진행된다.(템플스테이 상담 시간 09:00~17:00, 010-5219-8561)

SPOT **3**

느리지만 건강한
따끈따끈 돌솥밥 한 그릇
담아래

 북

주소 제주시 수목원길 23 · **가는 법** 332번 간선버스 → 한라수목원 정류장 → 맞은편 동쪽 방향으로 294m · **운영시간** 11:00~21:00 / 20:00 주문 마감 / 일요일 휴무 · **전화번호** 064-738-5917 · **홈페이지** http://www.instagram.com/underthedam · **대표메뉴** 간장딱새우밥 16,000원, 꿀꿀김치밥 14,000원, 한라버섯밥 13,000원, 뿔소라톳밥 14,000원

주변 볼거리·먹거리

한라수목원
(A) 제주시 수목원길 72 (O) 야외전시원 및 산책로 상시 개방(연중무휴) 가로등 점등 시간 04:00~일출 전, 일몰 후~23:00 / 자연생태체험학습관, 제주희귀식물전시실 및 난전시실 09:00~18:00(동절기 09:00~17:00) / 설날, 추석 당일 휴관 (T) 064-710-7575 (M) 입장료 무료 / 주차료 경차 500원, 소·중·대형 1,000원(초과 30분당 추가 요금) (H) http://sumokwon.jeju.go.kr 2월 2주 소개(84쪽)

한국인은 밥심이라는 말이 있을 정도로 모락모락 김이 나는 갓 지은 밥은 별다른 찬이 없어도 맛있고 든든하다. 담아래에서는 5가지 돌솥밥이 준비되는데, 가장 인기 메뉴는 간장딱새우밥! 생노른자장을 비벼 간장딱새우와 고추를 올려 먹으면 한 그릇 뚝딱이다. 쫄깃한 식감을 자랑하는 뿔소라톳밥, 채소 가득한 한라버섯밥과 지슬곤드레밥 등 모든 메뉴가 돌솥밥 한 그릇에 건강을 가득 담고 있다. 삼삼한 장아찌와 새콤한 샐러드, 고소한 전 등 반찬들도 하나같이 깔끔하니 맛있다.

기본 메뉴에 6,000원을 추가하면 보들보들한 돔베고기와 촉촉하면서 짭쪼름한 가지튀김이 나온다. 시원한 맥주 한잔에 가지튀김만 먹고 싶을 정도로 가지를 좋아하지 않아도 반하게 된다. 두 메뉴 모두 단품으로도 판매한다.

TIP
- 대기가 있는 편이니 예약을 하는 게 좋다.
- 재료 소진 시 빨리 마감되므로 늦은 오후에 방문한다면 미리 전화로 문의하자.
- 공기밥은 따로 없고, 아기용 백미 돌솥밥이 있다.(3,000원)

1 COURSE 🔻회심

🚗 자동차 9분
🚌 첨단과학단지 입구 교학촌아파트 정류장(제주대학교 방면) 360, 365번 간선버스 → 제대아파트 정류장

2 COURSE 🔻제주대학교 은행나무길

🚗 자동차 20분
🚌 제주대학교정류장 473번 지선버스 → 한라병원 정류장 240번 간선버스 → 제주호국원 정류장 도보 11분

3 COURSE 🔻천왕사

주소	제주시 아봉로 200
운영시간	11:00~17:00 / 월, 화요일 휴무
전화번호	064-757-0729
대표메뉴	고등어참깨소바 18,000원, 참깨소바 10,000원, 몸소바 12,000원
홈페이지	https://www.instagram.com/mind.tourism/
가는 법	348, 349번 간선버스 → 신성여자중학교 정류장 → 도보 1분

3가지 종류의 독특한 소바와 초밥을 맛볼 수 있는 곳. 초절임한 고등어와 참깨 소스를 비벼 먹는 고등어참깨소바, 달콤한 파와 오리고기가 잘 어우러지는 카모난반소바, 1일 20개 한정의 고등어봉초밥이 인기가 많다. 초절임 고등어는 활고등어만 사용하기 때문에 싱싱함이 그대로 담겨 있다.

주소	제주시 아라동 제대아파트 정류장 인근(제주대학교 방향)

제대아파트 정류장에서 교수아파트까지 이르는 약 300m 길에 은행나무를 가로수로 심어 늦가을이 되면 노랗게 물든 풍경을 볼 수 있다. 제주 시내에서는 단풍이나 은행나무가 거의 없는데, 제주대학교 은행나무길은 접근성이 좋아 많은 이들이 가을 감성을 느끼고자 찾는다.

주소	제주시 1100로 2528-111 천왕사

한라산 중턱 어승생악의 아흔아홉 골에 위치한 사찰. 기암절벽과 계곡, 숲으로 둘러싸여 있으며 사찰 내 전각들이 보물처럼 곳곳에 숨겨져 있다. 가을이 되면 오색 찬란하게 물든 단풍 때문에 더욱 아름다워진다.

빛 을 수 놓 다

45 week

SPOT **1**

은빛 억새 물결 출렁이는

새별오름

주소 제주시 애월읍 봉성리 산 59-8 · **가는 법** 282번 간선버스 → 새별오름 정류장 → 서북쪽 방향으로 975m

 복사

　　새별은 제주어로 '샛별'의 옛말이다. 올록볼록한 작은 봉우리 5개가 모여 있어 오름 자체가 마치 별 같다. 정상까지 30분 정도 소요되는데, 완만한 경사가 아니라 쉽지 않은 편이다. 서쪽 탐방로가 더 가파르기 때문에 오름 초보자들은 동쪽 탐방로로 올라가야 좀 더 수월하다. 정상에 서면 사방이 탁 트여 높고 낮은 오름 군락들과 비양도를 감싸 안은 푸른 바다, 한라산의 풍경까지, 360도 파노라마처럼 펼쳐지는 제주의 아름다운 풍경에 감동이 쉽사리 가라앉지 않는다.

사계절 언제 가더라도 아름답지만 새별오름이 가장 아름다운 시기는 단연코 11월이다. 10월 중순부터 피어나기 시작하는 억새는 10월 말에서 11월 초에 절정을 이룬다. 키 큰 억새들이 오름 초입부터 올라가는 길 내내 은빛 물결로 출렁인다. 제주의 옛 목축문화를 발전시킨 들불축제가 매년 새별오름에서 열려 화려한 볼거리를 제공한다.

주변 볼거리·먹거리

새별프렌즈 양, 사슴, 알파카, 당나귀 등 다양한 동물들을 만날 수 있는 목장형 동물원이다. 스위스에서 온 까만 얼굴이 인상적인 숀더쉽 양과 오직 새별프렌즈에서만 만날 수 있는 서포크양과 수리알파카가 있다. 실내에서는 동물을 안을 수 있고 포토존에서 추억도 남길 수 있다.

Ⓐ 제주시 애월읍 평화로 1529 Ⓞ 09:00~18:00 / 17:00 입장마감 Ⓣ 064-794-2828 Ⓒ 일반 18,000원(24개월 이상 동일 요금), 경로 및 유공자 15,000원, 먹이체험 4종 세트 8,000원 Ⓗ https://www.instagram.com/sb_friends_jeju/

TIP
- 계단이나 데크 없이 매트나 흙길이라 운동화를 신고 올라가는 것이 좋다.
- 햇살 가득한 황금빛 물결을 보고 싶다면 늦은 오후에 방문하길 추천한다.

**반짝반짝 아름다운 빛으로
가득한 야간 테마파크**

제주불빛정원

주소 제주시 애월읍 평화로 2346 · **가는 법** 251, 282번 간선버스 → 유수암상동 정류장 맞은편 · **운영시간** 17:00~24:00(입장 마감 23:00) · **입장료** 성인 12,000원, 청소년 10,000원, 소인 8,000원 · **전화번호** 064-799-6996 · **홈페이지** http://www.rosestar.kr

 북서

늦은 밤까지 즐길 수 있어 제주의 밤을 사랑하는 이들에게 인기 많다. 3,500평 규모에 다채로운 빛으로 가득한 조형물이 15개의 테마로 설치되어 있다. 특히 사랑이 넘치는 조형물이 많아 보기만 해도 흐뭇하다. 폭죽 체험도 이색적인 즐길 거리 중 하나. 한 가족당 10,000원을 현금으로 결제하거나 사진관에서 카드로 결제 후 입장권을 가져가면 된다. 쫀드기도 구워 먹고, 폭죽을 터트리며 환호하는 재미가 가득하다. 행복한 순간을 개인 핸드폰으로 찍어주는데 내성적인 사람들도 춤추게 하는 마성의 매력이 있다.

주변 볼거리·먹거리

캐슬렉스 제주 CC 입구 제주도 대표 골프 클럽 중 하나로 입구 정류장부터 골프 클럽 안으로 들어가는 길까지 화사하게 피어난 동백꽃을 만날 수 있다. 특히 정류장 근처에 돌담 따라 피어난 동백꽃은 제주스러운 매력을 전해준다.

Ⓐ 서귀포시 안덕면 평화로 1241

정물오름 한적하게 억새를 즐기기 좋은 오름. 정상에서 탁 트인 제주 풍경을 볼 수 있는데 금악리 마을과 목장 풍경을 한눈에 감상할 수 있다. 좌우 갈림길이 나오면 어느 쪽으로 가도 상관은 없으나 좌측이 완만한 능선길이고, 우측은 계단 길이다. 계단 길로 올라 능선길을 따라 하산하는 것을 추천한다.

Ⓐ 제주시 한림읍 금악리 산52-1

실내에서는 애월인생사진관이라는 셀프 스튜디오를 무료로 이용할 수 있다. 직원들이 굉장히 친절해서 불빛정원 입장 시와 스튜디오 이용 시 사진 찍는 팁도 알려주고 사진도 찍어주겠다고 먼저 말을 걸어온다. 불빛정원이나 스튜디오에서 찍은 사진은 입장 시 제공하는 쿠폰으로 매표소에서 무료 인화할 수 있다.

TIP
• 생일 당일 방문자는 무료로 입장 가능하다.(신분증 제시)
• 실외 관광지인 만큼 악천후에는 조기에 마감될 수 있다.

SPOT 3

새별오름을 한눈에 담을 수 있는
오래된 호텔의 변신
새빌

주소 제주시 애월읍 평화로 1529 · 가는 법 282번 간선버스 → 새별오름 정류장 →
북동쪽 방향으로 371m → 좌측 길로 232m → 우측 길로 72m · 운영시간 09:00
~19:00 / 18:30 주문 마감 · 전화번호 064-794-0073 · 홈페이지 http://www.
instagram.com/saebilcafe · 대표메뉴 아메리카노 6,000원, 새빌라테 8,000원, 당
근주스 8,000원, 크루아상샌드위치 9,500원

북서

한때 최고의 관광 명소 중 하나였던 그린리조트는 숙박시설
과 함께 승마 체험과 서커스 및 마상 공연을 운영했던 곳이었
다. 폐업 후 한동안 주인을 찾지 못하고 새별오름 앞에 오랜 기
간 쓸쓸히 자리를 지키다 2018년 11월 베이커리 카페 새빌로 변
신! 오래된 외관은 그대로 유지하고 호텔의 특징을 적절하게 살
려 새단장했다. 호텔 로비를 개조해 천장은 높고, 2층 높이의 벽
면은 전체가 통유리로 되어 있다. 실내도 굉장히 넓고, 빈티지한
분위기 속에 구석구석 숨어 있는 자리를 찾는 일도 꽤나 즐겁다.
새별오름과 5만 평 부지 목장에 위치해 시원한 창으로 보이는
아름다운 풍경은 두말할 나위 없다.

매일 좋은 재료로 구운 빵과 당근, 댕유지, 한라봉, 쑥 등 제주
를 담은 신선한 음료도 있다. 베이커리가 다양하고, 오픈 시간이
조금 일러서 아침 식사 겸 방문하는 이들도 많다. 가장 인기 있
는 메뉴는 크루아상인데, 기본 클래식부터 다양한 재료로 만들
어져 하나씩 먹어보는 재미도 있다.

1 COURSE
🚗 자동차 9분
🚌 무수천 정류장 251, 252, 253 간선버스 → 제주안전체험관 정류장 → 도보 18분

▶ 아르떼뮤지엄제주

2 COURSE
🚗 자동차 8분
🚌 국학원 정류장 251, 252번 간선버스 → 새마을금고연수원 정류장 → 도보 13분

▶ 9.81파크

3 COURSE

▶ 하우스오브레퓨즈

주소	제주시 애월읍 어림비로 478
운영시간	10:00~20:00 / 19:00 입장 마감
전화번호	010-8578-2347
입장료	성인 17,000원, 청소년 13,000원, 어린이 10,000원
홈페이지	http://www.artemuseum.com/
가는 법	291번 간선버스 → 어음리 정류장 → 도보 16분

디지털미디어 기술을 활용하는 디자인 회사 디스트릭트(d'strict)가 선보이는 국내 최대 규모의 몰입형 미디어아트 전시관. 10개의 테마로 다채로운 빛, 음악, 향기가 어우러져 마치 그 안으로 들어가는 듯한 느낌이다.

주소	제주시 애월읍 천덕로 880-24
운영시간	09:00~18:20(시설별로 오픈 시간 상이) / 레이스981 09:00~18:00(17:40 체크인 마감) / 프로아레나 11:00~18:20(18:00 체크인 마감) / 스페이스제로 11:00~18:20(17:50 주문 마감) / 부스터스테이션 10:00~18:20(18:00 주문 마감)
입장료	981풀패키지 52,500원, 아이와 함께 풀패키지 79,500원, 1인승 레이싱 3회 42,500원
전화번호	1833-9810
홈페이지	http://www.981park.com

7월 2주 소개(240쪽)

주소	제주시 애월읍 하소로 735
운영시간	10:00~21:00 / 20:00 전시 입장 마감
입장료	대인 18,000원, 소인(만3세~13세) 15,000원
전화번호	070-5173-8819

오랜 시간 동안 쓸모를 찾지 못한 건물을 리모델링해 복합문화공간으로 재탄생시킨 곳이다. 주변의 숲과 조경이 잘 어우러져 비밀스러운 곳에 발을 디디고 있는 느낌이 든다. 1층에는 갤러리를 연상시키는 대형 카페와 빈티지 굿즈 숍, 지하에는 한국 애니메이션 역사상 최초의 아카데미 후보작 에릭 오 감독의 〈오페라〉를 대형 미디어 체험 전시로 만날 수 있다.

11월 셋째 주

가을의 절정에서

46 week

SPOT **1**

깊고 넓은 분화구와
끝없이 펼쳐진 억새 물결

산굼부리

주소 제주시 조천읍 교래리 166-2 · **가는 법** 212, 222번 간선버스 → 산굼부리 정류
장 → 서쪽으로 65m → 좌측 길로 27m → 우측 길로 15m · **운영시간** 하절기(3-10
월) 09:00~18:40, 동절기(11-2월) 09:00~17:40(매표 마감 종료 40분 전) · **입장료**
성인 7,000원, 청소년 6,000원, 어린이 6,000원 · **전화번호** 064-783-9900 · **홈페이**
지 https://www.sangumburi.net

북동

굼부리는 '분화구'를 뜻하는 제주어로 국내에서 유일하고 세
계적으로도 흔치 않은 넓고 깊은 마르형 화구이다. 땅이 꺼진 것
처럼 주변 평지보다 100m 정도 푹 들어가 있다. 분화구 안에 온
대림과 난대림, 상록활엽수림, 낙엽활엽수림이 공존하는 곳으
로 바닥 넓이만 해도 약 8천 평에 이른다. 한라산 백록담보다 깊
고 넓다고 하니 볼수록 신기하다. 식생의 가치와 지질학적 가치
가 뛰어나 천연기념물 제263호로 지정 보호되고 있다.

분화구 주변의 드넓은 평원 역시 사계절을 느끼기에 충분하다. 봄여름에는 초록빛으로, 가을이면 억새 군락이 은빛으로, 겨울에는 황금빛으로 물든다. 한라산과 주변 오름 군락들이 어우러지는 풍경은 가만히 보고만 있어도 평화로워진다. 특히 깊어진 가을에 바닷물이 밀려오듯 바람에 흔들리는 억새 물결이 아름다우니 가을의 정점에 꼭 방문해보길 추천한다.

TIP
- 탐방로는 총 4개로 일정과 취향에 따라 선택 가능! 여행 일정이 촉박하다면 계단으로 올라가 억새길로 내려오면 된다. 빠르면 40분이면 충분하지만 주변 풍경이 아름다우니 1시간 30분 정도 충분히 시간을 두고 한 바퀴 돌아보는 것이 좋다.
- 유모차나 휠체어도 충분히 갈 수 있을 만큼 길이 잘되어 있다.
- 전망대에서는 1일 5회 해설 프로그램도 진행된다. (해설 시간 09:30, 10:30, 14:00, 15:00, 16:00 / 매주 화요일 휴무, 해설은 날씨나 기타 상황에 따라 취소 및 변경될 수 있다.)

주변 볼거리·먹거리

제동목장 입구 편백나무 숲길이 아름다워 여행 스냅 및 웨딩 촬영지로 유명한 포토 스팟. 목장 안으로는 들어갈 수 없으나 목장 입구에서 찍은 사진은 인생샷으로 충분하다.

Ⓐ 제주시 조천읍 교래리 제동목장입구 교차로에서 동쪽

까끄래기 오름 산굼부리와 한라산을 조망할 수 있는 오름으로 그다지 높지 않아 5분이면 충분히 올라갈 수 있다. 사람들이 즐겨 찾는 곳이 아니다 보니 길이 잘 정리된 편은 아니나 우거진 숲, 억새 군락 등 자연 그대로의 매력을 느낄 수 있다.

Ⓐ 제주시 조천읍 교래리 128-1

SPOT 2
모두를 위로하는 따뜻한 메시지
스누피가든

주소 제주시 구좌읍 금백조로 930 · **가는 법** 211, 212번 간선버스, 721-2번 지선버스 → 아부오름 정류장 → 맞은편 서쪽 방향으로 219m · **운영시간** 10-3월 09:00~18:00, 4-9월 09:00~19:00 / 테마 홀 종료 1시간 전 입장 마감 · **입장료** 성인 19,000원, 청소년 16,000원, 어린이 13,000원 · **전화번호** 064-1899-3929 · **홈페이지** http://www.snoopygarden.com/

북동

　스누피는 미국의 만화가 찰스 먼로 슐츠의 ≪피너츠≫에서 주인공 찰리 브라운의 애완견 비글의 이름이다. 1950년대부터 연재하기 시작해 70여 년 동안 많은 사랑을 받았다. 천진난만하고 엉뚱한 캐릭터들은 우리가 일상에서 마주칠 수 있는 또 다른 누군가이다. 일상을 그리는 4컷짜리 만화에서 이들이 툭툭 던지는 메시지들은 따뜻함 그 자체! 어떤 날은 웃음을, 또 다른 날은 가슴 뭉클함을 전해준다.

주변 볼거리 · 먹거리

카페글렌코 카페 방문객이라면 별도의 입장료 없이 음료 주문만으로 아름다운 정원을 감상할 수 있다. 수국, 동백, 국화 등 계절별 꽃이 피어나며 정원이 깔끔하게 관리되어 있어 아이들이 뛰놀기에도 좋다. 늦가을에는 한층 더 그윽해진 핑크뮬리와 국화, 동백꽃을 만날 수 있다.

Ⓐ 제주시 구좌읍 비자림로 1202 ⓞ 09:30~18:00 / 17:30 주문 마감 ⓣ 010-9587-3555 Ⓜ 아메리카노 7,000원, 카푸치노 7,500원, 생강차 9,000원, 한라봉차 9,000원 Ⓗ https://www.instagram.com/cafe_glencoe/

치저스 치즈 듬뿍 담긴 요리를 맛볼 수 있는 맛집. 스테이크 위에 뜨겁게 녹인 치즈를 올리는 라클렛은 가히 환상적이다. 새우와 한치가 들어간 리조토를 모차렐라 치즈와 함께 튀긴 한치아란치니도 인기 메뉴이다.

Ⓐ 제주시 구좌읍 비자림로 1785 ⓞ 11:00~16:00 / 15:00 주문 마감 / 화, 수, 목요일 휴무 / 네이버 예약 후 이용 가능 ⓣ 064-799-6638 Ⓜ 라클렛 1인 17,000원, 부채살스테이브 16,000원, 제주한치아란치니 15,000원 Ⓗ https://www.instagram.com/cheesus_jeju

스누피가든은 실내 전시관인 가든 하우스와 야외 가든으로 구성되어 있다. 가든 하우스에는 5개의 테마별 전시와 카페, 기념품 숍이 있고, 야외 가든에는 아이들이 좋아하는 놀이터인 비글 스카우트 캠프와 아름다운 정원, 숲, 야외 카페, 가드닝스쿨 등이 있다. 영상과 포토존, 체험 공간까지 다양하게 즐길 수 있어 스누피를 사랑했던 이들에게는 아련한 추억으로, 스누피를 몰랐던 이들에게는 그 매력에 빠질 수 있는 시간이 된다.

TIP
- 야외 가든이 굉장히 넓으니 여유롭게 일정을 잡는 것이 좋다.
- 야외 가든 내에서 셔틀버스도 운행된다. 오후 12시부터 5시까지 30분 간격으로 소셜왕 스누피 광장에서 13인 선착순으로 탑승한다.
- 야외 가든에 있는 루시의 가드닝스쿨에서는 스누피 보태니컬 아트 만들기, 피너츠 식물 그리기와 컬러링 등 무료 워크숍 프로그램도 진행하고 있다.

SPOT **3**

특유의 향 없이 부드럽고
촉촉하게 즐기는 양고기

램앤블랙

북동

주소 제주시 조천읍 교래1길 45 · 가는 법 131번 급행버스 → 교래사거리 정류장 → 북서쪽 방향으로 129m → 맞은편 253m · 운영시간 11:30~21:30 / 15:30~16:30 브레이크 타임 / 20:30 주문 마감 / 화요일 휴무 · 전화번호 064-782-7575 · 홈페이지 https://lambandblack.modoo.at/ · 대표메뉴 양갈비 29,000원, 프렌치랙 38,000원, 흑돼지오겹살 20,000원, A-SET(프렌치랙 + 양갈비) 63,000원

흔히 접할 수 없고 특유의 향 때문에 선입견이 있지만, 램하우스에서 만나는 양고기는 고기의 신선도를 위해 현지 항공 직송만 고집하고 12개월 미만의 어린 양으로 냉장육만 사용하기 때문에 맛이 없을 수가 없다. 어린 양의 갈비 중 최고급 부위인 프리미엄 프렌치랙과 어깨 갈비뼈에 붙은 연한 살코기인 프리미엄 양갈비가 준비되어 있으며 세트로 주문하면 할인이 적용된다.

양고기를 못 먹는 사람들도 램하우스에서는 도전해볼 만하다. 별다른 소스 없이 생와사비만 얹어 먹어도 맛있고, 특제 소스에 청양고추를 가득 넣어 매콤하게 즐겨도 좋다. 식사로 주문하는 양얼큰탕도 인기 메뉴! 오로지 양얼큰탕만을 먹기 위해 찾는 이들도 있다. 고기를 먹고 난 후 얼큰하고 개운하게 입가심하기에 좋다.

1

☞ 자동차 21분

COURSE
➤ 대록산

2

☞ 자동차 20분

COURSE
➤ 따라비오름

3

COURSE
➤ 웃드르

주소	서귀포시 표선면 가시리 산 68
가는 법	대천환승정류장(교래방향) 810-1 순환버스 → 정석비행장 정류장 → 도보 26분

큰사슴이오름이라고도 부르며 옛날 사슴이 살았다고 전해지는 곳. 늦가을이면 진입로부터 시작하는 억새 물결이 장관을 이루며, 정상에서는 주변 오름과 풍력발전단지 모습과 함께 환상적인 풍경을 조망할 수 있다.

주소	서귀포시 표선면 가시리 산 63

다랑쉬오름과 함께 오름의 여왕으로 불린다. 3개의 분화구와 6개의 봉우리로 이루어져 아름다운 능선을 자랑하는 오름이다. 오름 초입의 넓은 평원을 시작으로 정상까지 뒤덮는 억새들과 산박하, 잔대, 꽃향유 등 가을 야생화들이 흐드러진 풍경이 아름답다.

주소	서귀포시 표선면 토산세화로 37
운영시간	10:00~20:00 / 방문 전 전화문의
전화번호	064-787-1259
대표메뉴	생고기 13,000원, 생오겹살 14,000원, 두루치기 9,000원

매일 달라지는 점심 메뉴와 제주산 돼지고기구이를 맛볼 수 있는 현지인 맛집이다. 돼지고기구이가 무척 저렴해 가격에 한번 놀라고 맛있어서 두 번 놀라게 된다. 직접 담근 부추장아찌를 고기에 싸 먹는 것도 별미. 시골집에 초대되어 집밥을 먹는 느낌으로 소박한 매력이 가득한 곳이다.

11월 넷째 주

가을색으로 물들다

47 week

SPOT **1**

**섬 전체가 천연기념물,
우리나라 최남단 섬**

마라도

주소 서귀포시 대정읍 가파리 600 · **가는 법** 752-2번 지선버스 → 산이수동 정류장 → 바닷가 방향으로 139m → 매표 후 선착장으로 이동 → 마라도 도착 · 운항시간 마라도로 출발(마라도여객선 기준) 09:20, 10:00, 10:50, 11:40, 12:40, 13:30, 14:10, 14:50(주민, 숙박), 15:30(주민, 숙박) · **입장료**(현장 결제 기준) 성인·청소년 21,000원, 소인 10,500원 · **전화번호** 064-794-7130(가파리사무소), 064-760-4081(대정읍사무소), 064-794-6661(마라도 가는 여객선) · **홈페이지** http://www.maradotour.com(마라도 가는 여객선)

 남서

대한민국 최남단 마라도는 우리나라의 끝이자 또 다른 시작이라는 상징성 때문에 많은 이들이 동경하는 곳이다. 본섬과는 약 11km 떨어져 25~30분 정도 걸린다. 해저에서 화산 폭발로 생긴 섬으로 마라도에 가까워질수록 해안절벽과 해식동굴이 눈에 띈다. 오랜 시간 파도와 바람이 만들어낸 절경에 절로 감탄이 나온다.

해안선 길이는 4.2km로 1시간이면 섬을 한 바퀴를 돌아보기 충분하다. 할망당, 불턱, 벤치언덕, 마라도등대, 마라도성당, 국토최남단기념비와 장군바위, 초콜릿 캐슬, 마라분교 순으로 돌아보면 된다. 전복 모양 성당과 세계 여러 나라의 등대 모형이 있는 마라도 등대 역시 이색 볼거리! 국토 최남단에 왔다는 걸 인증할 수 있는 기념비도 빼놓을 수 없다. 하지만 뭐니 뭐니 해도 마라도 전역을 덮은 억새밭은 깊어질 대로 깊어진 가을을 더욱 빛나게 한다. 바람이 센 곳이라 억새의 키가 크지는 않지만 섬의 정취와 함께 즐기기에 충분하다.

TIP
- 운진항과 송악산 2곳 모두 마라도 배편을 운영하고 있으며, '마라도 가는 여객선'이 운항 횟수가 더 많다.
- '마라도 정기여객선'은 운진항에서 출발하며, '마라도 가는 여객선'은 '송악산'에서 출발한다. 이름이 비슷해서인지 본인이 예약하고도 반대로 찾아가는 일이 간혹 있다. 어느 곳에서 예약했는지 잘 기억했다가 탑승하자.
- 당일치기 마라도 여행은 체류 시간이 정해져 있다. 1시간 30분부터 2시간까지 운항 시간에 따라 체류 시간이 달라지기 때문에 여유 있게 머무르고 싶다면 본섬에서 출발 시간과 마라도에서 출발 시간을 잘 확인하고 배 시간을 선택한다.

주변 볼거리·먹거리

국토최남단기념비 마라도에서 꼭 들러야 하는 곳 중의 하나. 푸른 바다를 배경으로 우뚝 선 기념비에서 바다 방향으로 이동 후 계단을 내려오면 한국 최남단이라고 표시된 바위를 만날 수 있다.

Ⓐ 서귀포시 대정읍 가파리(대정읍 마라로 131 쉼터 맞은편 위치)

마라도등대 대한민국 최남단 등대. 마라도의 등대는 1915년에 세워졌지만 철거되고 다시 지어졌기 때문에 옛 등대의 흔적은 없다. 우리나라의 아름다운 등대 15곳의 스탬프를 모으는 등대 스탬프 투어에 포함되어 있어 이를 인증하기 위해 방문하는 사람도 많다. 등대 주변으로 세계 유명 등대를 미니어처로 만날 수 있다.(등대 스탬프 투어 : 국립 등대박물관 홈페이지 참고)

Ⓐ 서귀포시 대정읍 마라로 165

SPOT 2

**탁 트인 바다 풍경을 감상하며
절벽을 따라 걷는 길**

송악산 둘레길

 남서

주소 서귀포시 대정읍 상모리 산 2 송악산 잔디광장(서귀포시 대정읍 상모리 179-
3)에서 남쪽부터 시작 · 가는 법 752-2번 지선버스 → 산이수동 정류장 → 바닷가
방향으로 139m → 남서쪽으로 188m → 좌측 길로 207m → 좌측 길로 70m

　푸른 바다 전경과 멋진 해안절벽, 평화로운 초원지대까지 두
루두루 만날 수 있는 송악산 둘레길은 해안절벽을 따라 걷는 총
2.8km 도보 산책 코스. 제주 최고의 해안 절경은 송악산이라고
할 만큼 걷는 내내 다채로운 제주의 풍경을 만날 수 있다. 송악
산은 세계적으로도 유래를 찾기 어려운 이중 분화구를 가지고
있다. 화산 폭발로 형성된 분화구 안에서 다시 폭발이 일어나 2
개의 분화구가 생겼으며, 수만 년 전 화산활동의 흔적을 곳곳에
서 찾아볼 수 있다.

중간중간 오르막길이 있지만 경사가 높지 않고 탐방로가 잘되어 있어 둘레길을 한 바퀴 돌아보는 데 큰 어려움은 없다. 오르막과 내리막, 굴곡진 길들이 적당히 있어 눈앞의 풍경이 그림처럼 펼쳐진다. 산책로를 걷다 보면 일제강점기 말 일본군이 구축한 진지동굴이 해안절벽에만 17개, 송악산 전체에 크고 작은 진지동굴이 60여 개 정도 있다고 한다. 비극적 역사의 현장을 돌아보는 다크투어리즘은 송악산 둘레길을 시작으로 알뜨르비행장과 섯알오름까지 이어진다.

TIP
- 송악산 정상 일부 탐방로는 자연휴식년제로 인해 2027년 7월 31일까지 출입이 통제된다.

주변 볼거리·먹거리

트로피컬하이드어웨이 카페 이국적인 분위기를 느낄 수 있으며 형제섬이 보이는 오션뷰의 브런치 카페이자 레스토랑. 오후 5시까지 샌드위치와 베네딕트 등의 브런치를 즐길 수 있다.

Ⓐ 서귀포시 대정읍 형제해안로 284 ⓞ 09:00~19:00 / 18:00 주문 마감 ⓣ 064-792-1461 Ⓜ 후무스샐러드 13,000원, 팔라펠 플래터 12,000원, 트로피컬버거 15,000원, 형제 베네딕트 14,000원 ⓗ https://www.instagram.com/zenhideaway_/

사부작10 세계 3대 요리학교 중 하나인 '츠지'를 졸업한 사장님이 운영하는 튀김 맛집. 점심에는 식사 위주의 텐동, 야끼우동, 우동나베가 준비되어 있으며 저녁에는 술과 함께 안주로 좋은 모둠 튀김과 나베 등이 준비되어 있다.

Ⓐ 서귀포시 대정읍 최남단해안로 20-1 ⓞ 11:00~21:00 / 15:00~17:00 브레이크 타임 / 일요일 휴무 ⓣ 064-796-5512 Ⓜ 텐동 15,000원(점심), 사부작볶음 15,000원(점심), 우동나베 15,000원, 모둠덴뿌라 28,000원

SPOT **3**

가성비 갑! 제철 회
싱싱하게 즐기기
항구식당

 남서

주소 서귀포시 대정읍 하모항구로 64 · **가는 법** 152번 급행버스 → 하모체육공원 정류장 북쪽으로 124m → 좌측 길로 65m → 좌측 길로 68m · **운영시간** 10:00~21:30 / 월요일 휴무 · **전화번호** 064-794-2254 · **대표메뉴** 방어회, 제철 회(변동), 우럭조림(2인) 30,000원, 갈치조림(2인) 30,000원, 갈치구이(4토막) 35,000원

주변 볼거리·먹거리

앙카페 해성이용원 글자가 유독 눈에 띄는 앙카페는 아버지의 이용원을 물려받아 카페로 리뉴얼한 곳이다. 리뉴얼하면서도 옛 간판은 그대로 남겨두어 현재의 모습을 유지하고 있다. 아늑하면서 빈티지한 분위기로 음료부터 와인까지 다양하게 준비되어 있다. 여행 책자와 잡지, 커피 원두로 만든 세계 지도를 보고 있노라면 또 다른 곳으로 훌쩍 떠나고 싶은 기분이 든다.
Ⓐ 서귀포시 대정읍 하모항구로 75-1 Ⓞ 10:00~22:00 Ⓣ 010-9984-5871 Ⓜ 아메리카노 4,000원, 카페라테 4,500원, 수제 자몽에이드 5,500원

늦가을이나 겨울에 모슬포를 방문한다면 방어회는 선택이 아닌 필수! 살이 찌기 시작하는 이 시기의 방어가 가장 맛있다. 매년 방어축제가 열릴 정도로 유명하다. 뱃살과 등살 등 다양한 부위를 골고루 맛볼 수 있는 데다 도톰하니 고소하며, 쫄깃한 맛이 일품이다. 매콤 쫄깃한 방어껍질무침, 뜨끈한 방어튀김, 윤기 좔좔 고등어구이까지 나온다. 마지막에 나오는 매운탕이나 지리 국물도 끝내준다. 매생이를 넣은 연둣빛 수제비가 함께 나오는데, 탕을 보글보글 끓인 후 찢어 넣어 한소끔 더 끓이면 완성! 식사로도 안주로도 든든하다. 기름진 회를 선호하지 않는다면 부드럽고 차진 맛의 쥐치회나 조림을 선택해보자. 맛도 있고 저렴해 언제나 손님들의 발길이 끊이지 않는 곳이다.

TIP

• 방어회는 겨울 시즌에만 맛볼 수 있다. 회 메뉴는 시세에 따라 변동되지만 저렴한 편이다. 그날 먹을 수 있는 회 메뉴와 가격은 칠판에 적혀 있다.

1 COURSE
🚗 자동차 19분
🚌 좌기동 정류장 761-1, 761-3 지선버스 → 모슬포항 정류장 도보 3분

▶ 올레11코스

2 COURSE
🚗 자동차 2분(도보 14분)

▶ 최남단 방어축제

3 COURSE

▶ 나비정원

주소	서귀포시 대정읍 하모리 2139-3(시작점 : 하모체육공원)
코스	화모체육공원에서 무릉외갓집까지 총 17.1km
가는 법	제주국제공항 152번 급행버스 → 하모체육공원 정류장 → 도보 3분

하모체육공원을 시작으로 모슬봉과 곶자왈, 천주교 대정성지를 지난다. 모슬봉에서 바라보는 탁월한 전망과 제주도의 독특한 지형을 만날 수 있는 신평 - 무릉 곶자왈은 올레 11코스의 하이라이트라 할 수 있다. 특히 무릉곶자왈은 제주에서 가장 긴 곶자왈 지대로 2008년 '제9회 아름다운 숲 전국대회'에서 숲길 부분 우수상을 수상했다. 곶자왈 구간이 길고 중간에 식사할 곳이 없기 때문에 코스 초반에 간단한 요깃거리를 준비하는 게 좋다.

주소	서귀포시 대정읍 하모리 모슬포항 일원
전화번호	064-794-8032 (최남단방어축제위원회)
홈페이지	http://www.bangeofestival.com

제주 최남단 청정 바다에서 잡은 방어를 만날 수 있는 제주도 대표 축제로 매년 11월 말부터 12월까지 열린다. 방어 맨손으로 잡기, 방어 낚시 등의 체험 행사와 다양한 공연을 관람할 수 있다. 방어 무료 시식과 방어 회도 저렴하게 판매하며 지역 먹거리 부스도 준비되어 있다.

주소	서귀포시 대정읍 신영로 60-7
운영시간	10:00~22:00 / 수요일 휴무, 오일장날은 수요일 휴무 없이 오픈
전화번호	064-792-2688
대표메뉴	스페셜티 핸드드립 커피 5,000~15,000원, 하와이안 코나 변동, 제주댕 유지차 6,500원

제주 농가주택을 개조해 시골 감성 가득 느껴지는 핸드드립 전문 카페. 스페셜 커피를 직접 로스팅해 커피 맛이 무척 좋다. 커피 취향을 사장님께 얘기하면 추천해준다. 달콤 쌉싸름한 댕유지와 댕유지에이드 등 수제 차도 맛있다.

11월의 억새 여행
은빛 물결
출렁이는 제주

깊어진 가을을 보내기 아쉽다면 제주의 전역에 출렁이는 은빛 억새를 만나러 가자. 드넓은 벌판에 펼쳐져 있기도 하고, 오름 전역을 뒤덮기도 한다. 바람이 불어 출렁거리는 억새들을 바라보면, 진정한 제주의 가을을 마주하는 기분이 든다. 최남단 마라도로 떠나는 여행도 억새를 만나는 또 다른 방법. 섬의 정취와 억새가 한껏 어우러져 색다른 여행을 즐길 수 있다.

🚩 2박 3일 코스 한눈에 보기

첫째 날

① 14:00 9.81파크 (241쪽)

🚌 251, 252, 253번 간선버스
제주안전체험관 승차
새별오름 하차

16:00 새별오름 (368쪽)

숙소

둘째 날

② 10:00 천아계곡 (362쪽)

🚌 240번 간선버스
한라산둘레길(천아숲길입구) 승차
한라수목원 하차

11:30 담아래 (366쪽)

🚌 795번 지선버스, 252번 간선버스(환승)
한라수목원 승차
월산정수장입구 환승
하모체육공원 하차

마라도 배 타는 곳

14:00 마라도 (380쪽)

🚌 254 간선버스
하모체육공원 승차,
대정농공단지입구 하차

17:00 노을해안로 (120쪽)

숙소

셋째 날

③ 10:00 따라비오름 (379쪽)

택시

13:30 스누피가든 (376쪽)

🚌 222번 간선버스, 211번 간선버스(환승)
성읍서문거리 승차
대천환승정류장(세화방향) 환승
아부오름 하차

12:00 서문식당 (350쪽)

🚌 212번 간선버스
아부오름 승차
산굼부리 하차

16:30 산굼부리 (374쪽)

🚌

공항

9.81파크

새벌오름

천아계곡

담아래

마리도

노을헤인로

따라비오름

나목시뜨

사굼브리

짙푸른 감귤잎 사이 겨울 햇볕 아래 노랗게 익어가는 황금
색 귤들과 나지막이 정겨운 검은색 돌담까지! 다채로운 색
을 안은 풍경으로 제주의 겨울은 시작된다. 감귤 따기 체험
이나 감귤을 이용해 먹거리를 만드는 체험은 남녀노소 누구
나 즐길 수 있다. 11월 중순부터 피기 시작하는 붉은 동백
꽃도 매력 만점 볼거리. 3월 말이나 4월 초까지 볼 수 있는
동백꽃은 추운 겨울을 화사하게 바꿔준다. 한 해를 마무리하
며 따뜻한 실내에서 차분하게 즐기는 문화 산책도 잊지 말자.

한 해 끝,
또 다른 여행의 시작

12월 첫째 주

새 콤 달 콤   제 주   여 행

48 week

SPOT 1

감성 포토존이 함께하는
감귤체험

보내다제주

 남동

주소 서귀포시 표선면 토산중앙로 487-134 · 가는 법 222번 간선버스, 732-1번 지선버스 → 토산1리 운동장 정류장 → 남쪽으로 63m 이동 후 서쪽으로 477m · 운영시간 10:00~18:00 / 마지막 입장 17:00까지 · 입장료 체험비 5,000원 / 성인 1인당 미취학 아동 1인 무료 · 전화번호 010-5112-6929 · 홈페이지 https://instagram.com/boneda_jeju/

    시내와 멀지 않은 곳에도 주황빛으로 물든 감귤을 심심치 않게 만날 수 있어 12월의 제주는 상큼함 그 자체이다. 감귤 따기 체험은 누구나 쉽게 즐길 수 있고, 겨울에만 만날 수 있기 때문에 이곳 보내다제주는 인기가 많다. 몇 년 전만 해도 감귤 시식과 감귤 따기 정도에 그쳤지만 요즘 트렌드는 감성 포토존이 함께한다는 것!

    800평의 귤밭과 500평의 정원 곳곳에 여심을 흔들고도 남는 예쁜 포토존들이 마련되어 있다. 무료로 대여해주는 예쁜 모자를 쓰고 열심히 감성 사진을 찍어보자. 마음껏 사진을 찍으며 즐거운 시간을 보냈다면 감귤 따기 체험에 도전할 차례! 감귤밭에서 직접 딴 감귤을 실컷 먹을 수 있으니 귤 마니아라면 넉넉하게 따두었다가 시간이 지날수록 달콤해지는 귤을 여행 내내 먹어도 좋다.

TIP
- 체험 시간은 1시간. 체험비에 감귤 1kg이 포함되어 있고 딴 귤은 모두 가져가야 한다. 1kg 초과 시 1kg당 4,000원.
- 감귤도 판매하며 택배로도 보내준다.
- 손으로 감귤을 잡아당기지 말고 가위로 꼭지 위를 잘라야 한다. 모두를 위한 공간인 포토존에서는 감귤 따기를 금지한다.
- 감귤밭에서 시식할 때 껍질과 수확한 감귤을 함부로 버려서는 안 된다. 껍질은 반드시 지정된 장소에, 수확한 감귤은 모두 가지고 나온다.
- 가위와 바구니는 꼭 체험 부스에 반납해야 하며, 분실 시 추가 비용이 발생할 수 있다.

주변 볼거리·먹거리

신흥2리 동백마을 마을로 들어가는 큰 도로부터 동백꽃을 볼 수 있는데 12월부터 3월까지 꾸준히 피어난다. 마을 안 동백숲을 조용히 돌아보며 여유를 즐겨보자.

Ⓐ 서귀포시 남원읍 신흥리 1599-1(동백마을숲) Ⓣ 064-764-8756 Ⓗ http://www.jejudongbaektown.com

SPOT **2**

한라봉하우스에서 만나는
이색 박물관

쇠소깍
산물관광농원

 남동

주소 서귀포시 남원읍 하례로 90 · **가는 법** 624번 지선버스 → 용운사 정류장 →
남쪽으로 180m → 좌측 길로 65m → 우측 길로 30m → 좌측 길로 70m · **운영시
간** 매일 09:30~18:30 / 입장마감 영업종료 30분 전 · **입장료** 성인·청소년 7,000
원, 유공자·장애인 3,000원 · **전화번호** 010-2876-8840 · **홈페이지** https://www.
instagram.com/sanmool_jeju

　　수십 년간 전국을 돌며 수집한 민속 자료로 가득 채워놓은 이
색 박물관이다. 비닐하우스 안에 민속박물관이라니, 독특한 조
합에 의구심이 들 법도 하지만 들어가는 순간 어마어마한 자료
에 입이 다물어지지 않는다. 특히 한라봉이 익기 시작하는 12월
에는, 노란 나무 사이로 오래된 농기구와 생활용품, 항아리, 그
릇, 고재가 독특한 풍경을 연출한다. 어른들에게는 추억을, 아이
들에게는 보물을 발견하는 것 같은 행복을 선물할 것이다. 특히

하우스 한편을 장식하고 있는 고재 아트월과 대장간에서 사용하던 대형 모루는 세월의 흔적이 만들어낸 아름다움에 쉽게 발길이 떨어지지 않는다.

1월과 2월에는 한라봉 따기 체험도 하는데, 체험비가 따로 있지 않고 자신이 수확한 만큼 시세에 따라 구입하며 택배도 가능하다. 한의사이자 농부인 사장님이 한약과 미네랄을 이용해 정성으로 재배한 한라봉은 굉장히 달콤하고 건강한 맛이다. 빈티지 가구와 소품으로 가득한 산물상회&카페에서 귤로 만든 음료와 디저트를 맛볼 수 있다.

주변 볼거리·먹거리

감귤박물관 제주의 재래귤을 포함해 세계의 귤나무를 만날 수 있는 곳이다. 11월에서 12월 중순까지는 감귤 따기, 상시 프로그램으로는 감귤쿠키, 감귤피자, 감귤과즙 만들기 체험도 진행한다.

Ⓐ 서귀포시 효돈순환로 441 Ⓞ 09:00~18:00 / 1월 1일, 설날, 추석 휴관 Ⓣ 064-733-7101 Ⓜ 성인 1,500원, 청소년 1,000원, 어린이 800원 Ⓗ https://culture.seogwipo.go.kr/citrus/index.htm

미미파스타 아름다울 미와 맛 미가 만난 미미파스타! 아담하고 작은 파스타집으로 딱새우로제파스타와 커다란 문어 다리가 올라간 돌문어필라프가 인기다.

Ⓐ 서귀포시 남원읍 하례로 982호 Ⓞ 11:00~20:00 / 15:00~17:00 브레이크타임 / 1400, 19:00 주문 마감 / 매주 일요일 휴무 Ⓣ 010-5722-7734 Ⓜ 안심버섯크림파스타 18,000원, 돌문어필라프 18,000원, 오징어먹물파스타 18,000원 Ⓗ http://instagram.com/mimi.pasta

제주의 전통빵을 재해석한
발효빵 만들기

하례점빵

주소 서귀포시 남원읍 하례로 272 · **가는 법** 623번 지선버스 → 남내소 정류장 →
북동쪽 방향으로 262m · **운영시간** 10:00~15:20 / 14:50 주문 마감 / 일요일, 법정
공휴일 휴무 · **전화번호** 064-767-4545 · **홈페이지** http://haryeshop.kr · **대표메뉴**
한라봉상웨빵 1,500원, 쉰다리 3,000원, 상웨빵+귤청 만들기 체험 30,000원 / 체험
은 2인 이상

 남동

벼농사가 힘든 데다 쌀도 무척 귀했던 제주에서 밀가루나 메
밀가루, 보릿가루를 막걸리로 발효해 만든 상웨빵을 제사에 떡
대신 올리기도 했다. 소화가 잘되고 식감이 폭신해 남녀노소 누
구에게나 사랑받았다. 하례점빵은 제주 전통 상웨빵을 현대적
으로 해석해 쑥, 감귤, 한라봉 등을 넣어 다양하게 만든다.

하례리 마을 여성이 협동조합을 설립해 지역에서 나는 재료
로 빵도 만들고, 체험 프로그램도 진행한다. 체험은 '상웨빵 만
들기'와 '감귤청 만들기'. 한라봉이나 감귤과피 등 상큼한 속재료
를 넣어 반죽하고 2차 발효를 한 후 찌는 데 50~60분 정도 소요
된다. 맛있게 찐 상웨빵을 하나씩 종이에 포장해서 가져오면 된
다. 한라봉을 통째로 갈아 만든 한라봉주스와 제주 전통 발효 음
료 쉰다리도 판매한다. 가격도 저렴하니 상웨빵과 같이 먹어보
자. 달달함이 배가될 것이다.

TIP
• 2인 이상 체험이 가능하며, 네이버 예약을 통해 사전 예약하고 이용한다.

1 COURSE

🚗 자동차 11분
🚌 표선고등학교 정류장 222번 간선버스, 732-1, 732-3 지선버스 → 세화1리마을회관 정류장 → 도보 6분

▶ 하율이네 감귤체험농장

2 COURSE

🚗 자동차 12분
🚌 하천하동 정류장 201번 간선버스, 731-2번 지선버스 → 고망난돌 입구 정류장 → 도보 9분

▶ 한아름식당

3 COURSE

▶ 신풍 신천 바다목장

주소	서귀포시 성산읍 일주동로 5417

신풍리와 신천리 바닷가에 자리한 목장으로 겨울이면 감귤 껍질을 말리는 진풍경이 펼쳐진다. 철조망이 쳐져 있어 안으로 들어갈 수는 없지만 푸른 하늘과 잘 어울리는 주황색의 이색적인 풍경을 감상할 수 있다.

주소	서귀포시 표선면 하천리 1485-2
운영시간	10:00~17:00 / 10월부터 시즌 종료 시까지, 인스타그램 공지
입장료	1인 5,000원(시식만), 체험+감귤 2.5kg 12,000원, 만 6세 미만 무료(서류 지참)
전화번호	010-3210-4320
홈페이지	https://www.instagram.com/hayul_tangerine/
가는 법	성읍환성정류장(성읍1리사무소) 221번 간선버스 → 제주해안경비단 정류장 → 도보 6분

감귤밭을 배경으로 예쁜 사진도 찍을 수 있고, 방금 재배한 귤을 먹는 즐거움도 있다. 입장하면 무제한으로 시식할 수 있지만 수확한 귤을 여행 내내 먹을 생각이라면 감귤 추가 상품을 선택한다. 5kg, 10kg 단위로 택배도 가능하다.

주소	서귀포시 표선면 세성로 265
운영시간	11:00~20:00 / 14:00~17:00 브레이크타임
전화번호	064-787-5403
대표메뉴	생고기(200g) 12,000원

알짜배기 로컬 맛집으로 제주산 생고기를 저렴하게 맛볼 수 있다. 솥뚜껑에 구워 기름도 쏙쏙 빠지고 타지 않고 맛있게 구울 수 있다. 마감이 이르고 현지인들이 많이 찾는 식당이라 북적북적한 편이다. 점심시간이나 저녁에도 오픈 시간에 맞춰 방문해야 여유 있게 식사할 수 있다.

12월 둘째 주

진분홍 꽃 피어날 때

49 week

SPOT 1

공원 곳곳 진분홍
동백꽃으로 물드는

휴애리

 남동

주소 서귀포시 남원읍 신례동로 256 · **가는 법** 623번 지선버스 → 휴애리 자연생활공원 정류장 맞은편 → 북쪽으로 60m · **운영시간** 09:00~18:00 / 동절기 16:30, 하절기 17:30 입장마감 / 감귤체험 16:00까지 · **입장료** 성인 13,000원, 청소년 11,000원, 어린이 10,000원 · **전화번호** 064-732-2114 · **홈페이지** http://www.hueree.com

　동백이 피어나면 제주에 겨울이 왔음을 알 수 있다. 흰색, 분홍, 진분홍, 빨강 등 다양한 색이 있지만 휴애리 동백은 대부분 진분홍색이다. 11월 중순부터 피어나기 시작하는 동백꽃은 12월 절정에 이르며, 이후 서서히 떨어지기 시작하는 꽃잎들 덕분에 양탄자를 깔아놓은 듯하다. 휴애리 곳곳에 각각 다른 컨셉으로 동백꽃 스팟들이 있어 탐방로를 걷는 즐거움이 있다.

　공원 곳곳 산책길에 야생화들이 어여쁘게 피고, 봄에는 매화, 여름에는 수국, 가을에는 핑크뮬리가 오감을 즐겁게 한다. 이외

에도 동물 먹이 주기 체험과 흑돼지 공연, 전통놀이 체험이 상설
운영되고 있으며, 매실 따기 체험과 감귤 따기 체험 등 계절별
즐길 거리도 많다. 특히 매 시간마다 진행하는 흑돼지 공연은 흑
돼지와 거위들이 졸졸졸 따라 나와 미끄럼틀을 내려오는 단순
한 공연이지만, 그 모습이 너무나 사랑스러워 먹이를 주지 않을
수가 없다.

주변 볼거리·먹거리

예촌연수네가든 한방
재료와 닭을 푹 고아
진하고 건강한 국물
의 샤브샤브가 인기
메뉴. 가슴살을 제외한 나머지는 백숙으로 나
오며, 구워져 있어 덜 느끼하고 고소하다.

Ⓐ 서귀포시 남원읍 신례동로 60 Ⓞ 11:00~
21:00 / 14:00~17:00 브레이크 타임 / 일요
일 휴무 Ⓣ 064-767-3989 Ⓜ 황칠샤브샤브
70,000원, 백숙 60,000원, 닭볶음탕 60,000원

카페 미깡 귤밭 뷰를
가진 카페로 10월 중
순부터 감귤 체험이
가능하다. 이곳의 감
귤은 타이벡을 이용해 재배하기 때문에 노지
감귤보다 당도가 높다. 귤차, 귤인즐라테 등 감
귤 음료 역시 타이벡 감귤로 만든다. 카페 이용
없이 감귤 체험만도 가능하다.

Ⓐ 서귀포시 남원읍 하례리 964-2 Ⓞ 09:00~
17:00 / 16:30 주문 마감 Ⓣ 0507-1418-3678
Ⓜ 미깡 귤차 6,000원, 귤인즐라테 7,000원,
감귤 체험 No Basket 5,000원(시식만 가능),
1 basket 12,000원(시식+약 2.5kg) Ⓗ https://
www.instagram.com/cafemikkang/

TIP
- 동백축제는 11~12월 진행되며 축제가 끝나도 1월까지는 동백꽃을 볼 수 있다.
- 동물 먹이 주기 체험은 봉지당 1,000원으로 무인 가판대에서 판매하기 때문에
  현금만 사용할 수 있다.
- 흑돼지 공연은 11시, 13시, 15시, 17시 하루 4번 운영한다.
- 매표소에서 흑돼지 공연장까지 거리가 있기 때문에 공연 시간 30분 전에는 입장
  해서 걸어가야 한다.
- 감귤 따기 체험은 10~1월까지 진행된다. 지역 농부가 감귤 따는 방법을 알려주
  고, 시식도 하며, 직접 딴 귤을 가져올 수 있다. 매표소에서 티켓을 구매하면 된다.

SPOT 2
동그란 애기동백나무 사이로
제주동백
수목원

주소 서귀포시 남원읍 위미리 927 · 가는 법 201, 231, 510번 간선버스 → 세천동 정류장 → 서쪽 횡단보도 맞은편 → 동쪽으로 356m → 우측 길로 76m → 우측 길로 32m · 운영시간 09:00~17:30 / 12:00~12:10 휴게시간 / 11월 말경 오픈 후 겨울 동안 영업 / 매년 개화 시기가 달라지므로 정확한 오픈 날짜는 인스타그램 공지 · 입장료 성인 및 청소년 8,000원, 어린이 5,000원 · 전화번호 064-764-4473 · 홈페이지 https://www.instagram.com/jeju_camellia_arboretum/

남동

애기동백나무들을 둥글게 다듬어 진홍빛 솜사탕처럼 보이는 동백수목원은 약 3천 평의 땅에 애기동백 500여 그루가 식재되어 있다. 나무를 좋아하는 부부가 40년 넘게 정성껏 심고 다듬어 5m가 훌쩍 넘은 나무들은 고개를 힘껏 뒤로 젖혀야 꼭대기가 보인다. 11월부터 피기 시작해 12월과 1월에 만발하는 진홍빛 동백꽃은 피어날 때도, 질 때도 너무나 아름답다.

나무와 나무 사이가 가까운 편이라 그 사이를 걷다 보면 CF의 한 장면처럼 느껴진다. 어디에서 사진을 찍든 인생샷을 건질 수 있다. 게다가 동백나무 사이사이 심어놓은 야자수와 종려나무들이 이국적인 감성을 물씬 느끼게 해준다. 동백숲을 걸으며 감성 가득한 제주의 아름다운 풍경을 마음 가득 담았다면 마지막으로 전망대에 올라보자. 동글동글한 동백나무들과 야자수들이 조화롭게 어우러진 모습이 한눈에 들어온다.

TIP
- 주차 장소 : 1주차장 931-1, 2주차장 위미리 897-5
- 휠체어는 일부 구간까지만 진입할 수 있으며, 유모차는 진입이 금지된다.

주변 볼거리·먹거리

인디고트리 빈티지 제품과 의류를 판매하는 편집숍으로 세월이 지나도 아름답고 오래오래 사용할 수 있는 제품들을 판매하고 있다. 이 외에도 실크스크린과 염색을 통해 인디고 트리만의 자체 제작 상품도 만날 수 있다. 나만의 하나뿐인 티셔츠를 만날 수 있는 스탬프 아트 워크숍이 진행 중이다.

Ⓐ 서귀포시 남원읍 하례망장포로 4 쌍둥이돌창고 ◎ 11:30~18:00 / 토요일 휴무 ⓣ 0506-662-8185 Ⓜ 스탬프 워크샵 100,000원(홈페이지를 통해 사전 예약) Ⓗ https://www.indigoterie.com

테이블앤데스크 포실포실한 오믈렛과 매콤한 카레가 함께 나오는 오믈렛카레와 여러 종류의 채소구이가 함께 나오는 햄버거스테이크가 고정 메뉴. 제철 식재료와 주방장의 기분 따라 만들어지는 이 주의 메뉴는 대부분 파스타가 준비된다.

Ⓐ 서귀포시 남원읍 태위로360번길 192 바깥집 ◎ 11:30~15:00(재료 소진 시 조기 마감) / 수, 목요일 휴무 ⓣ 010-3277-9919 Ⓜ 오믈렛카레 12,000원, 햄버거스테이크 16,000원 Ⓗ https://www.instagram.com/table.desk/

부드럽고 쫄깃한 식감의
막창 찹쌀순대

범일분식

남동

주소 서귀포시 남원읍 태위로 658 · **가는 법** 231번 간선버스 → 남원포구입구 정류장 → 서쪽으로 23m → 횡단보도 맞은편 서쪽으로 29m · **운영시간** 09:00~17:00 / 토요일 휴무 · **전화번호** 064-764-5069 · **대표메뉴** 순대백반 9,000원, 순대 한접시 11,000원

주변 볼거리 · 먹거리

큰엉해안경승지
Ⓐ 서귀포시 남원읍
태위로 522-17
7월 5주 소개(260쪽)

TIP
· 오전 11시 30분부터 오후 1시 30분까지는 갓길 주차가 가능하다.
· 그 외 시간은 길 건너 시카고피자 뒤쪽 무료 주차장을 이용하면 된다.

파란색 지붕과 잘 어울리는 레트로한 간판에는 오래전 사용하던 앞자리 2개의 전화번호가 그대로 있다. 간판만 봐도 한곳에서 얼마나 오래 있었는지 알 수 있다. 작은 분식집으로 시작했지만 지금은 직접 만든 제주식 찹쌀순대를 맛볼 수 있다. 메뉴는 순대백반, 순대한접시, 제주막걸리. 돼지 막창에 선지와 찹쌀, 채소가 들어가 속은 촉촉하니 부드럽고, 겉은 쫄깃쫄깃해 보통 찹쌀순대와는 차별된 맛을 자랑한다.

순대한접시에는 두툼하게 썬 순대와 돼지의 다른 부위가 함께 나온다. 막창 특유의 냄새를 싫어하는 사람들은 찬으로 나오는 깻잎지에 싸 먹으면 맛있다. 순대백반 역시 주로 뽀얀 국물이 나오는 다른 순대국밥과는 다르다. 보기에도 붉고 걸쭉한 국물은 돼지뼈와 들깨를 넣어 4시간 이상 푹 끓인 육수를 사용한다. 깊고 진한 국물은 칼칼하니 시원하며 건더기도 듬뿍 들어 있어 보양식을 먹는 것처럼 든든하다.

1 COURSE
동백포레스트

🚗 자동차 19분
🚌 공천포 정류장 201, 231번 간선
버스 → 씨사이드홈 정류장 도보 3분

2 COURSE
아주르블루

🚗 자동차 6분
🚌 씨사이드홈 정류장 201, 231번
간선버스, 741-1, 741-2 지선버스
→ 폭낭사거리 정류장 → 도보 3분

3 COURSE
카페제주디어&여행가게

주소 서귀포시 남원읍 생기악로 53-38
운영시간 09:00~18:00 / 동백꽃 관람은
겨울 시즌만 운영, 인스타그램
공지
입장료 성인 6,000원, 초등·청소년·경로
4,000원
전화번호 010-5481-2102
홈페이지 https://www.instagram.com/
camelia.forest/
가는 법 623번 지선버스 → 소남동산
정류장 → 도보 15분

동그랗게 다듬은 애기동백나무가 있
는 숲. 나무가 크지는 않지만 앙증맞
아 더욱 사랑스럽다. 깔끔한 외관의
카페에서 커다란 창으로 바라보면 동
백나무와 사계절 풍경들이 액자에 담
긴 그림 같다.

주소 제주 서귀포시 남원읍 남원회관
로 104
운영시간 11:00~18:00 / 17:00 주문 마
감 / 일, 월요일 휴무
전화번호 010-8746-0010
홈페이지 https://www.instagram.com/
azureblue_jeju/
대표메뉴 아메리카노 5,500원, 제주한라
봉에이드 7,500원, 아인슈페너
7,500원, 살구스콘 4,500원

건물을 둘러싸고 있는 나무들, 플랜테
리어와 우드 조합으로 편안한 분위기
를 느낄 수 있는 감성 카페이다. 조용
한 동네, 인적 드문 바닷가 근처에 위
치해 한가롭게 시간을 보낼 수 있다.
동백꽃 시즌이 되면 돌담과 정원에 동
백꽃이 핀다.

주소 서귀포시 남원읍 태위로 929
운영시간 12:00~19:00 / 월요일 휴무
전화번호 070-4578-9290
홈페이지 https://www.instagram.com/
travelshop_jeju/

여행 책들과 예쁜 찻잔, 다양한 차, 예
쁜 소품들이 벽면과 구석구석을 가득
메우고 있다. 주인장이 직접 수집한
소품 하나하나에 이야기가 담겨 있는
곳이다. 여행가게 옆 연필가게에는
각양각색 연필들과 지우개, 메모지로
가득해 구경하는 재미에 쉽게 빠져나
올 수가 없다.

마음 따뜻해지는 문화 산책

50 week

SPOT **1**

일평생 제주의 풍경을 그려낸
화가를 기억하며

김택화미술관

 북동

주소 제주시 조천읍 신흥로 1 · 가는 법 101번 급행버스 → 신흥리(마을입구), 함덕
고등학교 정류장 → 횡단보도 맞은편 · 운영시간 10:00~18:00 / 17:30 입장 마감 /
목요일 휴관 · 입장료 성인 15,000원, 청소년 12,000원, 어린이 9,000원 · 전화번호
070-8778-0627 · 홈페이지 https://www.kimtekhwa.com/

일평생 제주의 풍경만을 그려온 김택화 화백의 예술 세계를
담은 공간으로 1층에는 김택화 화백의 유화 작품 122점과 아트
숍, 2층은 카페이다. 1970년대 초반부터 제주의 마을, 포구, 돌
담, 산, 바다 등을 차분하고 묵직한 색감으로 화폭에 담았다. 전
시실 한쪽에는 화백의 서재를 재현해놓은 공간과 1993년 한라
산 소주 라벨 디자인의 원화와 습작도 있다.

2층 화실커피는 특별한 마감을 하지 않은 미술관 내외부 벽면
과 어울리는 빈티지 가구, 곳곳에 배치된 작품들까지 굉장히 감

각적이다. 상당수의 테이블과 의자는 김택화 화백의 아들 김도마 작가의 작품이다. 대부분 유목이나 고재를 사용해 업사이클링한 것이다. 커피와 디저트를 앞에 두고 통창으로 조천 바다와 조용한 마을 풍경을 바라보며 여유로운 시간을 보내보자.

주변 볼거리·먹거리

보라지붕 안거리, 밖거리로 이루어진 제주 농가를 개조한 카페로 보라색 지붕과 창문이 인상적이다. 음료와 디저트뿐만 아니라 식사, 안주, 하우스 와인과 맥주도 준비되어 있어 두루두루 이용하기 좋다.

Ⓐ 제주시 조천읍 함덕19길 6 Ⓞ 10:00~20:00 / 19:30 주문 마감 Ⓣ 064-782-6827 Ⓜ 행운보라카페라테+수제크림+클로버, 10잔 한정수량) 7,000원, 바스크치즈케이크 7,000원 Ⓗ https://www.instagram.com/jeju.bora_roof/

걸어가는 늑대들 따뜻한 그림과 글로 많은 이들에게 위로와 감동을 주는 동화 작가 전이수의 작품이 전시된 갤러리 카페이다. 성인 관람권에는 아트숍에서 굿즈를 사거나 카페에서 음료를 주문할 때 사용할 수 있는 쿠폰이 포함되어 있다.

Ⓐ 제주시 조천읍 조함해안로 556 Ⓞ 10:00~19:00 / 18:00 카페 주문 마감, 전시 관람 마감 Ⓣ 010-2592-9482 Ⓜ 만 13세 이상 9,000원, 어린이 1,000원 Ⓗ https://www.instagram.com/gallery_walkingwolves/

SPOT **2**

여행에 쉼표를 찍는 잔잔한 시간

만춘서점

주소 제주시 조천읍 함덕로 9 · **가는 법** 201번 간선버스, 704-4번 지선버스 → 함덕리(4구) 정류장 → 서쪽 횡단보도 건너 북쪽으로 107m 이동 후 맞은편 · **운영시간** 11:00~18:00(3-10월 19:00까지) · **전화번호** 064-784-6137 · **홈페이지** https://www.instagram.com/manchun.b.s/

 북동

짙은 주황색 벽돌이 강렬한 2층 건물과 군더더기 없이 깔끔한 흰색 단층 건물의 강한 대비, 키 큰 가로수들과 야자수까지! 다른 나라의 골목을 탐험하는 기분으로 마주하는 이곳은 바로 만춘서점이다. 작지만 단정한 입구로 들어서니 내부 구조가 꽤 독특하다. 삼각형 모양으로 지어졌다는 걸 한 바퀴 둘러보고 나서야 눈치챈다.

편집 디자이너 출신 사장님의 안목으로 선택된 책들과 지인들이 추천한 책들, 그리고 신간 서적들이 책장을 메우고 있다. 책꽂이에는 좋은 구절과 페이지를 손으로 직접 적어둔 메모지가 붙어

있다. 사장님의 취향이 담긴 메모지를 찬찬히 읽다 보면 마음이
차분해진다. 음악도 빼놓을 수 없는데, 만춘서점 3주년을 맞아 3명
의 싱어송라이터와 함께 만든 '우리의 만춘'이라는 음반은 아티
스트들이 각자 좋아하는 책에서 영감을 받아 곡을 쓰고 속삭이듯
노래를 부른다. 만춘은 늦은 봄이라는 뜻이다. 봄을 살 수 있을
것 같은 이곳, 만춘서점을 방문한다면 따뜻하고 잔잔한 분위기가
추억으로 남을 것이다.

주변 볼거리·먹거리

돌하르방미술관 숲
속에 위치해 천천히
거닐며 구경하기 좋
다. 카페와 어린이 도
서관도 있으며 정기적으로 전시회가 열려 볼
거리가 다양하다.

Ⓐ 제주시 조천읍 북촌서1길 70 Ⓞ 09:00~
18:00 / 입장 마감 30분 전 Ⓣ 064-782-0570
Ⓜ 성인 7,000원, 소인 6,000원 Ⓗ https://
www.instagram.com/dolharbangmuseum_
official/

함덕골목 겨울날 한
그릇 먹으면 든든함
과 따뜻함에 추위는
저 멀리 사라지는 해
장국. 한우만을 사용하는 데다 푸짐한 양과 시
원한 국물에 항상 인기가 많다.

Ⓐ 제주시 조천읍 함덕7길 6-14 Ⓞ 07:00~
13:30 / 목요일 휴무 Ⓞ 09:30~15:30 Ⓣ
064-784-5511 Ⓜ 해장국 11,000원, 내장탕
11,000원

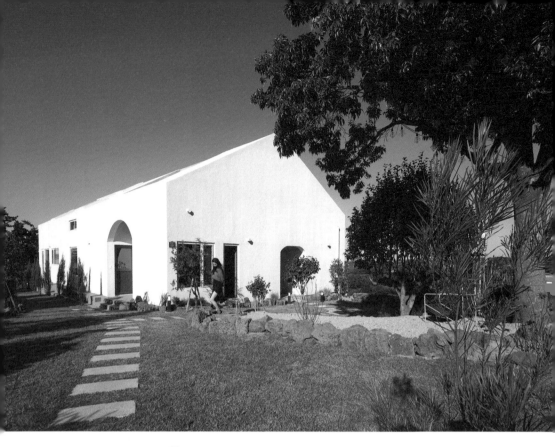

SPOT **3**
제주에서 만나는
동남아 감성 독채 펜션
보홀펜션

주소 제주시 밤낭골길 29 · **가는 법** 335, 336번 간선버스, 412번 지선버스 → 대한목공소 정류장 → 남쪽으로 42m → 좌측길로 92m → 좌측길로 193m (도보 5분) · **부대시설** 사계절 온수 수영장, 자쿠지, 모래놀이장, 바비큐장 · **이용안내** -입실 16:00, 퇴실 11:00 / 수영장 이용 시간 22:00까지 -기본 4인 / 최대 6인(영유아 포함), 1인 추가 요금 50,000원(침구 포함) -바비큐 그릴 대여 3만원(숯 2봉지, 일회용 석쇠 1개, 장갑, 부탄가스) -자쿠지 온수 3만원, 1일 전 예약 · **전화번호** 010-9555-1883 · **홈페이지** https://www.instagram.com/bohol_jeju/

북동

뛰어난 자연환경으로 잘 알려진 필리핀의 보홀 섬을 모티브로 해 동남아 감성을 담은 독채 펜션이다. 멀리 제주 바다가 보이는 한적한 동네에 위치해 있는데 주변이 온통 밭이라 누구의 방해 없이 오롯이 펜션에서 시간을 보내기에 좋다. 숨겨진 곳에 있다고 접근성이 나쁜 것은 아니다. 골목길만 벗어나면 신도시인 삼화지구가 금방이라 여러 편의시설을 즐기기에도 부족함이 없다. 하지만 펜션 안으로 들어서면 여러 종류 나무가 가진 은은한 색감과 잘 어우러지는 깔끔한 화이트의 인테리어, 감각적인 소품 등 공간이 주는 다채로운 매력으로 체크아웃 시간이 다가올 때까지 보홀을 벗어나기 힘들다. 동남아에 있는 듯하다가도 창밖으로 귤 밭을 보면 그제야 제주에 머무르는 기분이 난다. 여백의 미와 고요함을 느낄 수 있는 중정에서는 차를 한 잔 마시며 잠시 쉬어갈 수 있고, 아이들이 있다면 하늘이 보이는 다락방과 커다란 나무 밑 모래 놀이터에서 아기자기한 놀이를 이어가기 좋다. 보홀의 가장 큰 매력은 수영장. 앞이 탁 트여 있어 개방감이 훌륭하고 30~ 32도의 미온수로 사계절 내내 따뜻한 수영이 가능하다. 수영장, 자쿠지, 욕실에 이어져 있어 이용도 무척 편리하다. 펜션 뒤편에는 바베큐와 모닥불을 피울 수 있는 공간도 있으니 불멍과 함께 낭만적인 시간을 보내기에 충분하다.

TIP
- 세탁기와 건조기, 세제가 준비되어 있어 빨래를 할 수 있다.
- 수영장 이용은 사고 예방을 위해 22:00까지만 운영되며 자동 소등된다.

주변 볼거리·먹거리

작은언덕의선물 화덕 피자카페 화덕에서 구워낸 피자와 치킨, 파스타를 맛볼 수 있다. 피자는 2인이 먹기 적당하며, 매콤한 홍합스튜를 곁들이면 더욱 좋다. 여러 종류의 피자 중 샐러드 피자와 루콜라 피자는 직접 키운 유기농 채소를 듬뿍 올린 건강 만점 피자. 화덕 피자 맛집이지만 음료나 커피만 주문해도 된다.

Ⓐ 제주시 중산간동로 188-8 Ⓞ 11:00~20:20 / 19:20 주문 마감 / 화요일 휴무 Ⓣ 064-782-0570 Ⓜ 고르곤졸라 21,000원, 샐러드피자 28,000원, 홍합스튜 15,000원 Ⓗ https://www.instagram.com/realpizzaloverkim/

명품닭칼국수 & 동방 명품치킨 오후 3시까지는 닭곰탕과 닭칼국수를 오후 3시 이후에는 치킨을 판매하는 이색 맛집이다. 살짝 매콤하고 진한 육수로 만든 닭칼국수는 보리밥을 포함해 한 그릇 7,000원! 가성비도 좋고 맛도 좋아 점심시간에는 늘 붐비는 편이니 아침 일찍, 혹은 점심시간을 지나서 방문할 것을 추천한다.

Ⓐ 제주시 번영로 527 Ⓞ 점심 식사 10:00~15:00 / 14:30 주문 마감 / 토요일 휴무 / 치킨 15:00~23:00 토요일 영업 Ⓣ 064-723-8745 Ⓜ 닭곰탕 8,000원, 닭칼국수&보리밥 8,000원

SPOT **4**
따뜻함을 가득 머금고 있는 공간
5L2F

주소 제주시 조천읍 와흘상길 30 · 가는 법 702-2번 지선버스 → 와흘상동 정류장
→ 북쪽으로 58m → 좌측 길로 153m · 운영시간 10:00~18:00 / 일~월요일 휴무
· 전화번호 064-794-5351 · 홈페이지 http://www.instagram.com/5l2f_coffee/
· 대표메뉴 블랙(아메리카노) 5,500원, 크림크레마 7,000원, 153커피 7,000원, 뜬
구름시나몬 7,500원, 군밤 6,000원

북동

　우선 독특한 카페 이름에 솔깃하고 동화 속에서나 나올 법한
따뜻한 색감의 건물에 눈길이 간다. 흙으로 바른 부드러운 질감
의 벽과 많은 이들이 오가며 길들여졌을 것 같은 나무 바닥 등
카페 안의 모든 색감이 따스하고 내추럴해 삐딱했던 마음도 금
세 풀어질 것 같다. 은근함에 반했지만 볼수록 예쁘다는 말은
5L2F를 두고 하는 말이다.

　스페셜티 커피를 미디엄 로스팅하는 곳으로 블렌딩 커피부
터 싱글오리진, 콜드브루, 우유와 크림이 들어간 커피까지 즐길
수 있다. 블랙커피로 충분하다는 느낌을 받지만 테이블당 1잔
만 주문 가능하다는 뜬구름시나몬은 우유 폼이 정말 많이 올라
가 폭신폭신 부드럽다. 주문하면 즉석에서 구워주는 군밤도 별
미! 5L2F는 성경에서 예수가 떡 5개와 물고기 2마리로 5천 명을
먹었다는 기적을 말하는 오병이어(five loaves of bread and two
fish)의 약자이다.

1 COURSE

🚗 자동차 15분
🚌 신촌초등학교 정류장 702-2 지선
버스 → 대흘리 정류장 → 도보 6분

▶ 닭머르

2 COURSE

🚗 자동차 10분
🚌 대흘리 정류장 260번 간선버스
→ 동회천 정류장 도보 7분

▶ 제주사슴책방

3 COURSE

▶ 맥파이 브루어리

주소	제주시 명림로 209
가는 법	제주국제공항 101번 급행버스 → 신촌초등학교 정류장 → 도보 17분

신촌 마을 바닷가에 있는 기암으로, 닭이 흙을 파헤치고 들어앉아 있는 모습과 비슷하다고 이름 지어졌다. 언덕처럼 보이는 갯바위에는 정자가 있으며 일대가 억새밭이라 가을과 겨울에 방문하면 제주 바다와 잘 어우러지는 갈색 풍경 속에 빠지게 된다. 올레 18코스, 해안 둘레길인 탐모라질 14코스에 속해 있어 도보 여행으로도 좋다.

주소	제주시 조천읍 중산간동로 698-73
운영시간	11:00~18:00 / 일, 월요일 휴무
전화번호	010-7402-9077
홈페이지	https://www.instagram.com/ deerbookshop_in_jeju/

그림책 작가가 운영하는 독립서점으로 1층은 서점, 2층은 카페로 구성되어 있다. 우리나라 그림책은 물론, 제주 관련 그림책과 여행책 등이 구비되어 있다. 하지만 제주 사슴책방의 매력은 일반 서점에서는 쉽게 만나지 못하는 다양한 나라의 원서와 일러스트레이션, 팝업북 등을 만날 수 있다는 것이다. 팝업북도 샘플로 펼쳐져 있어 충분히 살펴보고 구매할 수 있다.

주소	제주시 동회천1길 23
운영시간	12:00~20:00 / 19:00 주문 마감 / 월, 화요일, 매달 첫째주 수요일 휴무
투어	성인 15,000원(투어+맥주 교환 권), 평일 6시, 토, 일요일 오후 1 시부터 6시까지 1시간 간격으로 운영, 사전 예약 필수
전화번호	064-721-0227
홈페이지	http://www.magpiebrewing. com
대표메뉴	맥파이 수제 맥주 6,000원부터, 쿨 랜치 피자 19,000원, 후라이 드 치킨 25,000원

다양한 맛과 향이 있는 맥파이의 수제 맥주를 맛보고 체험할 수 있는 곳이다. 탭 룸에서는 맥파이의 4가지 클래식 맥주인 페일에일과 포터, 쾰쉬, IPA와 시즌별 맥주를 만날 수 있다. 피자와 치킨 등 맥주와 함께 하기 좋은 안주들이 있다. 평일 6시와 주말 오후에는 사전 예약을 통해 양조장 투어가 진행된다. 창문 너머 관람하는 게 아니라 양조장 내 설비 사이를 직접 거닐기 때문에 생생한 관찰이 가능하다.

12월 넷째 주

날마다 크리스마스

51 week

SPOT 1

365일 매일매일 크리스마스

바이나흐튼
크리스마스
박물관

 남서

주소 서귀포시 안덕면 서광리 456 · **가는 법** 251, 253, 254번 간선버스 → 서광동리 윗네거리 정류장 → 북동쪽 횡단보도 맞은편 남서쪽으로 381m · **운영시간** 10:30~18:00 / 11월 말부터 12월 25일까지 20:00까지 운영 · **전화번호** 010-4602-7976 · **홈페이지** https://www.instagram.com/jejuchristmasmuseum/

　바이나흐튼(weihnachten)은 크리스마스를 뜻하는 독일어로 로텐부르크에 있는 바이나흐튼 뮤지엄을 벤치마킹해서 만들었다. 부부가 여행하며 차곡차곡 수집해온 소중한 물건들을 전시해놓았다. 토마스하우스와 리지코티지 카페, 박물관 3개의 건물로 구성되어 있다. 박물관은 예쁜 조명 아래 전시된 호두까기 인형들과 오르골, 빈티지한 그림들, 각종 소품들이 전시되어 동화 속 나라에 초대된 듯하다. 토마스하우스는 골무와 스푼, 접시 등 여자들이 혹할 만한 빈티지 소품들도 많지만, 남자들이 좋아하는 피규어도 상당하다. 겨울에 방문한다면 크리스마스 마켓을 절대 놓치지 말자. 크리스마스 한 달 전부터 당일까지 오후 4시부터 저녁 8시까지 열린다. 셀러들이 직접 만든 수공예품부터 생활용품, 앤틱 잡화 등 아기자기한 제품들도 만날 수 있으며, 크리스마스 소품을 만들 수 있는 클래스가 진행되어 즐길 거리가 많다.

TIP
• 입장료는 무료, 기부금으로 운영된다.

주변 볼거리·먹거리

제주항공우주박물관 전시뿐 아니라 최첨단 기술과 멀티미디어를 이용한 다양한 체험을 할 수 있어 아이들뿐만 아니라 어른들도 볼거리가 가득하다.

Ⓐ 서귀포시 안덕면 녹차분재로 218 ⓞ 09:00~18:00 / 17:00 입장 마감 / 셋째 주 월요일 휴관(공휴일인 경우 다음 날 휴관) Ⓣ 064-733-7101 ⓒ 성인 10,000원, 청소년 9,000원, 어린이 8,000원 Ⓗ https://www.jdc-jam.com/

프리튀르 안거리와 밖거리가 있는 제주집을 개조한 카페. 옛집과 잘 어울리는 독특한 소품들이 많다. 커피와 음료 외에도 다양한 종류의 디저트들이 준비되어 있다.

Ⓐ 서귀포시 안덕면 중산간서로 1810 ⓞ 11:00~18:00 / 수, 목요일 휴무, 그 외 휴무 인스타그램 공지 / 초등학생 이상만 입장 가능하며, 반려동물은 출입을 금지한다. Ⓣ 064-794-1810 Ⓜ 바나나 라테 6,800원, 흑당 크림 라테 7,000원, 크로핀(크로와상 머핀) 4,800원부터, 머핀케이크 5,000원 Ⓗ https://www.instagram.com/friture_jeju/

SPOT **2**

**아름다운 자연 속에 위치한
미술관**

제주현대
미술관

주소 제주시 한경면 저지14길 35 · **가는 법** 820-2번 순환버스 → 제주현대미술관,
김창열미술관 정류장 → 서쪽으로 91m 이동 후 주차장 도착 → 미술관까지 249m ·
운영시간 10:00~18:00(입장 마감 종료 30분 전까지) / 월요일, 1월 1일, 설날, 추석
휴무 · **입장료** 성인 2,000원, 청소년 1,000원, 어린이 500원 · **전화번호** 064-710-
7801 · **홈페이지** http://www.jejumuseum.go.kr/kor/

북서

　　아름다운 숲이 있는 저지오름과 저지곶자왈이 있는 중산간
마을 저지리에 있어 예술과 자연의 향기를 함께 느낄 수 있는 예
술문화공간이다. 본관에는 김흥수 화백이 기증한 작품이 전시
된 특별전시실과 상설전시실, 2개의 기획전시실이 있고, 분관에
서는 전시 일정에 따라 박광진 화백이 기증한 작품을 감상할 수
있다. 미술관이 아름다운 숲에 있다 보니 야외 프로젝트를 지속
적으로 기획 및 운영하고 있어 자연과 예술이 하나 되는 프로젝

트들도 만날 수 있다.

인근에는 저지문화예술인마을도 있다. 서양화, 조각, 서예 등 다양한 예술 활동을 하는 작가들이 모여 사는 곳으로 30여 동의 예술인 건물이 있다. 작품을 볼 수 있는 개인 미술관도 있고, 길목마다 아름다운 시와 글이 쓰여진 표지석이 있어 한적하고 고풍스러운 분위기에서 산책하듯 천천히 둘러보기 좋다.

TIP
- 사진 촬영 여부는 전시 성격에 따라 달라진다. 매표소에서 물어보고 가능하다면 플래시를 끄고 촬영하자.
- 미술관 관람객들은 영수증 지참 시 미술관 맞은편 공공수장고에서 50% 할인된 금액으로 미디어아트를 관람할 수 있다.

주변 볼거리·먹거리

제주도립김창열미술관 프랑스 문화예술 공로 훈장 '오피시에'를 수상한 물방울 작가 김창열 화백의 예술 정신을 기리는 공간으로, 3개의 전시실과 중정, 실외에서 테마별로 감상할 수 있다. 한국전쟁 때 제주도에서 피난 생활을 한 후 제주를 제2의 고향으로 생각하며 대표 작품 220개를 제주도에 무상 기증했다.

Ⓐ 제주 제주시 한림읍 용금로 883-5 Ⓗ 09:00 ~18:00 / 월요일 휴관 Ⓣ 064-710-4150 Ⓒ 성인 2,000원, 청소년 1,000원, 어린이 500원 Ⓗ http://kimtschang-yeul.jeju.go.kr/

룻 갈치, 연어, 전복, 한치를 재료로 한 덮밥 전문점. 시그니처 메뉴는 바다에서 직접 잡은 갈치로 만든 갈치덮밥이다. 살과 뼈를 분리해 튀겼기 때문에 가시를 골라내는 번거로움이 없고, 동그랗게 말려 올라간 갈치 뼈 튀김도 고소하고 바삭한 맛이 별미다. 생선을 좋아하지 않는다면 전복장 덮밥, 카레 덮밥, 한치 덮밥 등을 주문해도 좋다.

Ⓐ 제주시 한경면 녹차분재로 526 Ⓗ 09:00~ 18:30 / 15:00~16:00 브레이크타임 / 18:00 주문 마감(재료 소진 시 조기 마감) / 화요일, 매달 3째주 월요일 휴무 Ⓣ 064-772-3827 Ⓜ 갈치덮밥 17,000원, 전복장덮밥 18,000원, 한치덮밥 18,000원 Ⓗ https://www.instagram.com/chefcsh/

SPOT **3**

인생 책을 건질 수 있는
작은 마을 안 서점
책방소리소문

주소 제주시 한경면 저지동길 8-31 · **가는 법** 182번 버스 → 동광환승정류장(서귀방면) 하차 → 도보 5분 → 동광환승정류장(영어교육도시방면) 승차 → 저지리사무소 하차 → 도보 7분 · **운영시간** 매일 11:00~18:00 · **전화번호** 010-8578-2347 · **홈페이지** https://www.instagram.com/sorisomoonbooks/

　조용하고 한적한 중산간 마을에 젊은 부부가 운영하는 독립 서점이다. '작은 마을의 작은 글'이라는 뜻이지만 그곳에 담긴 모든 것들이 결코 작지 않음을 느낄 수 있다. 한옥 느낌의 깔끔한 건물 안에는 직접 큐레이션한 다양한 책들로 가득하며 공간이 잘 나누어져있다. 어떤 곳은 전시 공간으로, 어떤 곳은 필사 공간으로 머무는 재미가 있다.

　책 분류 또한 소리소문만의 매력이다. 특히 '소리소문 리커버 에디션'은 '문학을 전시하자'는 개념의 업사이클 프로젝트로, 세

주변 볼거리·먹거리

뚱보아저씨 갈치구
이와 고등어조림, 성
게미역국으로 구성
된 갈치구이 정식을
저렴한 가격으로 맛볼 수 있는 현지인 맛집이
다. 게다가 혼밥도 가능! 갈치는 튀기듯이 굽기
때문에 겉은 바삭, 속은 촉촉해 더욱 맛있다.

Ⓐ 제주시 한경면 중산간서로 3651 Ⓞ 09:30~
20:00 / 15:30~17:00 브레이크타임 / 19:20 주
문 마감 / 목요일 휴무 Ⓣ 064-772-1112 Ⓜ 갈
치구이 정식 11,000원, 통삼겹 김치전골(2인
이상) 10,000원

산양큰엉곶

Ⓐ 제주시 한경면 청
수리 956-6 Ⓞ 09:30
~17:00 / 16:00 입장
마감 Ⓣ 064-772-4229 Ⓒ 성인 6,000원, 청소
년·어린이 5,000원 Ⓗ https://www.instagram.
com/sanyang_keunkot/
5월 3주 소개(188쪽)

계문학을 재해석한 문신기 작가의 아트워크로 리커버링했다.
오직 소리소문에서만 만날 수 있다. 또한 '블라인드 북 코너'는
이름 그대로 책을 포장해 직접 보여주지 않고 해시태그 힌트만
적어 무슨 책을 선택할지 설레게 한다. 빈티지한 포장도 너무 예
뻐서 선물용으로도 그만! '인생 샷 말고 인생 책'이라는 서점의
모토처럼 주옥같은 책의 발견과 더불어 좋은 추억도 함께 가져
갈 수 있다.

SPOT **4**

건강한 성이시돌목장 우유를
담은 먹거리

카페이시도르

주소 제주시 한림읍 금악북로 353 · **가는 법** 783-2번 지선버스 → 이시돌하단지 정류장 → 동쪽으로 44m 이동 후 좌측 길로 200m · **운영시간** 08:30~16:50 / 16:30 주문 마감(일요일 14시 마감) · **전화번호** 064-796-0677 · **대표메뉴** 성이시돌 유기농 밀크 코르타도 6,000원, 아인슈페너 6,000원, 유기농 우유큐브 6,000원, 유기농 치즈 치아바타 7,000원

 북서

주변 볼거리 · 먹거리

 새미은총의동산 천주교 성지순례지 중한 곳이지만 아름다운 풍경과 경건한 분위기로 종교와 상관없이 많은 이들이 찾는다. 커다란 호수 주위를 돌면서 여유로운 시간을 보낼 수 있다.

Ⓐ 제주시 한림읍 새미소길 15 ☎ 064-796-4181

천주교 성지순례지 중 하나인 새미은총의동산 입구에 있는 성이시돌센터 내에 있다. 드넓은 성이시돌목장에서 사계절 내내 유기농 목초와 깨끗한 물을 먹으며 방목한 젖소의 원유를 사용해 진하고 고소한 우유로 음료와 베이커리를 만든다. 페이스트리와 스콘, 유기농우유큐브, 생크림빵 등 가짓수는 많지 않지만 커피와 즐기기에 충분하다. 유기농우유큐브와 스콘이 인기가 많으며, 곁들여 먹을 잼도 소분해 판매한다. 센터 내에는 성이시돌목장의 탄생 배경을 알 수 있는 역사관과 기념품숍이 있다. 숍에는 성이시돌목장의 우유로 만든 밀크잼과 비누, 기념품 등을 판매하고 있으니 카페와 함께 둘러보기 좋다.

종교와 상관없이 아늑하고 고요한 분위기 속에서 조용히 머물다 가고 싶은 일반인들에게도 인기다. 게다가 정물오름과 시원스레 펼쳐지는 초원을 볼 수 있어 절로 힐링이 된다.

TIP
• 치아바타, 바게트는 10시, 유기농 우유큐브는 목요일과 일요일을 제외하고 11시 30분, 당근케이크는 오전에 나온다. 아일랜드소다빵은 일요일에만 판매한다. 요일과 시간별로 나오는 빵이 다르니 원하는 빵이 있다면 시간에 맞춰 가면 된다.

Travel in Jeju-do **52weeks** → →

1 COURSE
🚗 자동차 14분

⟫ 문도지오름

2 COURSE
🚗 자동차 16분
🚌 금능리 정류장 784-2번 지선버스 → 남문동 정류장 → 도보 5분

⟫ 묘한식당

3 COURSE

⟫ 동명정류장

주소	제주시 한림읍 금악리 3444
가는 법	제주국제공항 820-2 순환버스 → 방림원 정류장 → 도보 48분

곶자왈의 지붕과 곶자왈 너머 펼쳐진 오름 군락들을 바라보며 힐링할 수 있는 곳으로 정상까지 가는데 10분이면 충분하다. 대중교통을 이용하면 오름 입구까지 걸어가는 데 시간이 많이 걸리므로 자동차를 이용하는 게 좋다. 올레 14-1코스의 중간 지점이기 때문에 도보 여행자라면 올레길의 일부 구간을 걷는다는 마음으로 걸어보자.

주소	제주시 한경면 녹차분재로 601
운영시간	11:00~20:00 / 15:00~17:00 브레이크타임 / 화, 수요일 휴무
전화번호	064-772-4466
홈페이지	https://www.instagram.com/jeju_myohan/
대표메뉴	흑돼지돔베카츠 14,000원, 칠리딱새우 17,000원, 감바스 15,000원

부부가 운영하는 레스토랑으로 첫 느낌은 흔한 동네 맛집 같지만 한입 먹는 순간 요리 고수임을 직감한다. 통통한 새우와 매콤한 칠리소스가 만난 칠리딱새우파스타와 크림빠네, 두툼하지만 부드러운 흑돼지 안심 돔베카츠가 인기. 후식으로 커피를 셀프 바에서 이용 가능하다.

주소	제주 제주시 한림읍 동명7길 26
운영시간	11:00~18:00 / 17:30 주문 마감 / 목요일 휴무, 임시 휴무 인스타그램 공지
전화번호	070-8865-0511
홈페이지	https://www.instagram.com/jeju_dm/
대표메뉴	밭담라테(카페모카) 7,500원, 제주한라봉라테 7,000원, 티라미수 6,000원

밭담 길을 모티브로 한 밭담라테가 시그니처 메뉴. 라테 한 잔에 풍경을 담아냈다고 해도 과언이 아닐 정도로 진한 카페 모카 향과 바삭한 크런키의 맛이 조화롭다. 동명정류장에서 주변 밭담길과 명월성지를 지나 다시 돌아오는 1시간이면 충분히 걸을 수 있는 수류촌밭담길도 추천한다.

끝자락에서 새로운 시작을

52 week

S P O T **1**

성산일출봉을 바라보는
또 다른 시선

광치기해변

 남동

주소 서귀포시 성산읍 고성리 224-33 · **가는 법** 211, 212번 간선버스 → 광치기해
변 정류장 → 북동쪽으로 152m

바다 위 우뚝 서 있는 성산일출봉은 어떤 위치에서 보든 장엄
한 풍경을 선사한다. 그중 어떤 곳에서 바라보는 것이 가장 아름
다운지 추천해달라고 하면 많은 이들이 광치기해변을 이야기한
다. 활 모양으로 길게 뻗은 해변과 푸른 바다 너머 보이는 성산
일출봉은 가슴이 탁 트일 정도로 시원한 풍경을 자랑한다.

광치기해변의 또 다른 매력은 간조 시 바닷물이 빠져나갔을
때 나타나는 독특한 지형이다. 만조 시에는 찾아볼 수 없다가 간
조 시 드러나는 바다의 초록 이끼들로 가득한 너럭바위들과 바

위 사이사이 물웅덩이가 어우러진 풍경은 경이로움을 자아낸다. 광치기해변은 일출 명소로도 유명하다. 성산일출봉 정상에 올라가지 않아도 성산일출봉과 함께하는 일출을 만날 수 있다.

TIP
- 주차 공간이 협소한 편이다. 광치기해변 북쪽으로 60m 지점인 성산포JC공원에 공영주차장이 있으니 주차 후 도보(1분)로 이동하는 것이 편하다.
- 간조 시 드러나는 바위는 바다 이끼로 뒤덮여 미끄러운 편이니 넘어지지 않도록 조심한다.

주변 볼거리 · 먹거리

제주 굿즈 외에도 간단한 스낵과 먹거리 등을 구입할 수 있다. 종류도 많아 구경하는 재미도 쏠쏠하고, 판매하고 있는 잼은 시식도 가능하다.

Ⓐ 서귀포시 성산읍 일출로288번길 8 Ⓞ 10:30~19:30 Ⓣ 010-8968-8668

지은이네밥상 비빔밥 1개만 주문해도 메인 요리에서 볼법한 청국장과 찜 요리가 함께 나오는 가성비 갑 현지인 맛집이다. 오픈 시간이 일러 아침 식사를 하기에도 좋으며 푸짐한 양 덕분에 든든하게 하루를 시작할 수 있다. 10세 이상은 반드시 메뉴를 주문해야 한다.

Ⓐ 서귀포시 성산읍 고성오조로97번길 17 Ⓞ 07:00~20:30 / 14:30~17:00 브레이크 타임 / 일요일 휴무 Ⓣ 064-784-2915 Ⓜ 청국장 9,000원, 비빔밥 10,000원, 보말미역국 10,000원

SPOT **2**

아시아 최대 규모의 아쿠아리움

아쿠아플라넷 제주

주소 서귀포시 성산읍 섭지코지로 95 · **가는 법** 721-3번 지선버스 → 섭지코지 정류장 → 동남쪽 방향으로 287m → 좌측 길로 449m · **운영시간** 09:30~18:00 / 17:00 매표 마감 · **입장료** 종합권(아쿠아리움+오션아레나+특별전시) 성인 43,700원, 청소년 41,800원, 소인 39,700원 · **전화번호** 1833-7001 · **홈페이지** https://www.aquaplanet.co.kr/jeju/

 남동

　63빌딩 씨월드의 11배에 달하는 엄청난 규모를 자랑하는 아시아 최대 규모의 아쿠아리움이다. 전시 생물은 500여 종 2만 8천 마리로 세계적인 규모를 자랑하며 보는 내내 눈이 휘둥그레진다. 날씨와 상관없이 사계절 언제든지 바다의 푸르름을 느낄 수 있고, 부대시설이 잘되어 있는 데다 특색 있는 전시회가 상설 진행된다. 아쿠아플라넷의 재롱둥이 물범과 펭귄, 바다사자를 비롯해 거대한 흑가오리와 무시무시한 상어도 만날 수 있다. 어두운 바닷속 빛을 밝혀주는 해파리를 볼 수 있는 테라피돔에서는

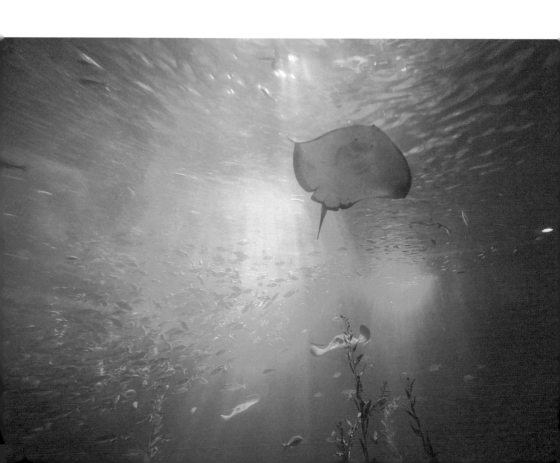

고요한 시간을 갖기에 좋다. 제주 앞바다를 재현한 초대형 수조 '제주의 바다'와 바닥을 제외한 모든 면이 수조로 되어 있어 머리 위로 상어가 휘휘 지나가는 해저터널은 대표 볼거리! 대형 수조에서 특별한 장비 없이 잠수하는 현직 해녀의 모습, 서커스를 방불케 하는 화려한 아쿠아쇼 등 공연 프로그램도 많아 지루할 틈이 전혀 없다.

TIP
- 공연 포함, 총 관람 시간이 2시간 30분 정도이므로 넉넉하게 여행 일정을 잡는 것이 좋다.
- 반려동물 출입은 금지한다.
- 유모차와 휠체어는 오션아레나 공연장에서 이용이 불가능하다.
- 유모차 대여는 2,000원이다.(24개월 미만 유아만 대여 가능)
- 생태설명회는 하루 2회, 제주해녀 물질 시연과 오션아레나 공연은 하루 4회 진행된다.
- 대형 수조 체험은 입장료 외에 별도의 요금이 책정된다. 교육 시간을 포함해 1시간에서 1시간 30분 정도 소요된다.(제주블루홀 문의 1899-6325)

주변 볼거리·먹거리

섭지코지

Ⓐ 서귀포시 성산읍 고성리 Ⓣ 064-782-2810 Ⓜ 주차요금 : 승용차 1,000원, 승합차 2,000원, 버스 2,000원 2월 4주 소개(94쪽)

랜딩커피

신양해수욕장이 펼쳐지는 오션뷰 카페. 온통 화이트인 카페와 통유리 창으로 보이는 파란 바다의 조화가 환상적이다. 2층 포토존에서는 바다 위에 붕 떠 있는 듯하다. 노키즈존으로 아이들과 반려동물은 입장 불가.

Ⓐ 서귀포시 성산읍 신양로122번길 45-1 Ⓞ 매일 10:00~18:00 / 17:30 주문 마감 / 임시 휴무 혹은 조기 마감 시 인스타그램 혹은 네이버플레이스 공지 Ⓣ 070-8900-0998 Ⓜ 제주아일랜드티 7,500원, 랜딩코코 6,800원, 수제청에이드 7,500원 Ⓗ http://www.instagram.com/landingcoffee_/

SPOT **3**

해녀가 잡은 해산물로
차려진 한상

섭지코지
해녀밥상

 남동

주소 서귀포시 성산읍 신양로122번길 60-6 · **가는 법** 721-3번 지선버스 → 신양리
정류장 → 동쪽으로 42m → 우측 길로 55m → 좌측 길로 89m → 좌측 길로 20m
→ 좌측 길로 28m · **운영시간** 10:00~19:30 / 18:00 주문마감 · **전화번호** 064-782-
4705 · **대표메뉴** 해녀밥상 1인 3만 원(2인 이상 주문)

해녀가 직접 잡아 손질한 싱싱한 해산물을 맛볼 수 있는 곳이
다. 오래된 제주 농가주택을 개조해 소박한 분위기가 정겹다.
해산물은 철에 따라 조금씩 바뀌지만 주로 전복, 소라, 성게, 해
삼, 문어, 멍게가 나온다. 문어만 숙회로 나오며, 나머지는 주문
즉시 손질하기 때문에 무척 싱싱하다. 해산물은 몇 인분을 주문
했는지에 따라 한 접시에 1종류 혹은 2종류가 나온다. 게다가 제
주 사람들도 귀해서 자주 못 먹는 성게알도 한 접시 가득 나온
다. 성게알은 그냥 숟가락으로 떠서 후르륵 먹어도 좋지만, 밥에
비비거나 미역에 싸서 먹으면 더욱 맛있다. 계절에 따라 군소 혹
은 오징어무침이나 돌미역, 톳무침, 채소, 옥돔구이, 성게미역국
이 포함되어 있다. 달콤한 성게미역국 역시 엄마가 끓여준 맛이
다. 밥 위에 옥돔구이를 올려 국물과 함께 먹으면 밥 한 그릇이
금세 동이 난다. 투박하지만 삶의 향기가 진하게 배어 있는 진솔
한 찬들이다.

TIP
• 사전예약 후 이용해야 한다.
• 해산물과 성게미역국, 옥돔구이, 공기
  밥은 추가 요금을 받는다.
• 계절에 따라 해산물과 생선은 변경될
  수 있다.
• 진입로가 좁은 편이라 골목 입구에 주
  차 후 걸어서 이동하는 것이 좋다.

1 COURSE

🚗 자동차 11분
🚌 삼달1리사무소 정류장 731-2
번 지선버스 → 성읍 동문통 정류
장 → 도보 17분

▶ 카페벨에포크

2 COURSE

🚗 자동차 14분
🚌 721-3번 지선버스 → 제주해양
동물박물관 정류장 → 도보 5분

▶ 김정문알로에 알로에숲

3 COURSE

▶ 제주해양동물박물관

주소	서귀포시 성산읍 삼달로 199
운영시간	11:00~19:00 / 방문 전 인스타그램에서 휴무일, 운영시간 확인
전화번호	010-8578-2347
홈페이지	http://www.instagram.com/cafe_belle_epoque_jeju
대표메뉴	파스타, 피자, 수프 등
가는 법	221번 간선버스 → 미와미못 앞 정류장 → 도보 9분

제철 재료로 만드는 이탈리안 카페. 계절마다 다른 음식, 다른 음료를 판매하기 때문에 메뉴와 가격이 일정하지 않다. 빈티지한 소품이 함께하는 조용한 마을 안 비밀스러운 장소이다.

주소	서귀포시 성산읍 성읍정의현로 32번길 43
운영시간	10:00~17:00 / 12:00~13:00 휴게시간
전화번호	064-787-3593

알로에 화장품 전문기업 김정문알로에에서 무료로 운영하는 식물원으로 알찬 규모에 쉽게 볼 수 없는 식물들이 많고 포토존이 잘되어 있다. 알로에꽃은 주로 겨울에 피는데, 꽃이 필 때 방문하면 좋은 향기로 가득해 더욱 즐겁다.

주소	서귀포시 성산읍 서성일로 689 -21
운영시간	09:00~18:00 / 수요일 휴무
입장료	성인 10,000원, 청소년 9,000원, 어린이 8,000원
전화번호	064-782-3711
홈페이지	https://www.jejumarineanimal.com

지난 40년간 우리나라에서 직접 수집한 해양동물들을 표본으로 제작해 실제 크기, 실제 질감을 고스란히 느낄 수 있다. 중간중간 친절하게 설명도 해주고, 아이들이 풀 수 있는 워크시트와 스탬프 미션도 준비되어 적극적으로 관람할 수 있다.

12월의 컬러 여행
겨울에도 예쁘게 물든 제주

진분홍 동백꽃이 절정에 이르며 노란 감귤이 익어가고, 추위에도 푸르름이 사라지지 않는다. 12월의 제주는 빨강, 주황, 노랑, 초록, 파랑…… 원색이 주는 강렬함을 찾아 여행을 떠나보는 걸 추천한다. 레드카펫을 걷듯 영화 속 주인공처럼 동백꽃길을 걸어보고, 노랗게 잘 익은 새콤달콤한 귤을 직접 따서 맛보는 것도 겨울 여행의 묘미! 추울 때 즐기면 더욱 좋은 뮤지엄과 아쿠아리움도 방문해보자.

🚩 2박 3일 코스 한눈에 보기

첫째 날

①

14:00
제주현대미술관, 문화예술공공수장고
(412쪽)

🚌 784-1 지선버스

저지리신흥동 승차
환상숲곶자왈공원 하차

15:30
환상숲곶자왈공원
(191쪽)

🚶 도보

17:00
책방소리소문
(416쪽)

201, 231번 간선버스

하례1리입구 승차
동백수목원 하차

11:30
제주동백수목원
(398쪽)

201, 231, 232번 간선버스

하례1리입구 승차
동백수목원 하차

둘째 날

②

10:00
쇠소깍산물관광농원
(392쪽)

숙소

12:30
범일분식
(400쪽)

🚌 201, 231번 간선버스
624번 지선버스(환승)

남원포구입구 승차
신례2리교차로 환승
휴애리 자연생활공원 하차

14:00
휴애리자연생활공원
(396쪽)

숙소

셋째 날

③

13:30
김녕떡오르길
(39쪽)

🚌 201번 간선버스

성산일출봉입구 승차
김녕환승정류장
(김녕초등학교) 하차

11:00
경미네집
(303쪽)

201, 211번 간선버스

광치기해변 승차
성산리입구 하차

10:00
광치기해변
(418쪽)

🚌 201번 간선버스

김녕환승정류장
(김녕초등학교) 승차
함덕리 4구 하차

14:30
만춘서점
(404쪽)

201, 311, 312번
간선버스

함덕리 4구 승차
신흥리(마을입구)
함덕고등학교 하차

16:00
김택화미술관
(402쪽)

🚌 공항

제주현대미술관,문화예술공공수장고

환상숲곶자왈공원

책방소리소문

서소깍산물관광농원

제주동백수목원

범일분식

휴애리자연생활공원

광치기해변

경미네집

김녕떠오르길

만춘서점

김택화미술관